[NCS 구조해석 L5 기반]

ANSYS Workbench를 이용한 진동해석

Static structural, Modal, Harmonic, Spectrum Response

심관보 지음

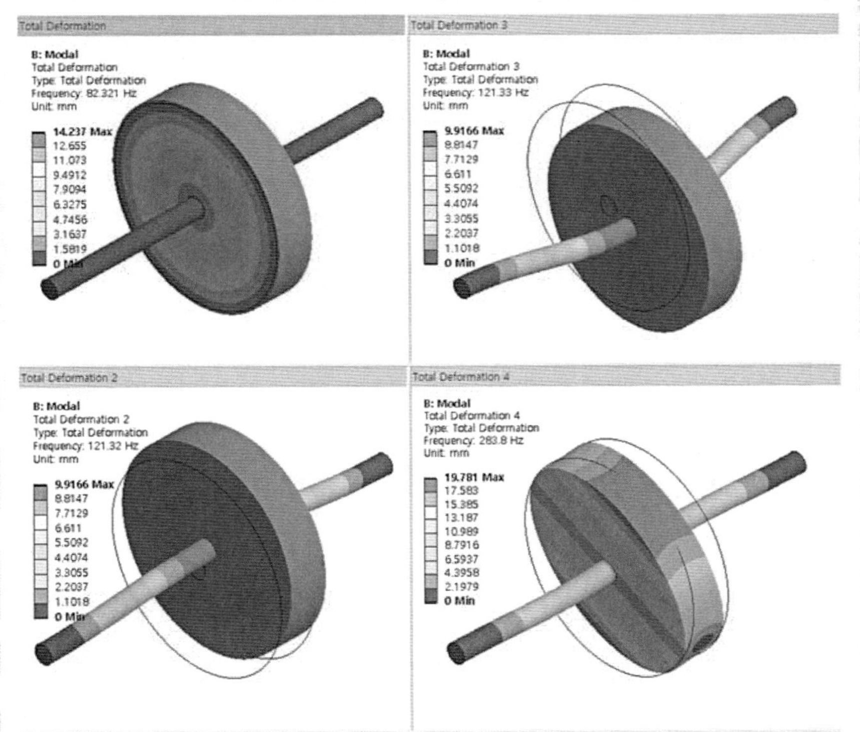

도서출판 홍릉

※ 모델링 데이터는 구글 드라이브에서 다운 받을 수 있습니다.
https://drive.google.com/drive/folders/15CPyVKxtJIri9f-Rufb1kBkbqbB-U9Ti?usp=sharing

※ 예제문제풀이는 유튜브에서 볼 수 있습니다(검색 : 심관보, KPS의 썸네일을 클릭하시면 됩니다).

[NCS 구조해석 L5 기반]

ANSYS Workbench를 이용한 진동해석

인 쇄 : 2024년 6월 24일 초판 1쇄
발 행 : 2024년 6월 28일 초판 1쇄

저 자 : 심관보
발행인 : 송 준
발행처 : 도서출판 홍릉
주 소 : 01093 서울시 강북구 인수봉로 50길 10
등 록 : 1976년 10월 21일 제5-66호

전 화 : 02-999-2274~5
팩 스 : 02-905-6729
e-mail : hongpub@hongpub.co.kr
http://www.hongpub.co.kr
ISBN : 979-11-5600-209-3(93550)

정 가 : 20,000원

[NCS 구조해석 L5 기반]

ANSYS Workbench를 이용한

관련도서

구조해석(입문과정)

구조해석(심화과정)

정역학해석

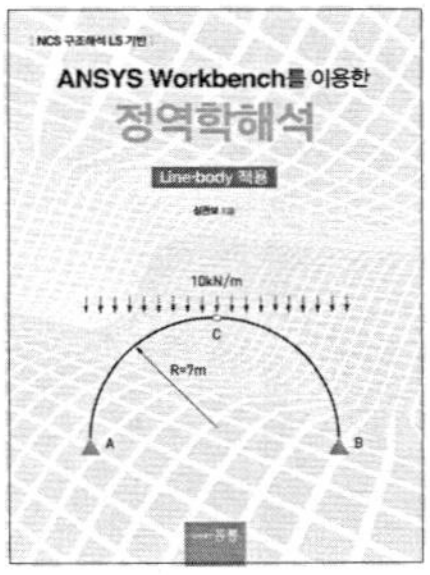

Explicit Dynamic

기계역학해석

구조해석사례집(IV)

구조해석사례집(V)

구조해석사례집(VI)

진동해석

LS-DYNA(1)

AUTODYN(1)

저자소개

심관보

현) 한국공학대학교 교수
LG전자(주) 근무
㈜유디피 근무
연세대학교 기계공학과 석사
한국산업기술대학교 기계시스템설계 박사
품질관리기술사, 공장관리기술사

- 하중분배법에 실험계획법을 적용한 콘크리트 충진형 강판문의 최적설계,
  한국강구조학회 논문집32(6)pp.351~3612020.12
- 하중분배법을 사용한 격자형 방폭문의 최적화 설계, 한국강구조학회 논문집32(6)pp.397~4042020.12
- 방폭문 실증시험을 반영한 골조형 방폭문 설계, 한국강구조학회 논문집32(2)pp.67~742020.04
- 하중분배법과 수치해석을 사용한 방폭문의 최대탄성변위 실용 계산법,
  대한기계학회논문집 A43(10)pp.737~7452019.10
- 3면 지지 철근콘크리트 복합구조 방폭문의 최대탄성변위 산정 방법,
  국정밀공학회지36(12)pp.1165~11722019.12
- 폭발실증시험에서 철근 콘크리트 충전형 강판 방폭문의 성능등급 판정법, 표준인증안전학회지
  11(4)pp.43~632021.12
- 슬라이딩 방폭문의 최대탄성변위 산정, 표준인증안전학회지9(2)pp.1~132019.06
- 하중분배법에 실험계획법을 적용한 콘크리트 충진형 강판문의 최적설계,
  한국강구조학회 논문집 32(6)pp.351~3612020.12
- 하중분배법을 사용한 격자형 방폭문의 최적화 설계,
  한국강구조학회 논문집 32(6)pp.397~4042020.12

목 차

1 Vibration analysis

1.1 Vibration analysis

1) Dynamic 해석의 정의 와 목적

이 과정은 workbench Linear static Analysis 과정에서 다루는 내용을 토대로 진행한다. 따라서 ANSYS Workbench를 이용한 입문과정 (도서출판 홍릉과학)에서 정적 구조해석을 습득하여야 한다.
본 교육 과정에서는 다음의 dynamic 해석들을 정의하고 해석한다.

기계, 건물의 기초구조물, 엔진 제어계 등에는 진동이 발생한다. 반복되는 진동으로 피로파괴가 발생할 수 있으며 마모량이 커지거나 심한 소음이 발생한다.
모든 탄성체는 자연스럽게 진동하는 진동수를 가진다. 쇳조각의 소리와 나무 조작의 소리는 구분하기 쉽다. 소리는 물체의 진동에 의해 만들어지는데 물체가 흔들릴 때 진동하는 주파수가 다르기 때문이다. 탄성물질로 이루어진 물체가 진동할 때는 그 물체에 해당하는 고유의 진동수로 진동하며 고유의 소리를 낸다. 이런 특성을 물체의 고유진동수라 한다.
외부 가진 진동수가 구조물의 고유 진동수와 일치할 때에는 변위가 크게 증폭되는데 이런 현상을 공진이라 한다. 공진으로 인하여 과도한 변형과 파괴가 발생된다. 따라서 구조물을 설계할 때는 외부 하중의 주기와 구조물의 고유주기가 일치하지 않도록 설계해야 한다.
진동모드 형상이란 자연계에서 어떤 모델이 변형할 수 있는 확률이 가강 높은 쪽부터 1차, 2차로 나오게 된다. 진동모드란 질량에 대한 강성의 비로 생각할 수 있다.

(1) 구조물이나 구성요소의 동적 거동을 확인할 때 dynamic 해석을 수행한다.
(2) 관성과 감쇠가 중요한 역할을 하는 구조물의 동적 거동을 알고자 할 때 dynamic 해석을 수행한다.

(3) 동적 거동은 다음 항목 중 하나 혹은 그 이상의 현상이 나타난다.

① 진동 특성 - 특정 주파수에서의 구조물의 진동

② 조화 하중

③ 지진 혹은 충돌하중

④ 불규칙 하중

⑤ 시간에 따른 하중의 변동

(4) 정적해석은 정적인 하중에 대한 해석을 수행하는 것이다. 그러나 시간에 따라 변동하는 하중에 대한 영향을 알 수 없다. 동적하중에 의한 파괴의 사례가 많이 있다.

① Tacoma Narrows bridge (1940년 11월7일 붕괴)

② 테크노 마트 흔들림 (타보 운동의 영향)

(5) Dynamic 해석은 다음과 같은 문제를 다룬다.

① 자유진동 : 고유진동수

구조물의 고유진동수 분석을 한다. 각 차수별 고유진동수와 그 때의 모드 형상을 파악할 수 있다.

② 강제진동 : 크랭크 샤프트 등

하중을 받고 있는 상태의 구조물에 대한 모달 해석이다. 구조물이 하중을 받고 있으면 강성이 변화하는데 이 때문에 고유진동수가 변하게 된다. 현악기에서 줄을 잡아 당겨지면 강성이 증가하게 되고 고유진동수가 높아지게 되어 고음이 발생하는 형상과 같다.

구조물에 sine 파의 주기적인 하중이 작용할 때 적용하는 최대 변위를 산정한다.

구조물의 공진 특성을 분석할 때 사용한다.

③ 지진/ 충격하중 : 지진하중, 풍하중

하중이 시간이력에 대해서 변동이 있으나 측정시마다 달라지지는 않는다. 시간 영역의 과도 해석을 하지 않고 구조물의 최대 응답 특성을 구할 수 있다. 즉 구조물의 스펙트럼 분석에 사용한다.

④ 불규칙진동 : 로켓 발사, 대형화물차

⑤ 시간에 따른 하중의 변동 : 차량 충돌, 망치로 치기 등

2) workbench에서 가능한 dynamic 해석 종류

(1) Modal Analysis를 사용하여 구조물의 진동 특성을 결정한다.
자동차 배기시스템의 고유진동수와 엔진의 고유진동수가 같을 때 공진이 발생한다.
원심력과 같은 응력이 발생하는 상태에서 회전체 블레이드의 동적 거동이 달라지게 된다.

(2) Harmonic Response를 수행하여 주기적으로 하중을 받는 구조물의 응답을 계산한다. 회전하는 긱는 일정한 반복하중을 발생시키는데 이들 하중은 회전 속도에 따라서 다른 변위와 응력 값을 발생시킨다.

(3) Response Spectrum을 실시하여 지진 하중에 대해 구조물의 응답을 계산한다.
초고층 빌딩, 발전소 냉각탑 등 짧은 시간 동안 받는 충격하중이나 지진하중에 대해 견딜 수 있도록 설계한다.

(4) Random Vibration analysis를 수행하여 불규칙 하중에 대한 부품의 응답을 계산한다. 우주선 및 항공기의 부품은 임의 형태의 하중에 대하여 견디도록 설계한다.

(5) Transient Dynamic Analysis를 수행하여 변동하중에 대한 구조물의 응답을 계산한다. 자동차 범퍼는 저속의 충격에는 견디게 되지만 고속의 충격에는 변형이 발생하기 된다. 테니스 라켓 프레임은 테니스 공의 충격에 견디도록 설계한다.

1.2 Understanding Vibration Basics

1) 진동 기초[1)]

(1) 진동 시스템

일반적으로 자동차, 기계 장치와 같은 진동 시스템(대상 모델)의 흔들림 현상을 진동이라고 한다. 학문적 의미의 진동(振動, vibration)은 대상 모델의 반복적인 흔들림을 직접 측정하거나 동적 해석을 통해 나타난 정량적 결과이다. 다양한 형상 및 형태의 진동은 일반적으로 단순화된 질량-스프링 시스템(schematic mass-spring vibration system)으로 표시한다.

(2) 진동수(frequency)

진동수(frequency)는 단위 시간(1초)당 주기적으로 반복되는 횟수로 정의되며, 단위는 헤르츠[Hz]로 표기한다. 진자 혹은 용수철에 매달린 물체의 진동수는 주어진 시간에 좌우 또는 상하로 진동한 횟수를 나타내며, 초기 위치에서 아래, 위로 한 번 진동하는데에 1초가 걸렸을 경우는 1Hz이다.

(3) 주기(period)

1회 진동하는데 걸리는 시간의 단위는 초(s)로 나타낸다.

(4) 고유 진동수(natural frequency)

조화 운동을 하는 모든 물체는 각각의 특별한(characteristic) 진동수를 갖고 있으며, 이를 대상 모델의 고유 진동수(natural frequency)라고 한다. [그림 1-1]에 나타난 질량-스프링 진동 시스템에 조화 함수로 된 외력이 가해질 경우 운동 방정식은 다음과 같다.

(5) 공진(resonance)

외부 가진 진동수가 구조물의 고유 진동수와 일치할 때 구조물에 과도한 진동이 발생

1) NCS학습모듈 진동/소음해석 페이지 3

하며, 이로 인해 구조물이 파괴되기도 한다. 따라서 외부 가진 진동수와 구조물의 고유 진동이 일치하는 경우 이를 공진(共振, resonance)라고 한다. 공진이 발생하면 변위가 무한대가 되기 때문에 구조물 내부의 감쇠(damping)가 없거나 작은 경우, 구조물은 파괴된다. 따라서 본 학습을 통해 구조물의 고유 진동을 파악하고, 제품 및 시스템의 설계 시 외부 가진이 고유 진동을 피할 수 있도록 해야 한다.

1.3 Single degree of freedom system

1) 비감쇠 단자유도 시스템

(1) 운동방정식

일반적으로 자동차, 기계 장치와 같은 진동 시스템(대상 모델)의 흔들림 현상을 진동이라고 한다. 학문적 의미의 진동(振動, vibration)은 대상 모델의 반복적인 흔들림을 직접 측정하거나 동적 해석을 통해 나타난 정량적 결과이다. 다양한 형상 및 형태의 진동은 일반적으로 단순화된 질량-스프링 시스템(schematic mass-spring vibration system)으로 표시한다.

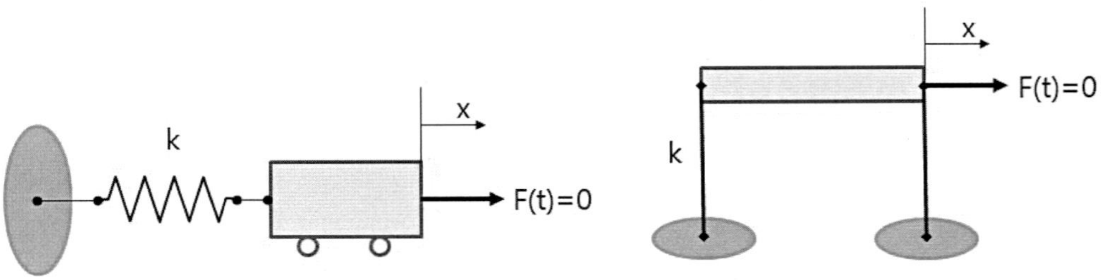

단자유도 모형

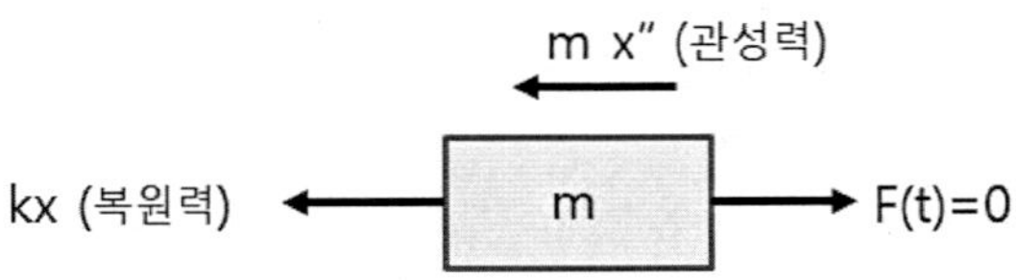

운동방정식

단자유도 시스템의 모형을 운동방정식으로 쓰면 $-mx'' - kx = F(t) = 0$ 이다.

$mx'' + kx = 0$ 을 풀기 위하여 $x = A\cos w_n t$로 가정한다.

$(-w_n^2 m + k) A\cos w_n t = 0$ 에서 $w_n = \sqrt{\dfrac{k}{m}}$ 이다,

w_n 를 고유진동수라고 한다.

(2) 단자유도 시스템은 일반해 및 운동 방정식

일반해는 $x(t) = A\cos w_n t + B\sin w_n t$ 이다.

운동방적에 초기 조건 $x(0) = x_o$, $x'(0) = v_o$을 적용하면

$$x(t) = x_o \cos w_n t + \frac{v_o}{w_n} \sin w_n t$$

$$= \sqrt{x_o^2 + (v_o/w_n)^2} \cos(w_n t - \alpha)$$, 여기서 $\alpha = \dfrac{v_o/w_n}{x_o}$(라디안),

1.4 Spring analysis

1.4.1 Calculate spring constant of one spring

1. 문제 정의

스프링의 지름 20mm, 스프링 강 지름 3mm, 스프링 상수가 75N/mm인 스프링에 100mm의 변위(길이증가)가 발생할 때 반력을 산정하시오.

이 스프링에 100kg의 질량이 작용할 때 고유주기를 산정하시오.

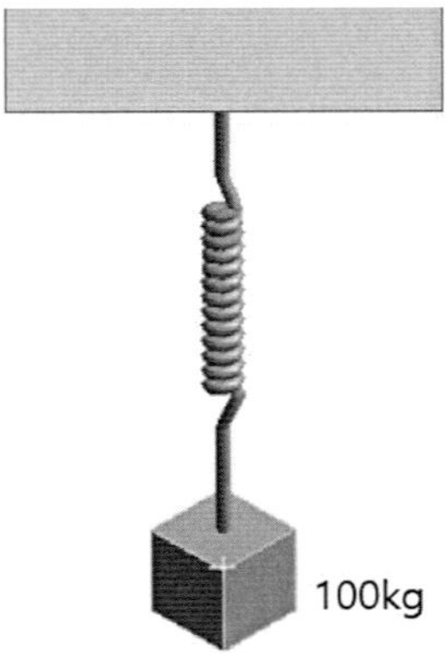

2. 구조해석 목적

- Connection에서 Spring을 정의한다.
- 하중과 변위의 관계를 이해한다.
- 반력을 계산한다.
- 스프링 상수와 질량으로 고유 진동수를 계산한다.

3. 구조해석 절차

1) 프로젝트 설정

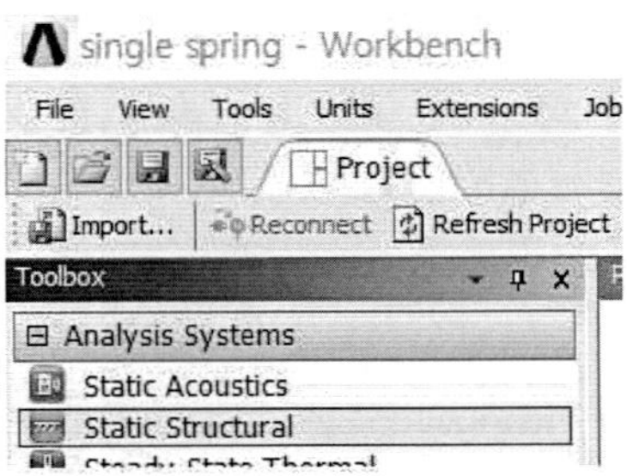

2) 엔지니어링 데이터 정의 : 기본설정 적용

3) 형상 부착 모델 데이터 불러오기(또는 모델 만들기)

(1) 외부 파일 가져오기

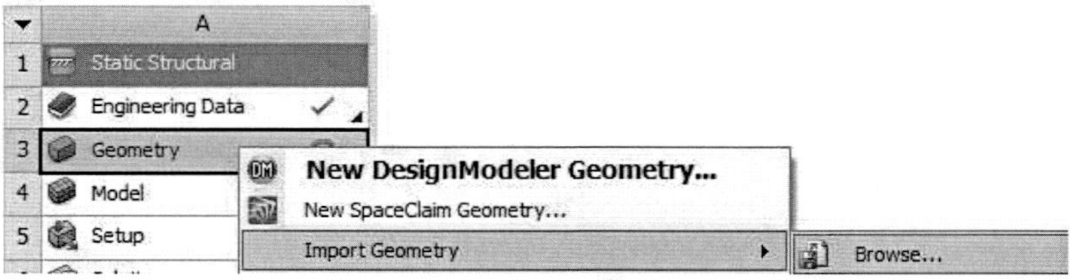

원형 모델

(2) Design Modeler에서 모델링 하기

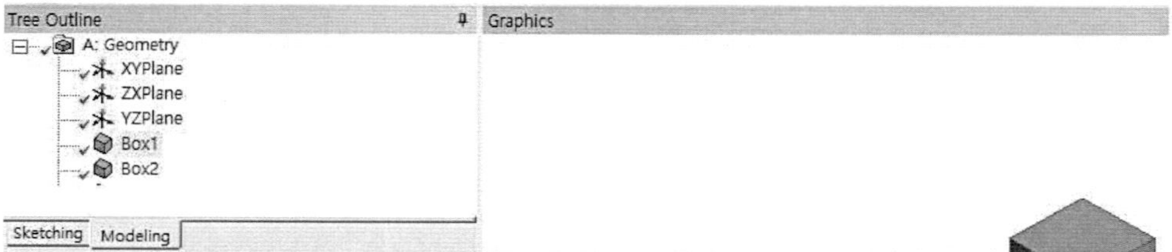

Details View

Details of Box1	
Box	Box1
Base Plane	XYPlane
Operation	Add Material
Box Type	From One Point and Diag...
Point 1 Definition	Coordinates
FD3, Point 1 X Coordinate	0 mm
FD4, Point 1 Y Coordinate	0 mm
FD5, Point 1 Z Coordinate	0 mm
Diagonal Definition	Components
FD6, Diagonal X Component	30 mm
FD7, Diagonal Y Component	30 mm
FD8, Diagonal Z Component	30 mm
As Thin/Surface?	No

Details View

Details of Box2	
Box	Box2
Base Plane	XYPlane
Operation	Add Material
Box Type	From One Point and Diag...
Point 1 Definition	Coordinates
FD3, Point 1 X Coordinate	0 mm
FD4, Point 1 Y Coordinate	200 mm
FD5, Point 1 Z Coordinate	0 mm
Diagonal Definition	Components
FD6, Diagonal X Component	30 mm
FD7, Diagonal Y Component	30 mm
FD8, Diagonal Z Component	30 mm
As Thin/Surface?	No

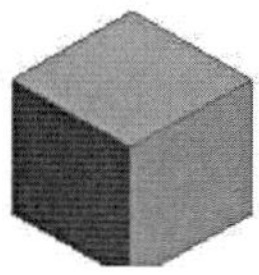

4) 부품 동작 정의

(1) 구조해석을 하기 위하여 Mechanical 창을 활성화한다.

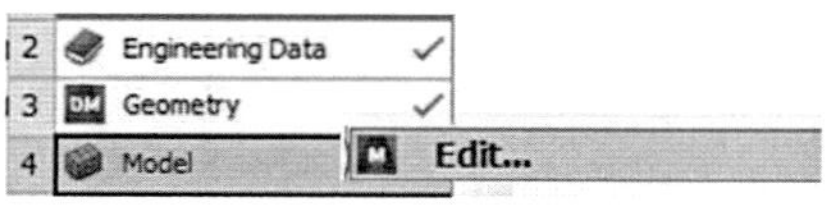

(2) 부품 동작 정의에서 부품 동작에 대한 정보를 정의한다.

① Solid-low, soild-up는 Stiffness Behavior를 flexible ,재질은 Structural steel 설정한다.

5) 좌표계 정의 : 일반설정 적용

6) 연결 정의

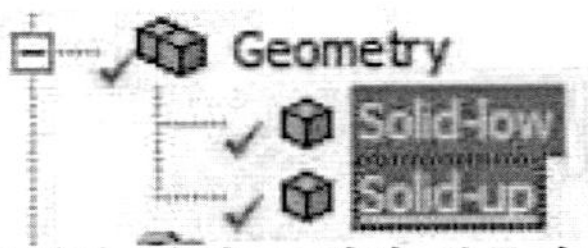

아래와 같이 두개의 블록사이에 스프링을 연결한다.

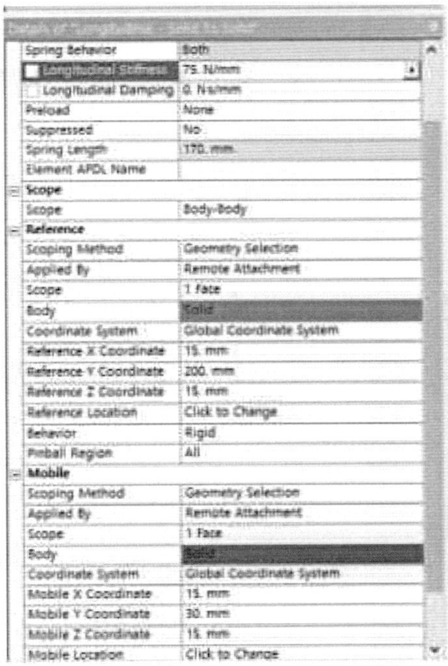

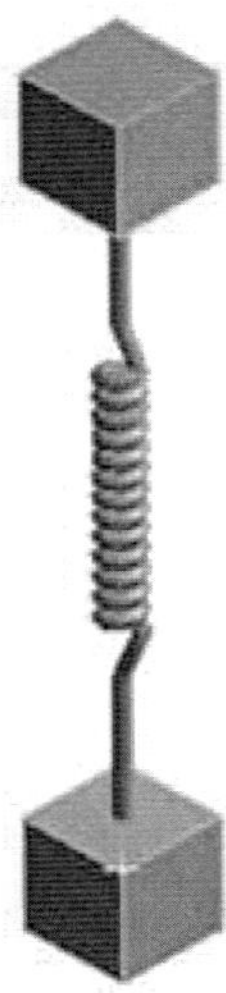

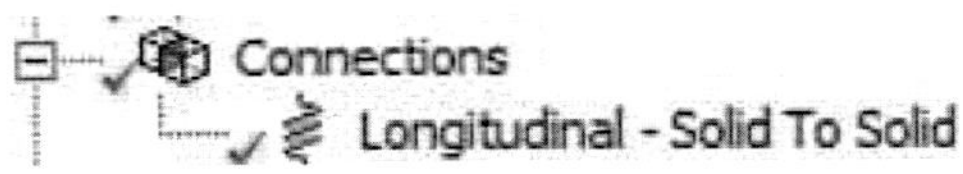

7) 메쉬 설정 정의 : 일반설정 적용

8) 분석 설정 정의 : 일반설정 적용

9) 구조해석 초기 조건 정의 : 설정 없음.

10) 구조해석 경계 조건 정의

(1) 구조물의 변위 구속조건 설정
① Fixed support로 상측 블록을 설정한다.
② Displacement를 하측 블록 상면을 설정한다. 단위 변위 100mm가 변할 때 스프링에 걸리는 하중을 측정하면 등가 스프링 상수를 얻을 수 있다.

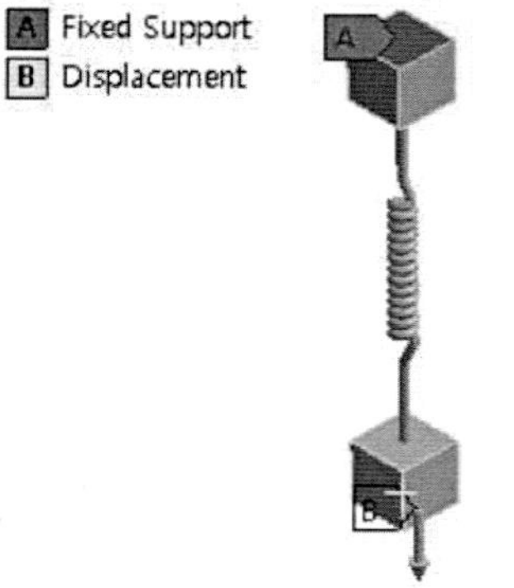

Details of "Displacement"

Scope	
Scoping Method	Geometry Selection
Geometry	1 Face
Definition	
Type	Displacement
Define By	Components
Coordinate System	Global Coordinate System
X Component	0. mm (ramped)
Y Component	-100. mm (ramped)
Z Component	0. mm (ramped)
Suppressed	No

참고 : Displacement 설정에 Free가 있으면 오류 발생

Details of "Displacement"

Scope	
Scoping Method	Geometry Selection
Geometry	1 Face
Definition	
Type	Displacement
Define By	Components
Coordinate System	Global Coordinate System
X Component	Free
Y Component	-100. mm (ramped)
Z Component	Free
Suppressed	No

Error message :
An internal solution magnitude limit was exceeded. Please check your Environment for inappropriate load values or insufficient supports.
Please see the Troubleshooting section of the Help System for more information.

10) 구조해석 수행하기

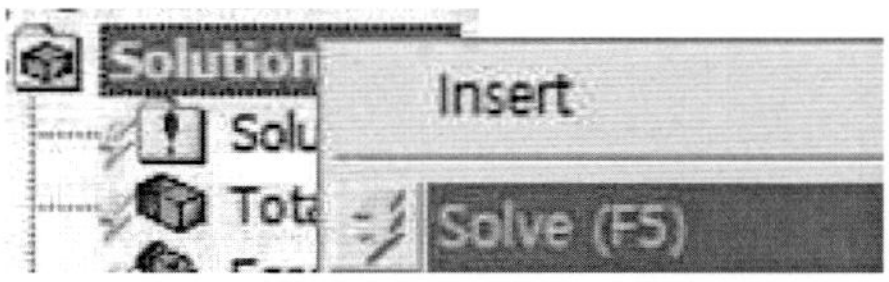

Total CPU time for main thread : 1.2 seconds
Total CPU time summed for all threads : 1.5 seconds

11) 구조해석 결과에 확인

(1) Total Deformation

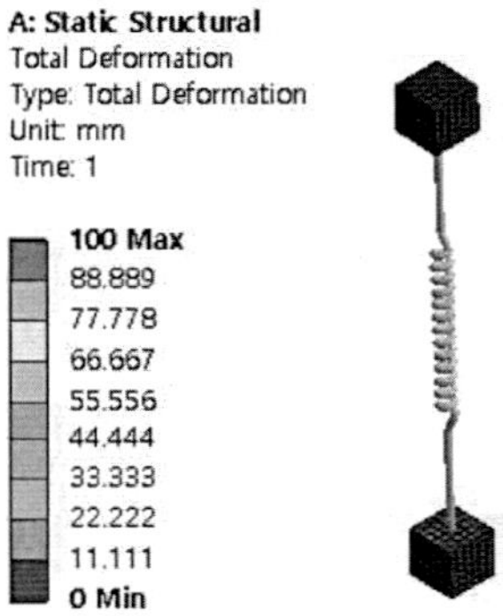

(2) Reaction Force

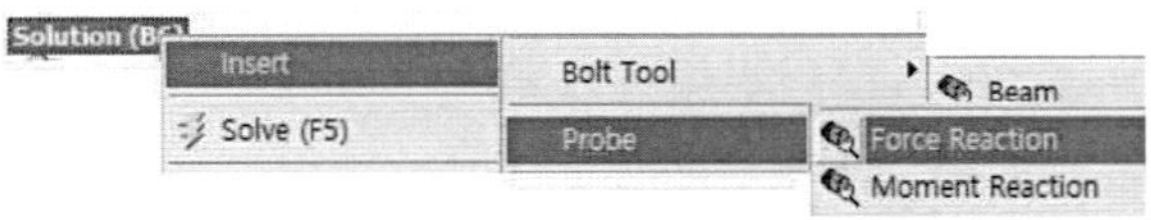

Details of "Force Reaction"	
Definition	
Type	Force Reaction
Location Method	Boundary Condition
Boundary Condition	Fixed Support
Orientation	Global Coordinate System
Suppressed	No
Options	
Result Selection	All
Display Time	End Time
Results	
Maximum Value Over Time	
X Axis	-1.945e-002 N
Y Axis	7500.1 N
Z Axis	-0.24885 N
Total	7500.1 N

(3) 고유주기 산정

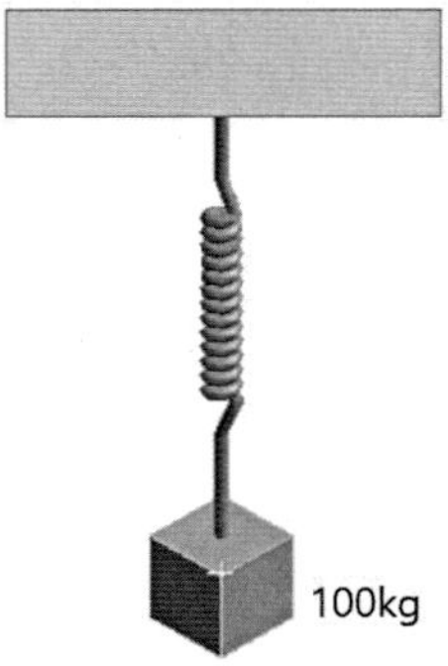

m= 100 kg

k = 75 N/mm =75000 N/m

$w_n = \sqrt{\frac{k}{m}} = \sqrt{\frac{75000}{100}} = 27.2861$ f= wn/(2*3.14)=4.344

$T = 2\pi / w_n = \frac{2*3.14}{27.2861} = 0.2307\,\sec$

Modal 해석

1) 프로젝트 설정

(1) Tool Box에서 Modal을 드래그 하여 Project Schematic에 올려놓는다.
(2) Engineering Data와 Geometry를 드래그 하여 연결한다.

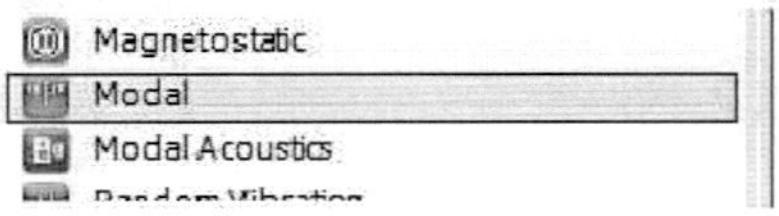

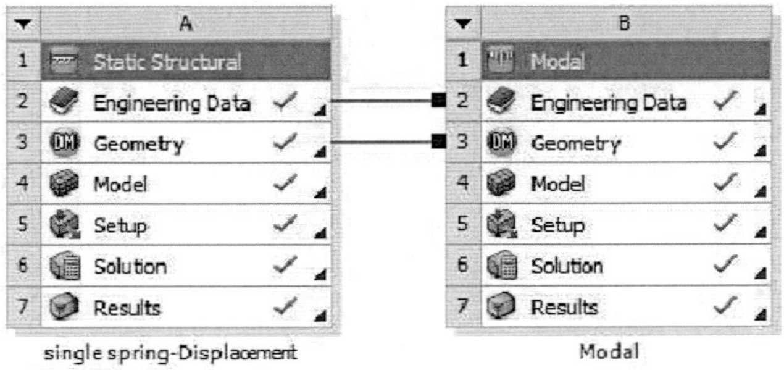

2) 엔지니어링 데이터 정의 : 기본설정 적용

3) 형상 부착 모델 데이터 불러오기 : 모델을 공유하여 사용한다.

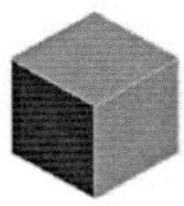

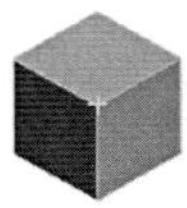

원형 모델

4) 부품 동작 정의

(1) 구조해석을 하기 위하여 Mechanical 창을 활성화한다.

(2) 부품 동작 정의에서 부품 동작에 대한 정보를 정의한다.

① Solid-low, soild-up는 Stiffness Behavior를 flexible ,재질은 Structural steel 설정한다.

5) 좌표계 정의 : 일반설정 적용

6) 연결 정의

아래와 같이 두개의 블록사이에 스프링을 연결한다.

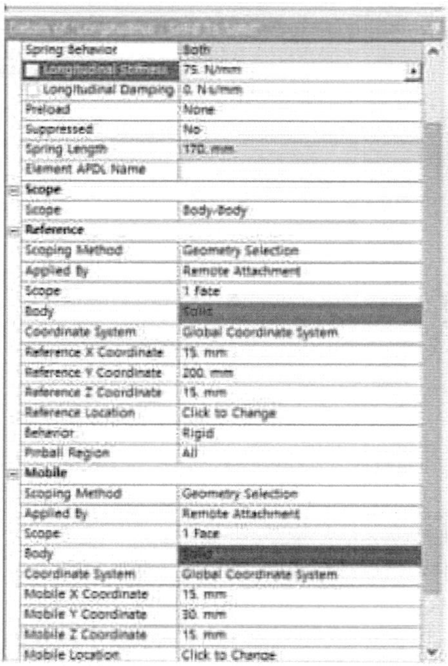

Spring Behavior	Both
Longitudinal Stiffness	75. N/mm
Longitudinal Damping	0. N·s/mm
Preload	None
Suppressed	No
Spring Length	170. mm
Element APDL Name	
Scope	
Scope	Body-Body
Reference	
Scoping Method	Geometry Selection
Applied By	Remote Attachment
Scope	1 Face
Body	Solid
Coordinate System	Global Coordinate System
Reference X Coordinate	15. mm
Reference Y Coordinate	200. mm
Reference Z Coordinate	15. mm
Reference Location	Click to Change
Behavior	Rigid
Pinball Region	All
Mobile	
Scoping Method	Geometry Selection
Applied By	Remote Attachment
Scope	1 Face
Body	Solid
Coordinate System	Global Coordinate System
Mobile X Coordinate	15. mm
Mobile Y Coordinate	30. mm
Mobile Z Coordinate	15. mm
Mobile Location	Click to Change

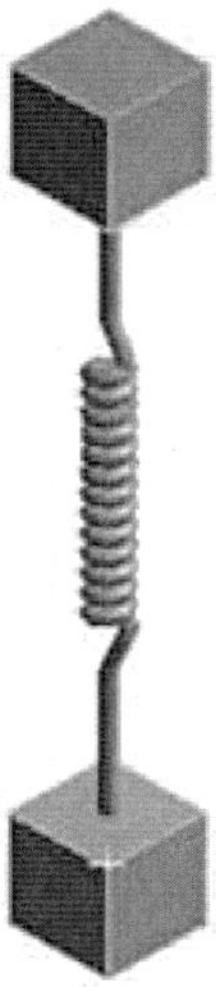

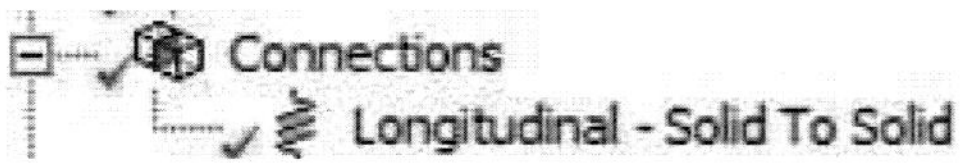

7) 메쉬 설정 정의 : 일반설정 적용

8) 분석 설정 정의 : 일반설정 적용

9) 구조해석 초기 조건 정의 : 설정 없음.

10) 구조해석 경계 조건 정의

(1) 구조물의 변위 구속조건 설정
① Fixed support로 상측 블록을 설정한다.
② Displacement를 하측 블록 상면을 설정한다. 단위 변위 100mm가 변할 때 스프링에 걸리는 하중을 측정하면 등가 스프링 상수를 얻을 수 있다.

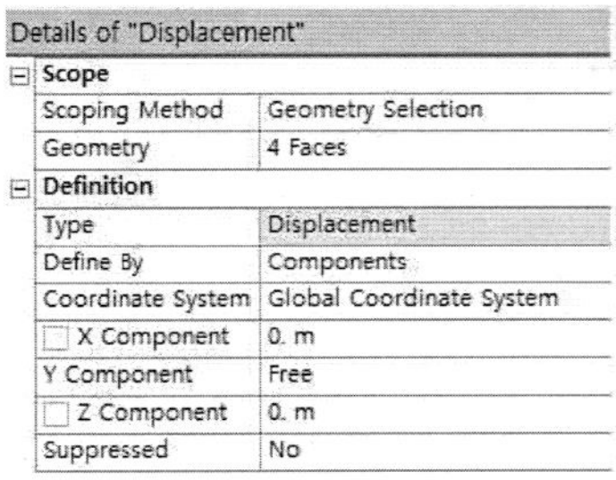

Details of "Displacement"	
Scope	
Scoping Method	Geometry Selection
Geometry	4 Faces
Definition	
Type	Displacement
Define By	Components
Coordinate System	Global Coordinate System
X Component	0. m
Y Component	Free
Z Component	0. m
Suppressed	No

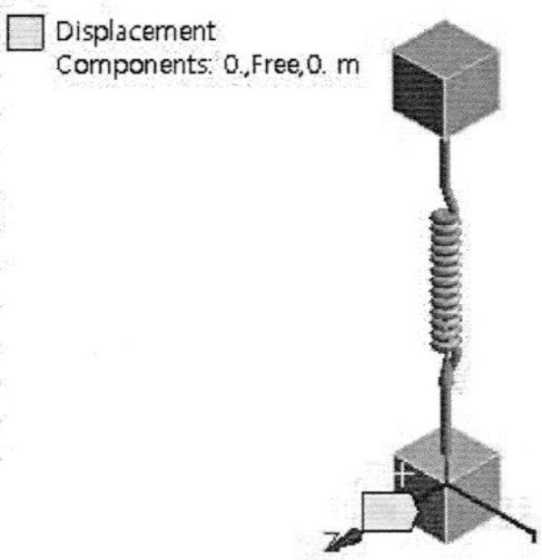

10) 구조해석 수행하기

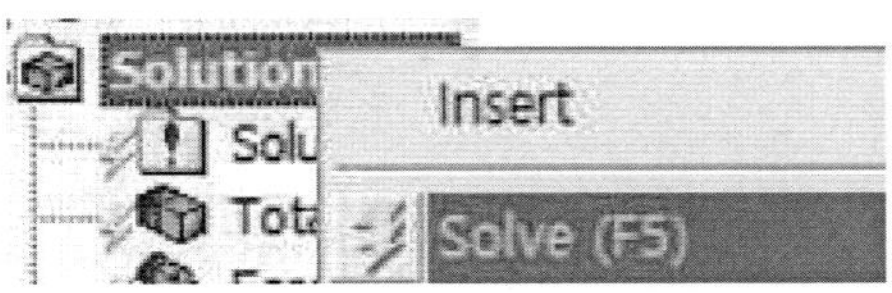

Total CPU time for main thread : 1.2 seconds
Total CPU time summed for all threads : 1.5 seconds

11) 구조해석 결과에 확인

(1) Total Deformation

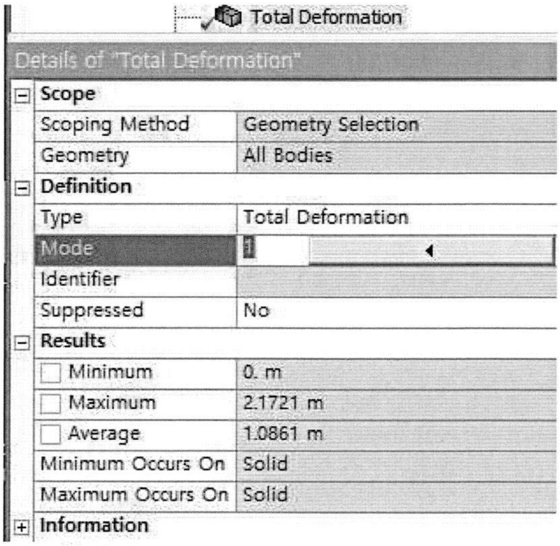

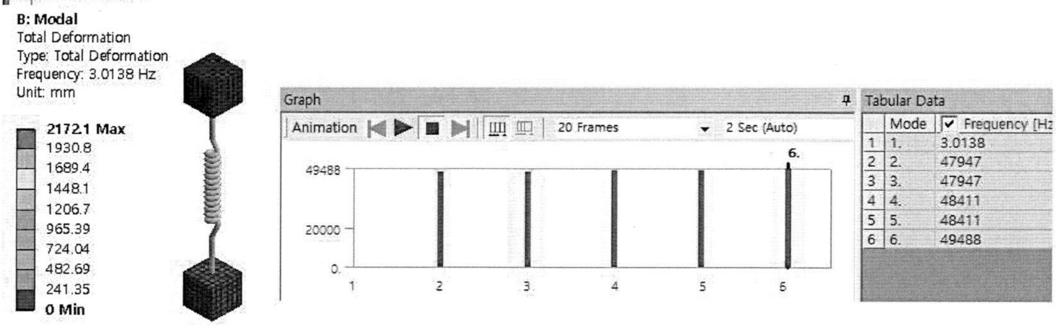

구조물의 고유주기 f = 3.0138 Hz

1.4.2 Equivalent spring constant calculation k1 + k2

1. 문제 정의

다음과 같이 2개의 스프링으로 연결된 구조물에서 스프링상수 k1는 75N/mm, k2는 100N/mm이다.

진동계의 등가 스프링 상수를 계산하시오.

하부 구조물의 중량는 100N일 때 고유 주기를 산정하시오.

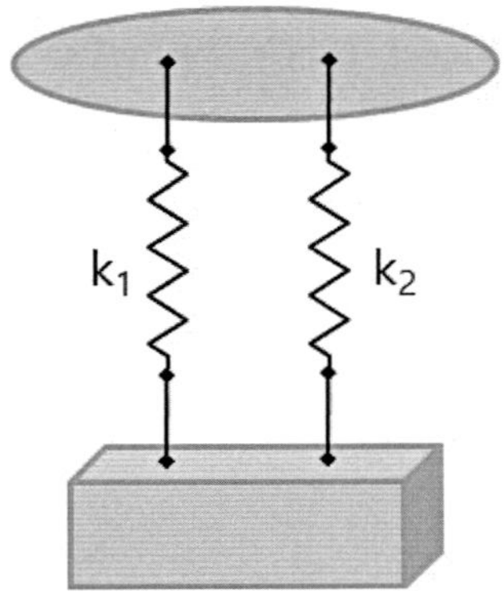

2. 구조해석 목적

- Connection에서 Spring을 정의한다.
- 스프링의 병렬연결에 대한 등가 스프링 상수를 구한다.
- 하중과 변위의 관계를 이해한다.
- 반력을 계산한다.
- 스프링 상수와 질량으로 고유진동수를 계산한다.

3. 구조해석 절차

1) 프로젝트 설정

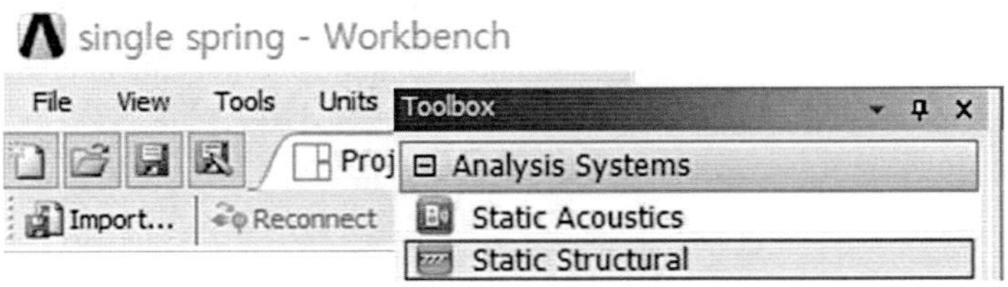

2) 엔지니어링 데이터 정의 : 기본설정 적용

(1) 외부 파일 가져오기

3) 형상 부착 모델 데이터 불러오기(또는 모델 만들기)

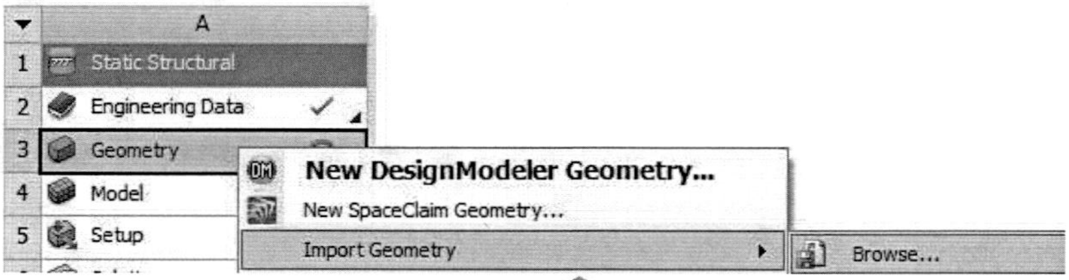

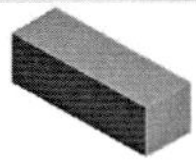

원형 모델

(2) Design Modeler에서 모델링 하기

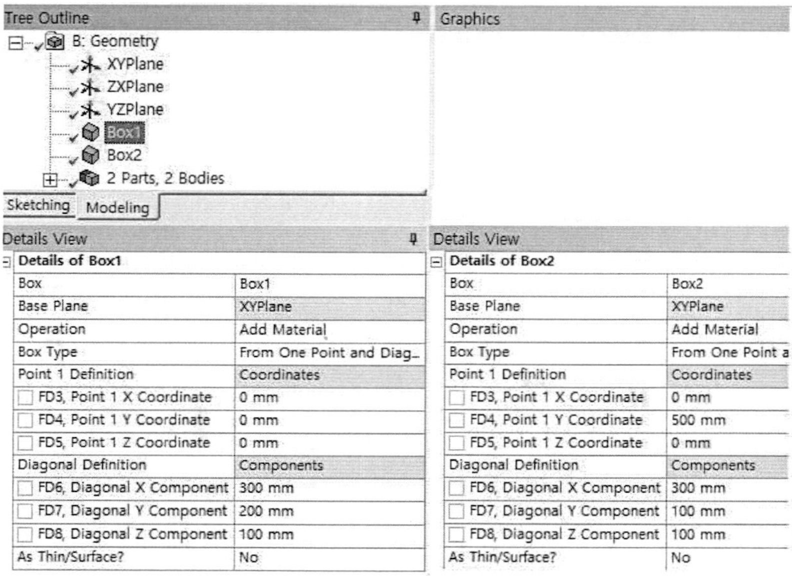

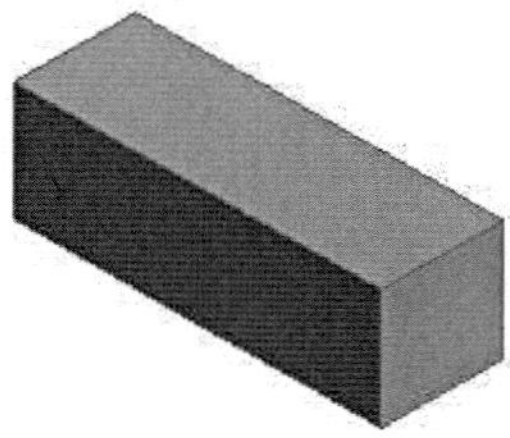

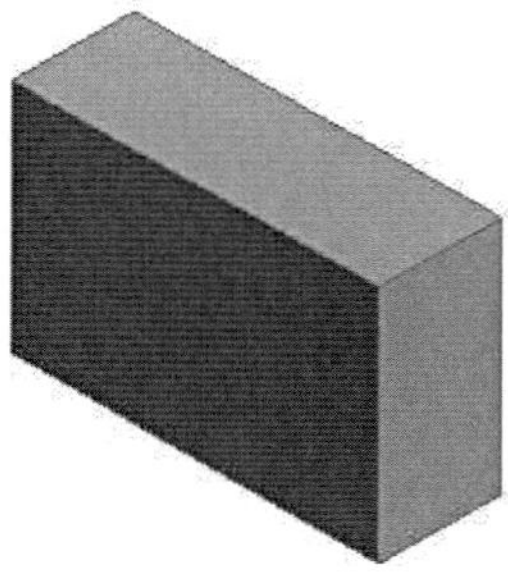

4) 부품 동작 정의

(1) 구조해석을 하기 위하여 Mechanical 창을 활성화한다.

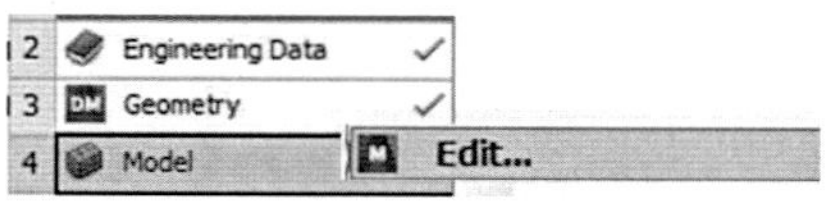

F7을 클릭하여 모델을 확인한다.

(2) 부품 동작 정의에서 부품 동작에 대한 정보를 정의한다.

① 부품의 Stiffness Behavior를 flexible 재질은 Structural steel 설정한다.

5) 좌표계 정의

① Local 좌표계를 만든다. (이름 : Coord-1)

② Coordinate System 이름을 변경한다.

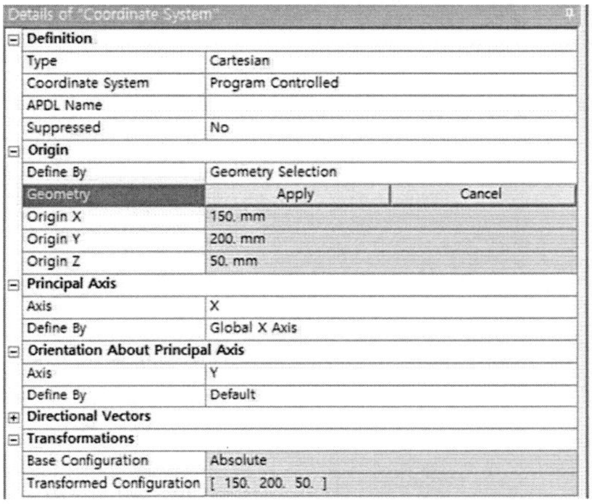

6) 연결 정의

아래와 같이 두개의 블록사이에 스프링을 연결한다.

Details of "Longitudinal - box300x200x100 v2-FreePart...	
Graphics Properties	
Definition	
Material	None
Type	Longitudinal
Spring Behavior	Both
Longitudinal Stiffness	75. N/mm
Longitudinal Damping	0. N·s/mm
Preload	None
Suppressed	No
Spring Length	400. mm
Element APDL Name	
Scope	
Scope	Body-Body
Reference	
Scoping Method	Geometry Selection
Applied By	Remote Attachment
Scope	1 Face
Body	box300x200x100 v2-FreeParts[2]
Coordinate System	Coord-1
Reference X Coordinate	50. mm
Reference Y Coordinate	400. mm
Reference Z Coordinate	0. mm
Reference Location	Click to Change
Behavior	Rigid
Pinball Region	All
Mobile	
Scoping Method	Geometry Selection
Applied By	Remote Attachment
Scope	1 Face
Body	box300x200x100 v2-FreeParts
Coordinate System	Coord-1
Mobile X Coordinate	50. mm
Mobile Y Coordinate	0. mm
Mobile Z Coordinate	0. mm
Mobile Location	Click to Change
Behavior	Rigid
Pinball Region	All

Details of "Longitudinal - box300x200x100 v2-FreePart...	
Graphics Properties	
Definition	
Material	None
Type	Longitudinal
Spring Behavior	Both
Longitudinal Stiffness	100. N/mm
Longitudinal Damping	0. N·s/mm
Preload	None
Suppressed	No
Spring Length	400. mm
Element APDL Name	
Scope	
Scope	Body-Body
Reference	
Scoping Method	Geometry Selection
Applied By	Remote Attachment
Scope	1 Face
Body	box300x200x100 v2-FreeParts[2]
Coordinate System	Coord-1
Reference X Coordinate	-50. mm
Reference Y Coordinate	400. mm
Reference Z Coordinate	0. mm
Reference Location	Click to Change
Behavior	Rigid
Pinball Region	All
Mobile	
Scoping Method	Geometry Selection
Applied By	Remote Attachment
Scope	1 Face
Body	box300x200x100 v2-FreeParts
Coordinate System	Coord-1
Mobile X Coordinate	-50. mm
Mobile Y Coordinate	0. mm
Mobile Z Coordinate	0. mm
Mobile Location	Click to Change
Behavior	Rigid
Pinball Region	All

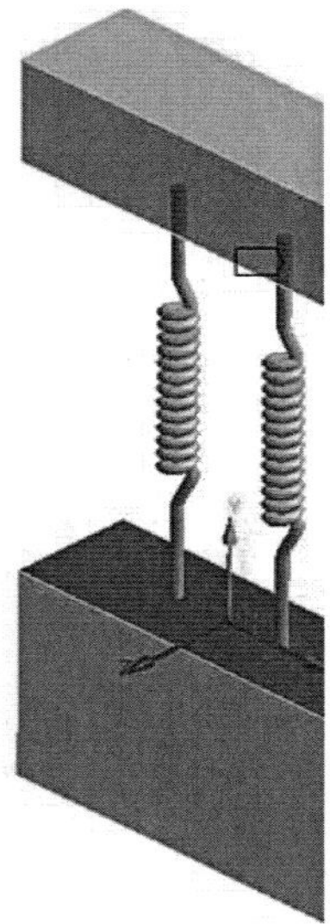

7) 메쉬 설정 정의 : 일반설정 적용

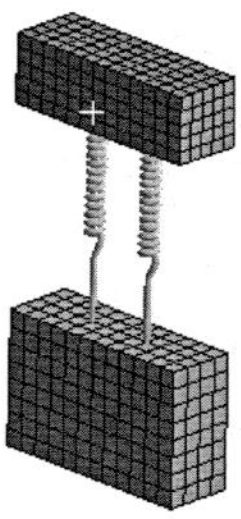

8) 분석 설정 정의 : 일반설정 적용

9) 구조해석 초기 조건 정의 : 설정 없음.

10) 구조해석 경계 조건 정의

(1) 구조물의 변위 구속조건 설정

① Fixed support로 상측 블록을 설정한다.

② Displacement를 하측 블록 상면을 설정한다. 단위 변위 1mm가 변할 때 스프링에 걸리는 하중을 측정하면 등가 스프링 상수를 얻을 수 있다.

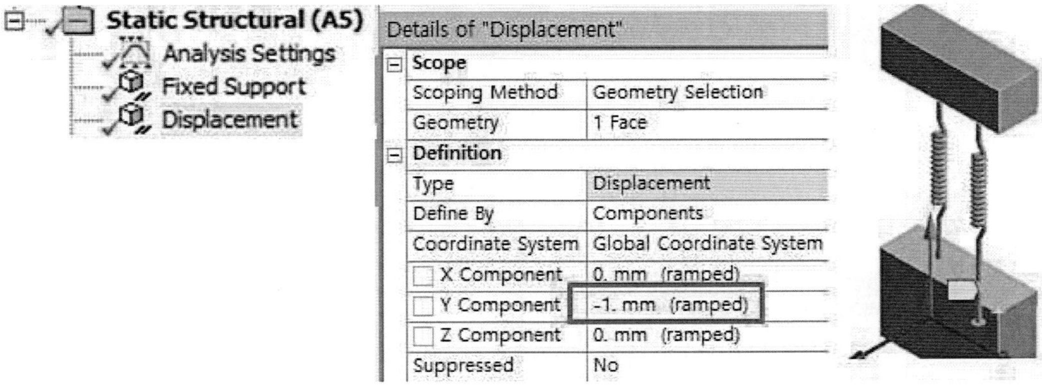

10) 구조해석 수행하기

11) 구조해석 결과에 확인

(1) Reaction Force (Fixed Support 적용지점)

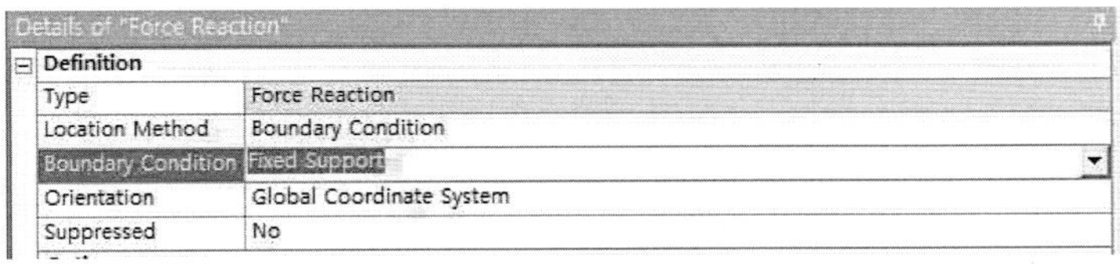

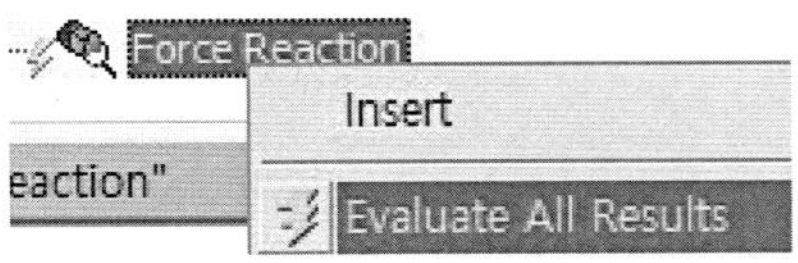

Fixed support의 Reaction force가 단위 길이 증가할 때의 하중이므로 스프링 상수가 된다.

Details of "Force Reaction"	
Definition	
Type	Force Reaction
Location Method	Boundary Condition
Boundary Condition	Fixed Support
Orientation	Global Coordinate System
Suppressed	No
Options	
Result Selection	All
Display Time	End Time
Results	
Maximum Value Over Time	
X Axis	0. N
Y Axis	175. N
Z Axis	0. N
Total	175. N

(2) 고유주기 산정

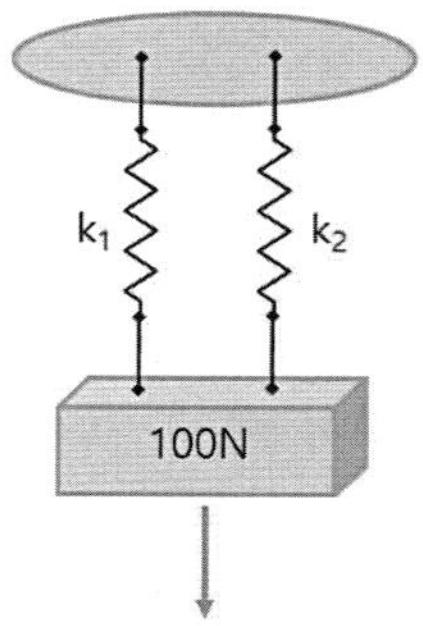

m= 100 kg

k = 175 N/mm =175000 N/m

$$w_n = \sqrt{\frac{k}{m}} = \sqrt{\frac{175000}{100}} = 41.8, \qquad f= 6.66\ Hz$$

$T = 2\pi / w_n$ = 0.150 sec

이론적 계산

$k_e = k_1 + k_2$ = 75 + 100 =175 N/mm

Modal 해석 : Spring Add Model

1) 프로젝트 설정

(1) Tool Box에서 Modal을 드래그 하여 Project Schematic에 올려놓는다.

(2) Engineering Data와 Geometry를 드래그 하여 연결한다.

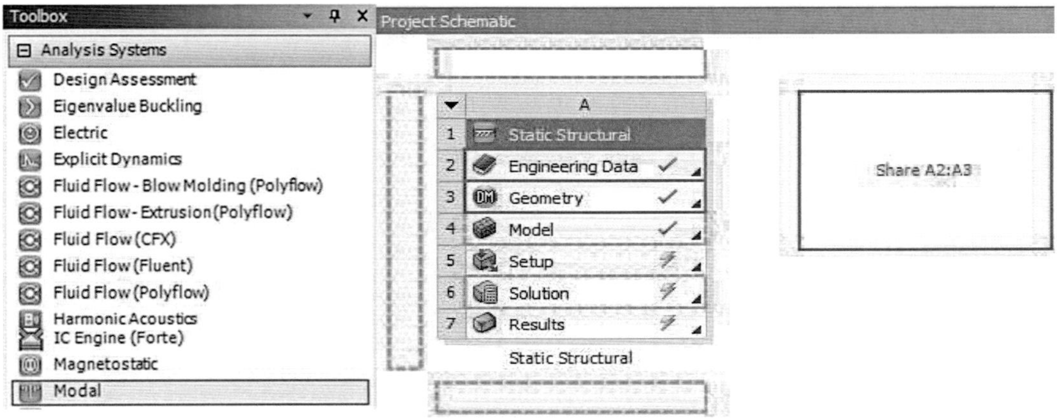

2) 엔지니어링 데이터 정의 : 기본설정 적용

3) 형상 부착 모델 데이터 불러오기 : 모델을 공유하여 사용한다.

4) 부품 동작 정의

(1) 구조해석을 하기 위하여 Mechanical 창을 활성화한다.

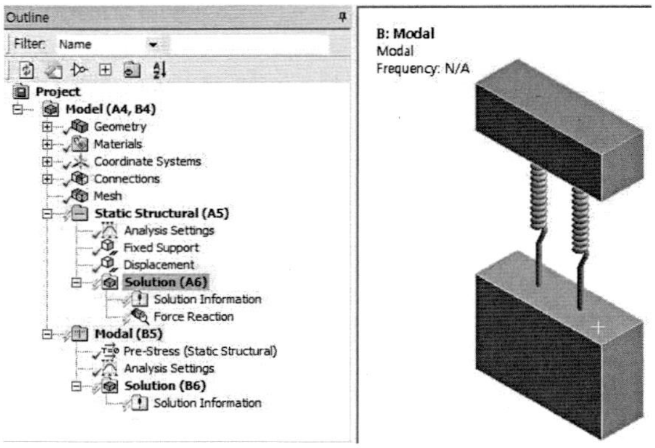

(2) 부품 동작 정의에서 부품 동작에 대한 정보를 정의한다.

① Solid-low, soild-up는 Stiffness Behavior를 flexible ,재질은 Structural steel 설정한다.

5) 좌표계 정의

① Local 좌표계를 만든다. (이름 : Coord-1)

② Coordinate System 이름을 변경한다.

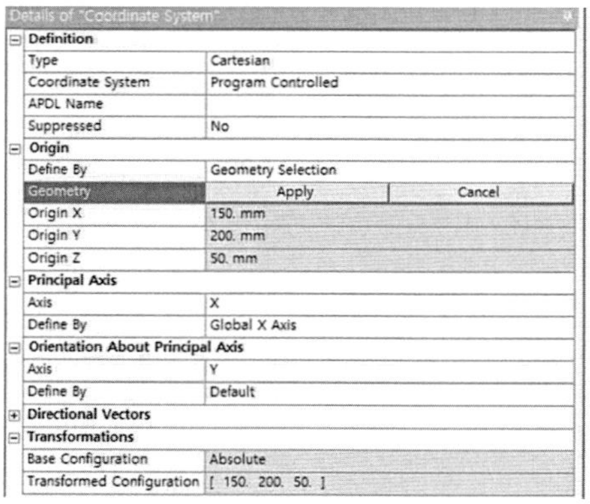

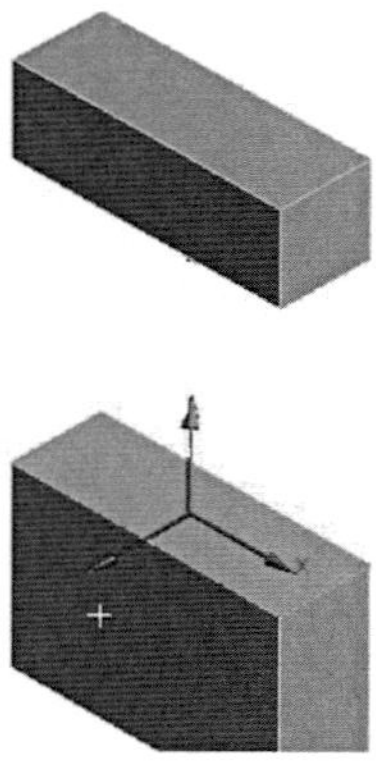

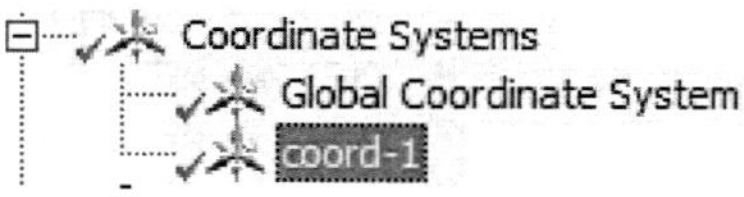

6) 연결 정의

아래와 같이 두 개의 블록사이에 스프링을 연결한다.

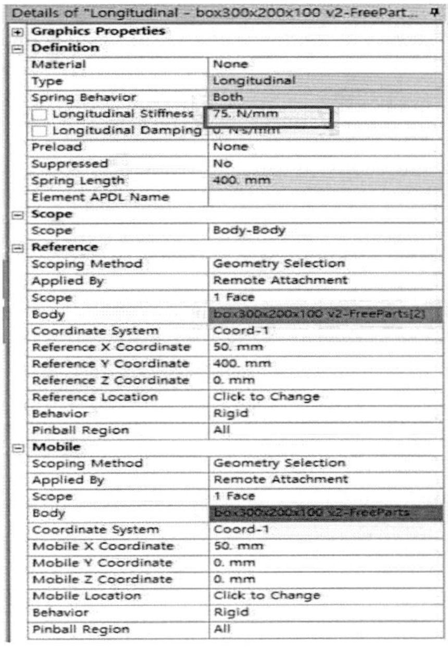

Details of "Longitudinal - box300x200x100 v2-FreePart...

Property	Value
Graphics Properties	
Definition	
Material	None
Type	Longitudinal
Spring Behavior	Both
Longitudinal Stiffness	75. N/mm
Longitudinal Damping	0. N·s/mm
Preload	None
Suppressed	No
Spring Length	400. mm
Element APDL Name	
Scope	
Scope	Body-Body
Reference	
Scoping Method	Geometry Selection
Applied By	Remote Attachment
Scope	1 Face
Body	box300x200x100 v2-FreeParts[2]
Coordinate System	Coord-1
Reference X Coordinate	50. mm
Reference Y Coordinate	400. mm
Reference Z Coordinate	0. mm
Reference Location	Click to Change
Behavior	Rigid
Pinball Region	All
Mobile	
Scoping Method	Geometry Selection
Applied By	Remote Attachment
Scope	1 Face
Body	box300x200x100 v2-FreeParts
Coordinate System	Coord-1
Mobile X Coordinate	50. mm
Mobile Y Coordinate	0. mm
Mobile Z Coordinate	0. mm
Mobile Location	Click to Change
Behavior	Rigid
Pinball Region	All

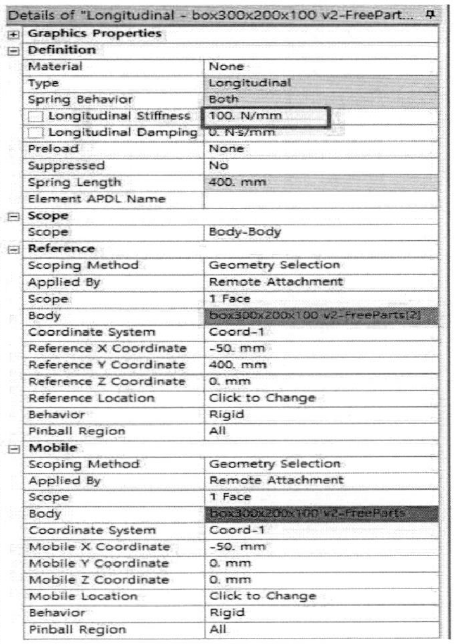

Details of "Longitudinal - box300x200x100 v2-FreePart...

Property	Value
Graphics Properties	
Definition	
Material	None
Type	Longitudinal
Spring Behavior	Both
Longitudinal Stiffness	100. N/mm
Longitudinal Damping	0. N·s/mm
Preload	None
Suppressed	No
Spring Length	400. mm
Element APDL Name	
Scope	
Scope	Body-Body
Reference	
Scoping Method	Geometry Selection
Applied By	Remote Attachment
Scope	1 Face
Body	box300x200x100 v2-FreeParts[2]
Coordinate System	Coord-1
Reference X Coordinate	-50. mm
Reference Y Coordinate	400. mm
Reference Z Coordinate	0. mm
Reference Location	Click to Change
Behavior	Rigid
Pinball Region	All
Mobile	
Scoping Method	Geometry Selection
Applied By	Remote Attachment
Scope	1 Face
Body	box300x200x100 v2-FreeParts
Coordinate System	Coord-1
Mobile X Coordinate	-50. mm
Mobile Y Coordinate	0. mm
Mobile Z Coordinate	0. mm
Mobile Location	Click to Change
Behavior	Rigid
Pinball Region	All

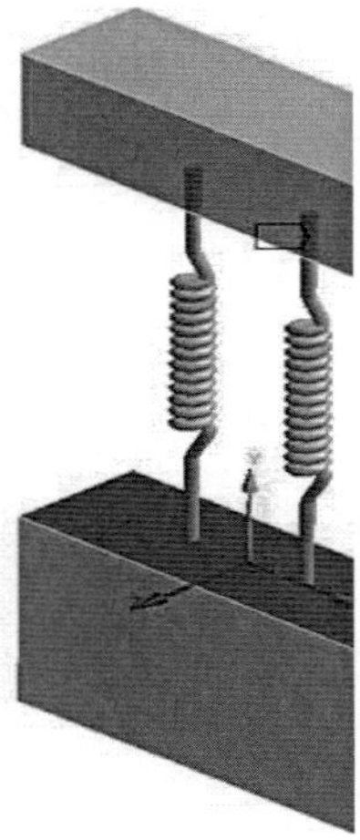

7) 메쉬 설정 정의 : 일반설정 적용

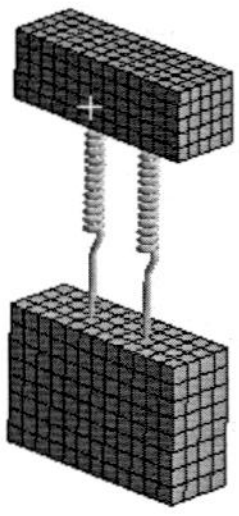

8) 분석 설정 정의 : 일반설정 적용

9) 구조해석 초기 조건 정의 : 설정 없음.

10) 구조해석 경계 조건 정의

(1) 구조물의 변위 구속조건 설정

① Fixed support로 상측 블록(6면)을 설정한다.

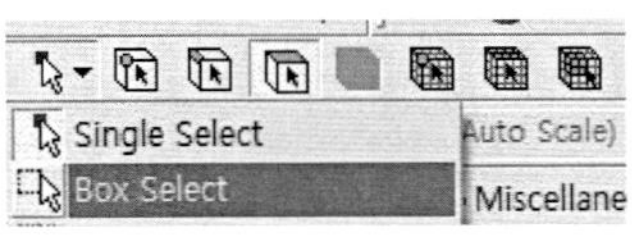

Face 선택 필터와 Box Select를 사용하여 상부 6면을 선택한다.

② Displacement를 하측 6면을 설정한다.

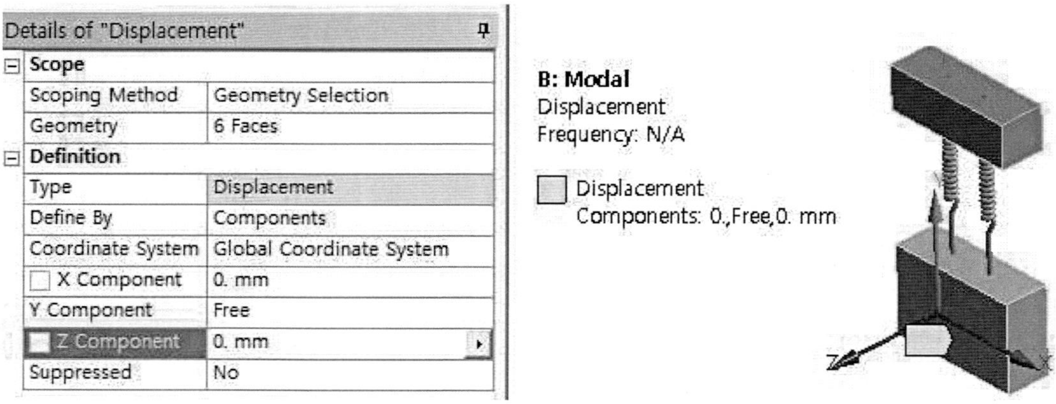

10) 구조해석 수행하기

11) 구조해석 결과에 확인

(1) Total Deformation

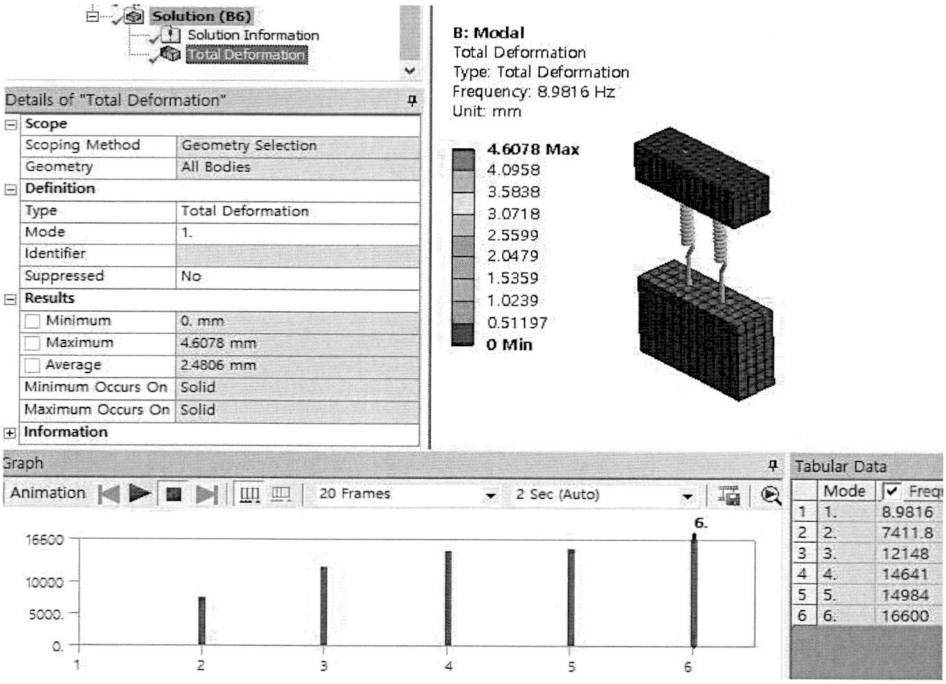

구조물의 1차 Mode 고유주기(f)는 8.98Hz이다.

등가 스프링 계수로 구한 고유주기(f)는 6.66Hz이다.

1.4.3 Equivalent spring constant k1 x k2

1. 문제 정의

다음과 같이 2개의 스프링이 직렬로 연결된 구조물의 진동계의 등가 스프링 상수를 계산하시오.

스프링 상수 k1는 75N/mm, k2는 100N/mm이다.

하부 구조물의 중량는 100N일 때 고유주기를 산정하시오.

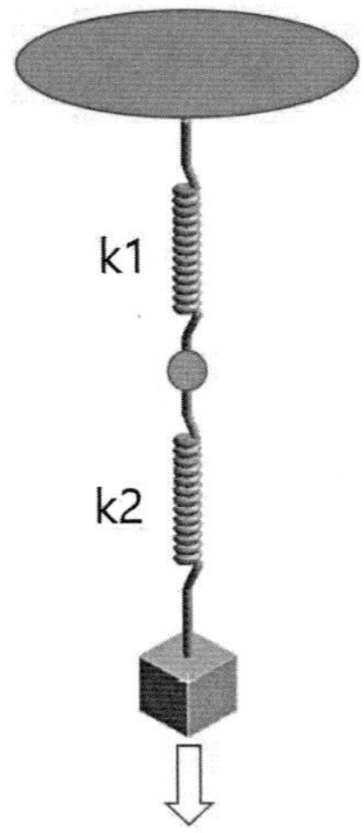

2. 구조해석 목적

- Connection에서 Spring을 정의한다.
- 스프링의 직결연결에 대한 등가 스프링 상수를 구한다.
- 하중과 변위의 관계를 이해한다.
- 반력을 계산한다.
- 스프링 상수와 질량으로 고유진동수를 계산한다.

3. 구조해석 절차

1) 프로젝트 설정

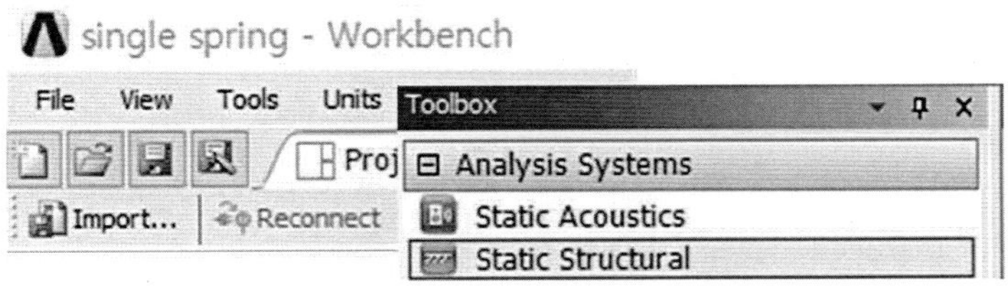

2) 엔지니어링 데이터 정의 : 기본설정 적용

3) 형상 부착 모델 데이터 불러오기(또는 모델 만들기)

(1) 외부 파일 가져오기

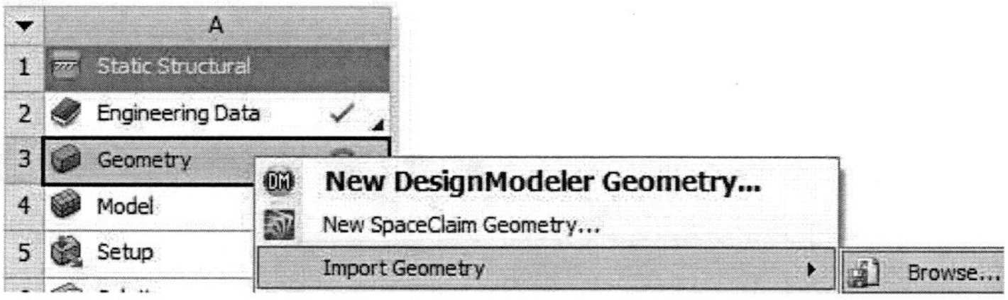

원형 모델

(2) Design Modeler에서 모델링 하기

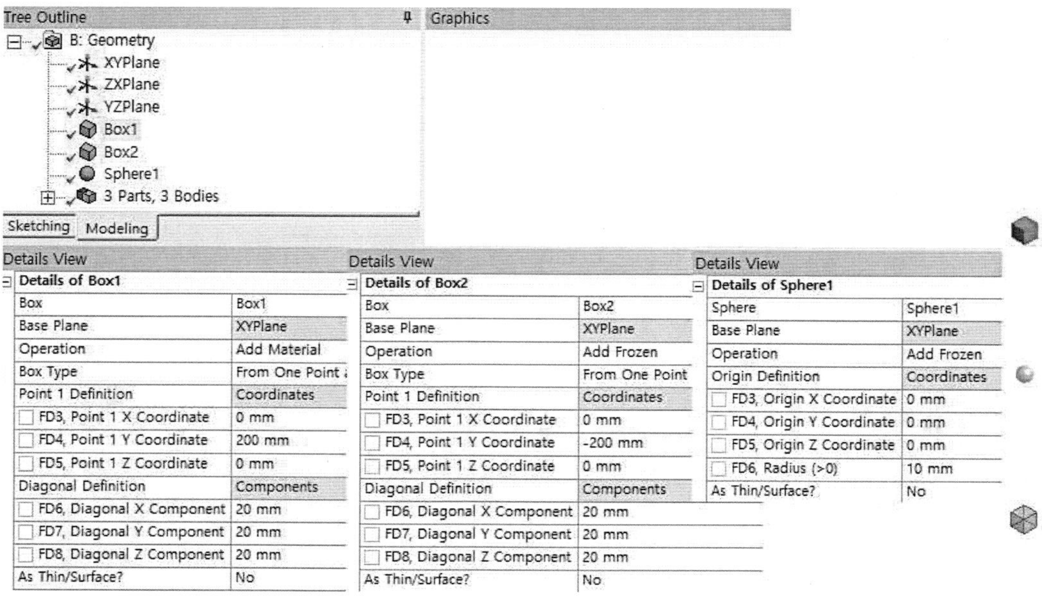

4) 부품 동작 정의

(1) 구조해석을 하기 위하여 Mechanical 창을 활성화한다.

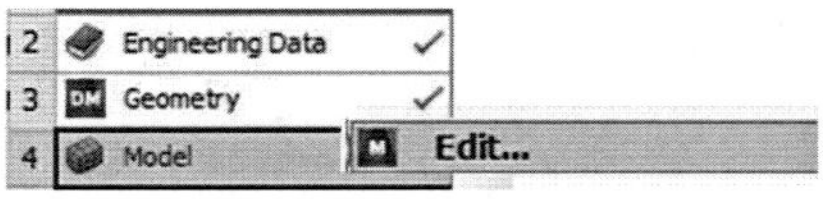

※ F7를 클릭하여 모델을 화면에 나타낸다.

(2) 부품 동작 정의에서 부품 동작에 대한 정보를 정의한다.

① 부품의 Stiffness Behavior를 flexible 재질은 Structural steel 설정한다

5) 좌표계 정의 : 일반설정 적용

6) 연결 정의

아래와 같이 두개의 블록사이에 스프링을 연결한다.

Details of "Longitudinal - Up-box To LOw-Box"	
Graphics Properties	
Definition	
Material	None
Type	Longitudinal
Spring Behavior	Both
Longitudinal Stiffness	75. N/mm
Longitudinal Damping	0. N·s/mm
Preload	None
Suppressed	No
Spring Length	200.5 mm
Element APDL Name	
Scope	
Scope	Body-Body
Reference	
Scoping Method	Geometry Selection
Applied By	Remote Attachment
Scope	1 Face
Body	Up-box
Coordinate System	Global Coordinate System
Reference X Coordinate	10. mm
Reference Y Coordinate	200. mm
Reference Z Coordinate	10. mm
Reference Location	Click to Change
Behavior	Rigid
Pinball Region	All
Mobile	
Scoping Method	Geometry Selection
Applied By	Remote Attachment
Scope	1 Face
Body	LOw-Box
Coordinate System	Global Coordinate System
Mobile X Coordinate	-8.5088e-016 mm
Mobile Y Coordinate	-2.5942e-008 mm
Mobile Z Coordinate	-6.9281e-017 mm
Mobile Location	Click to Change
Behavior	Rigid
Pinball Region	All

Details of "Longitudinal - LOw-Box To Ball"	
Graphics Properties	
Definition	
Material	None
Type	Longitudinal
Spring Behavior	Both
Longitudinal Stiffness	100. N/mm
Longitudinal Damping	0. N·s/mm
Preload	None
Suppressed	No
Spring Length	180.55 mm
Element APDL Name	
Scope	
Scope	Body-Body
Reference	
Scoping Method	Geometry Selection
Applied By	Remote Attachment
Scope	1 Face
Body	LOw-Box
Coordinate System	Global Coordinate System
Reference X Coordinate	-8.5088e-016 mm
Reference Y Coordinate	-2.5942e-008 mm
Reference Z Coordinate	-6.9281e-017 mm
Reference Location	Click to Change
Behavior	Rigid
Pinball Region	All
Mobile	
Scoping Method	Geometry Selection
Applied By	Remote Attachment
Scope	1 Face
Body	Ball
Coordinate System	Global Coordinate System
Mobile X Coordinate	10. mm
Mobile Y Coordinate	-180. mm
Mobile Z Coordinate	10. mm
Mobile Location	Click to Change
Behavior	Rigid
Pinball Region	All

7) 메쉬 설정 정의 : 일반설정 적용

① Method를 사용하여 MultiZone을 설정한다.

② 메쉬 사이즈는 기본설정으로 한다.

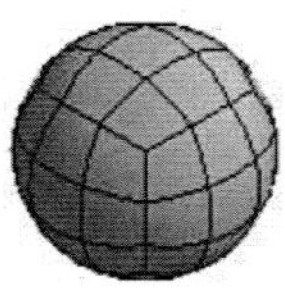

8) 분석 설정 정의 : 일반설정 적용

9) 구조해석 초기 조건 정의 : 설정 없음.

10) 구조해석 경계 조건 정의

(1) 구조물의 변위 구속조건 설정

① Fixed support로 상측 블록 전체 면을 설정한다.

② Displacement를 하측 블록 전체 면을 설정한다. 단위 변위 1mm가 변할 때 스프링에 걸리는 하중을 측정하면 등가 스프링 상수를 얻을 수 있다.

③ 발산하는 구조해석 계산을 방지하기 위하여 Ball에 Displacement를 설정한다.

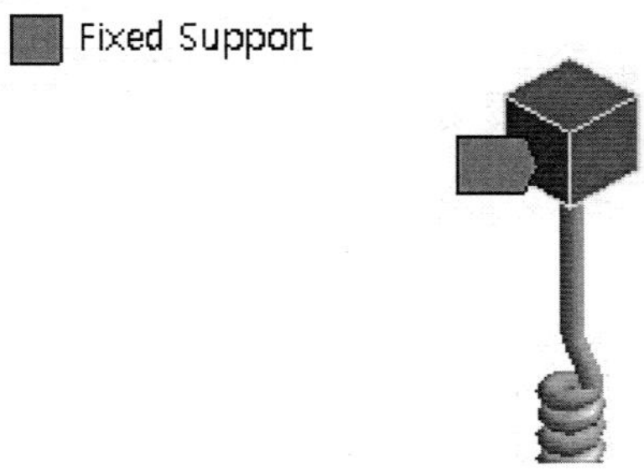

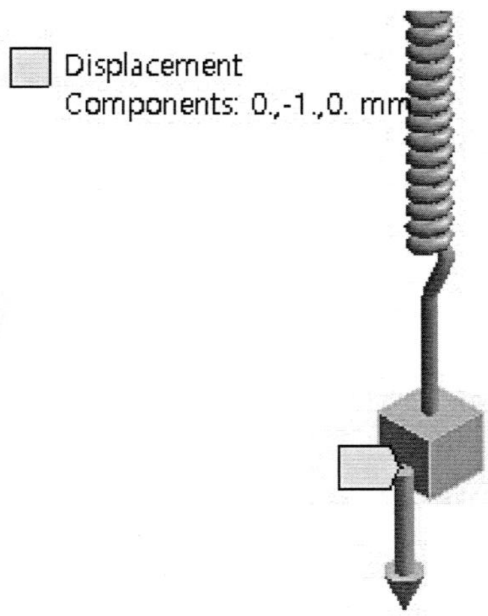

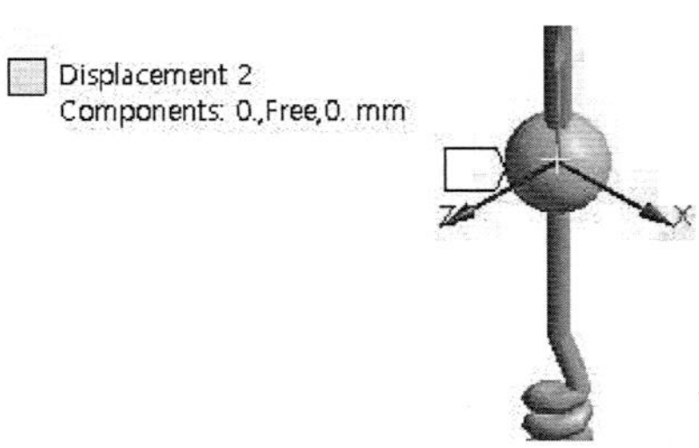

10) 구조해석 수행하기

11) 구조해석 결과에 확인

(1) Reaction Force (Fixed Support 적용지점)

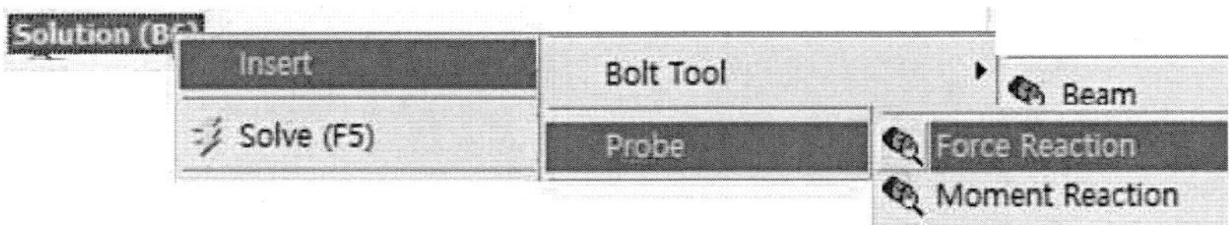

등가 스프링 상수 ke = 42.623N/mm

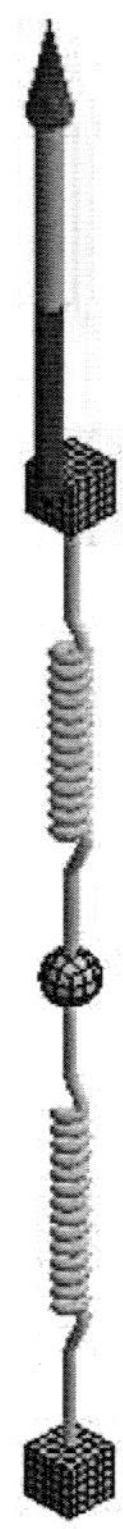

Details of "Force Reaction"	
Definition	
Type	Force Reaction
Location Method	Boundary Condition
Boundary Condition	Fixed Support
Orientation	Global Coordinate System
Suppressed	No
Options	
Result Selection	All
Display Time	End Time
Results	
Maximum Value Over Time	
X Axis	2.1311 N
Y Axis	42.623 N
Z Axis	2.1311 N
Total	42.729 N

(2) 고유주기 산정

하중 100N이므로 m= 100 /9.8 = 10.2041 kg

k = 42.623N/mm = 42623 N/m

$w_n = \sqrt{\frac{k}{m}}$ = 64.6301, f = $w_n/(2\pi)$ =10.2861 Hz

$T = 2\pi/w_n$ = 0.097218 sec

이론적 계산

$1/k_e = 1/k_1 + 1/k_2$ 에서 k_e = 42.8471 N/mm

Modal 해석 : Spring Direct Connection Model

1) 프로젝트 설정

① Modal을 클릭하여 Project Schematic에 놓는다.

② Geometry를 연결하여 동일한 모델을 사용한다.

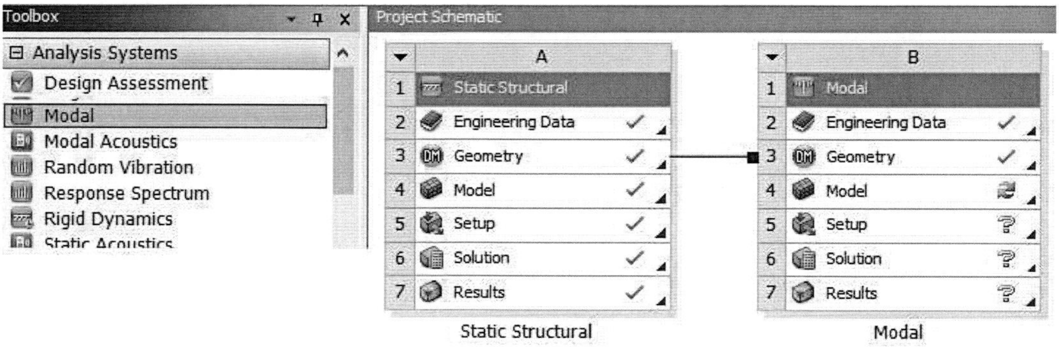

2) 엔지니어링 데이터 정의 : 기본설정 적용

3) 형상 부착 모델 데이터 불러오기(또는 모델 만들기) : 동일모델 적용

4) 부품 동작 정의

(1) 구조해석을 하기 위하여 Mechanical 창을 활성화한다.

※ 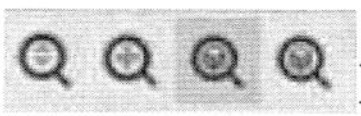 F7를 클릭하여 모델을 화면에 나타낸다.

(2) 부품 동작 정의 : 이전 해석과 같음

5) 좌표계 정의 : 시스템에서 설정한 Global 좌표계를 사용한다.

6) 연결 정의 : 이전 해석과 같음

7) 메쉬 설정 정의 : 이전 해석과 같음

8) 분석 설정 정의 : 기본설정을 적용한다.

9) 구조해석 초기 조건 정의 : 설정 내용 없음.

10) 구조해석 경계 조건 정의

(1) 하중 조건 설정 : 없음

(2) 경계 조건

① Fixed support : 이전 해석과 같음

② Remote Displacement

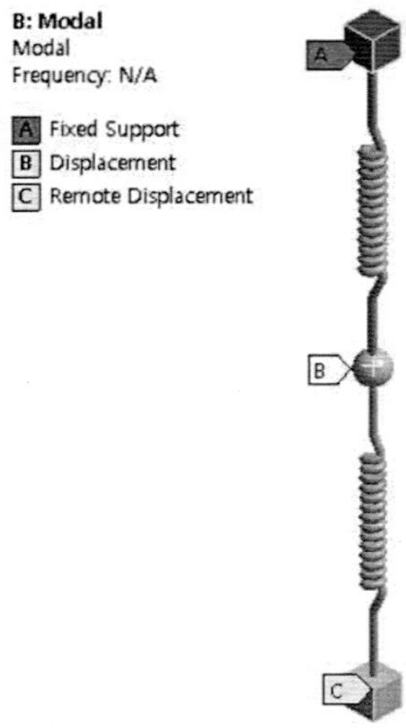

11) 구조해석 수행하기

12) 구조해석 결과 확인

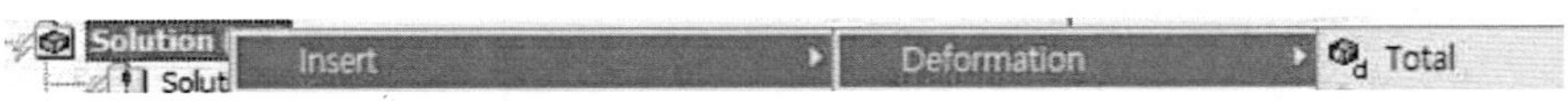

(1) Total Deformation (Mode 1)

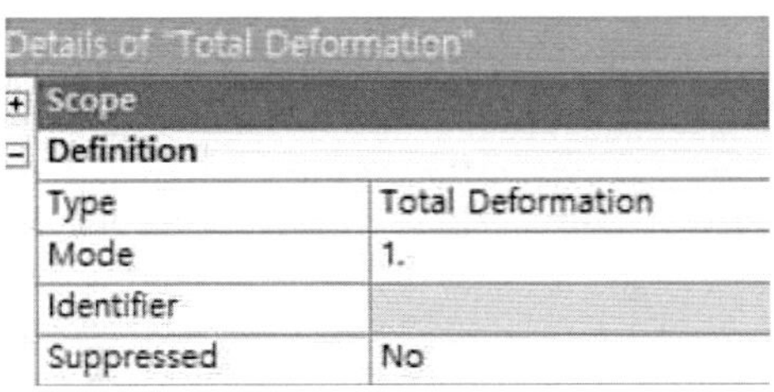

Details of "Total Deformation"

⊞ Scope	
⊟ Definition	
Type	Total Deformation
Mode	1.
Identifier	
Suppressed	No

(2) Total Deformation (Mode 2)

Details of "Total Deformation"

+ Scope	
− Definition	
Type	Total Deformation
Mode	1. → 2
Identifier	
Suppressed	No

구조물의 1차 Mode 고유주기(f)는 120.16Hz로 산정되었다.

등가 스프링 계수로 구한 고유주기(f)는 10.2861Hz이다.

Tabular Data

	Mode	Frequency [Hz]
1	1.	120.16
2	2.	400.15
3	3.	71602
4	4.	87525
5	5.	91988
6	6.	91988

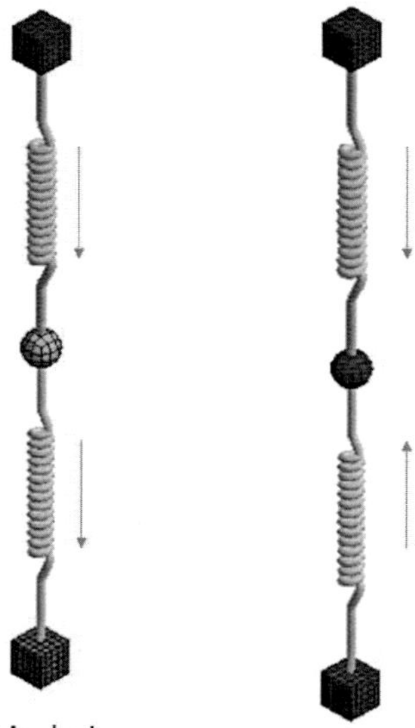

Mode I　　Mode II

1.4.4 Equivalent spring constant k1 x k2 + k3

1. 문제 정의

다음과 같이 2개의 스프링이 직렬로 연결된 구조물의 진동계의 등가 스프링 상수를 계산하시오.

스프링 상수 k1는 100N/mm, k2는 100N/mm이다, k3는 100N/mm이다.

하부 구조물의 중량는 100N일 때 고유주기를 산정하시오.

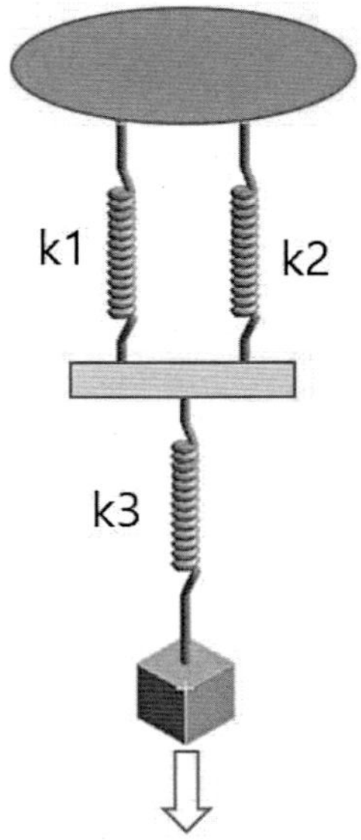

2. 구조해석 목적

- Connection에서 Spring을 정의한다.
- 스프링의 복합연결에 대한 등가 스프링 상수를 구한다.
- 하중과 변위의 관계를 이해한다.
- 반력을 계산한다.
- 스프링 상수와 질량으로 고유진동수를 계산한다.

- 3. 구조해석 절차

1) 프로젝트 설정

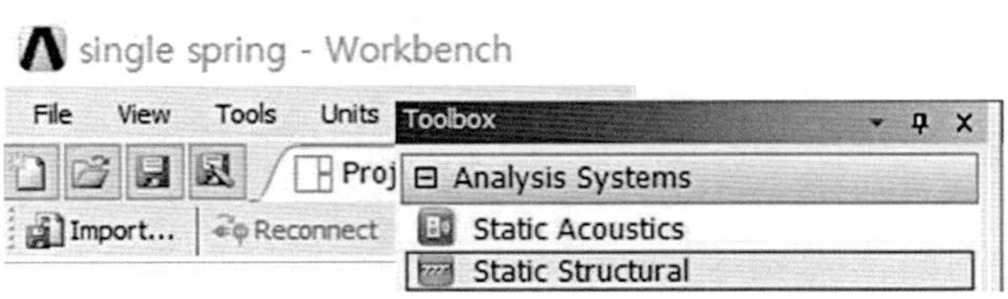

2) 엔지니어링 데이터 정의 : 기본설정 적용

3) 형상 부착 모델 데이터 불러오기(또는 모델 만들기)

(1) 외부 파일 가져오기

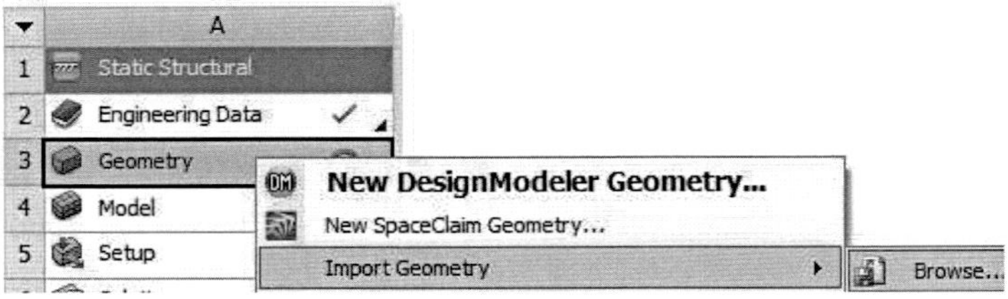

원형 모델

(2) Design Modeler에서 모델링 하기

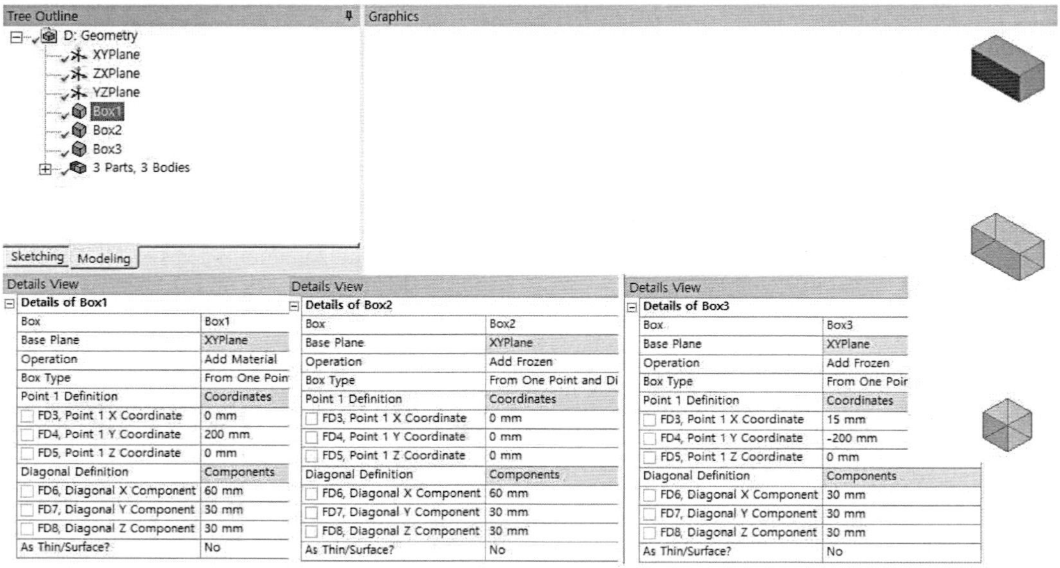

4) 부품 동작 정의

(1) 구조해석을 하기 위하여 Mechanical 창을 활성화한다.

※ 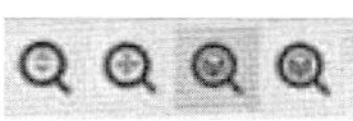 F7를 클릭하여 모델을 화면에 나타낸다.

(2) 부품 동작 정의에서 부품 동작에 대한 정보를 정의한다.

① 부품의 Stiffness Behavior를 flexible 재질은 Structural steel 설정한다

5) 좌표계 정의 : 일반설정 적용

6) 연결 정의

아래와 같이 두 개의 블록 사이에 스프링을 연결한다.

Details of "Longitudinal - up-box To middle-box"

Graphics Properties	
Definition	
Material	None
Type	Longitudinal
Spring Behavior	Both
Longitudinal Stiffness	100. N/mm
Longitudinal Damping	0. N·s/mm
Preload	None
Suppressed	No
Spring Length	160. mm
Element APDL Name	
Scope	
Scope	Body-Body
Reference	
Scoping Method	Geometry Selection
Applied By	Remote Attachment
Scope	1 Face
Body	up-box
Coordinate System	Global Coordinate System
Reference X Coordinate	50. mm
Reference Y Coordinate	200. mm
Reference Z Coordinate	15. mm
Reference Location	Click to Change
Behavior	Rigid
Pinball Region	All
Mobile	
Scoping Method	Geometry Selection
Applied By	Remote Attachment
Scope	1 Face
Body	middle-box
Coordinate System	Global Coordinate System
Mobile X Coordinate	50. mm
Mobile Y Coordinate	40. mm
Mobile Z Coordinate	15. mm
Mobile Location	Click to Change
Behavior	Rigid
Pinball Region	All

Details of "Longitudinal - up-box To middle-box"

Graphics Properties	
Definition	
Material	None
Type	Longitudinal
Spring Behavior	Both
Longitudinal Stiffness	100. N/mm
Longitudinal Damping	0. N·s/mm
Preload	None
Suppressed	No
Spring Length	170. mm
Element APDL Name	
Scope	
Scope	Body-Body
Reference	
Scoping Method	Geometry Selection
Applied By	Remote Attachment
Scope	1 Face
Body	up-box
Coordinate System	Global Coordinate System
Reference X Coordinate	10. mm
Reference Y Coordinate	200. mm
Reference Z Coordinate	15. mm
Reference Location	Click to Change
Behavior	Rigid
Pinball Region	All
Mobile	
Scoping Method	Geometry Selection
Applied By	Remote Attachment
Scope	1 Face
Body	middle-box
Coordinate System	Global Coordinate System
Mobile X Coordinate	10. mm
Mobile Y Coordinate	30. mm
Mobile Z Coordinate	15. mm
Mobile Location	Click to Change
Behavior	Rigid
Pinball Region	All

Details of "Longitudinal - middle-box To down-box"

Graphics Properties	
Definition	
Material	None
Type	Longitudinal
Spring Behavior	Both
Longitudinal Stiffness	100. N/mm
Longitudinal Damping	0. N·s/mm
Preload	None
Suppressed	No
Spring Length	170. mm
Element APDL Name	
Scope	
Scope	Body-Body
Reference	
Scoping Method	Geometry Selection
Applied By	Remote Attachment
Scope	1 Face
Body	middle-box
Coordinate System	Global Coordinate System
Reference X Coordinate	30. mm
Reference Y Coordinate	0. mm
Reference Z Coordinate	15. mm
Reference Location	Click to Change
Behavior	Rigid
Pinball Region	All
Mobile	
Scoping Method	Geometry Selection
Applied By	Remote Attachment
Scope	1 Face
Body	down-box
Coordinate System	Global Coordinate System
Mobile X Coordinate	30. mm
Mobile Y Coordinate	-170. mm
Mobile Z Coordinate	15. mm
Mobile Location	Click to Change
Behavior	Rigid
Pinball Region	All

7) 메쉬 설정 정의 : 일반설정 적용

8) 분석 설정 정의 : 일반설정 적용

9) 구조해석 초기 조건 정의 : 설정 없음.

10) 구조해석 경계 조건 정의

(1) 구조물의 변위 구속조건 설정

① Fixed support로 상측 블록 전체 6면을 설정한다.

② Displacement를 하측 블록 전체 4면을 설정한다. 단위 변위 1mm가 변할 때 스프링에 걸리는 하중을 측정하면 등가 스프링 상수를 얻을 수 있다.

③ 발산하는 구조해석 계산을 방지하기 위하여 중간 블록의 4면에 Displacement를 설정한다.

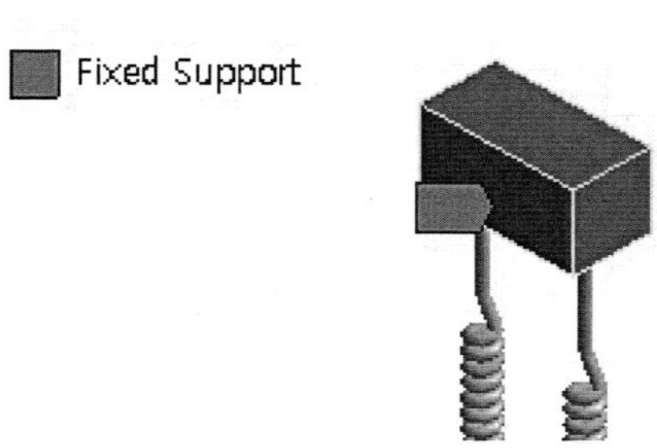

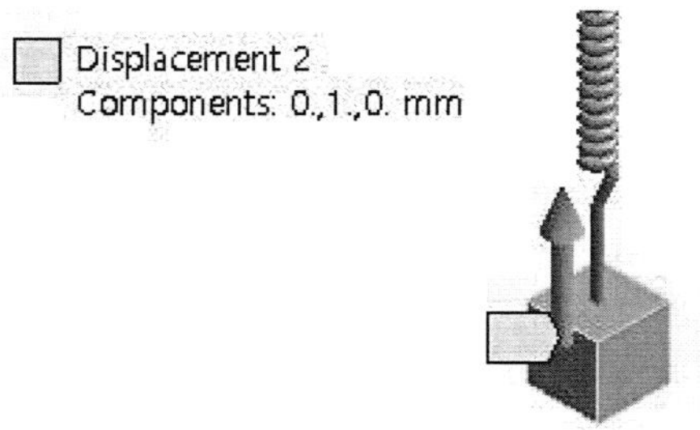

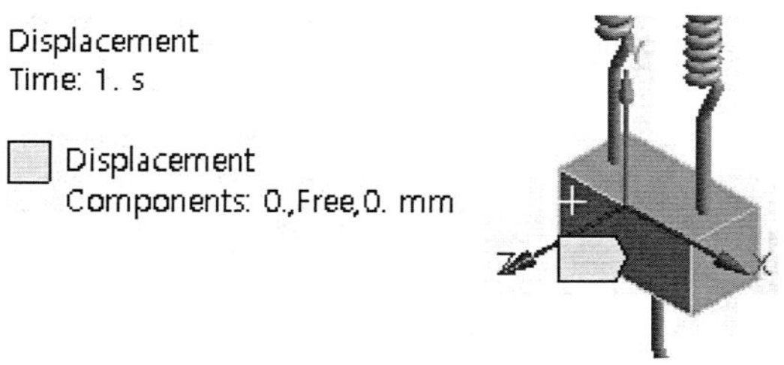

※ 주의

Displacement 설정할 때 6면을 선택하면 아래와 같은 에러가 발생한다.

An internal solution magnitude limit was exceeded.

Please check your Environment for inappropriate load values or insufficient supports. Please see the Troubleshooting section of the Help System for more information.

10) 구조해석 수행하기

11) 구조해석 결과에 확인

(1) Reaction Force

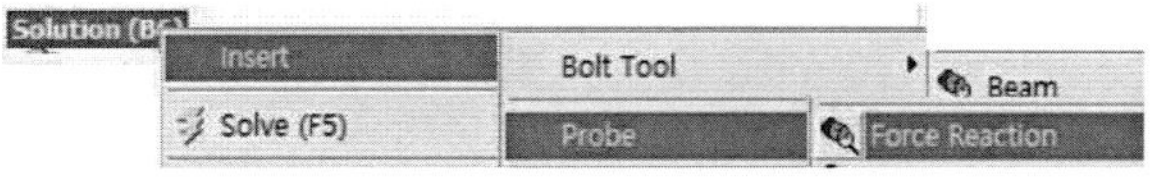

등가 스프링 상수 ke = 66.666N/mm

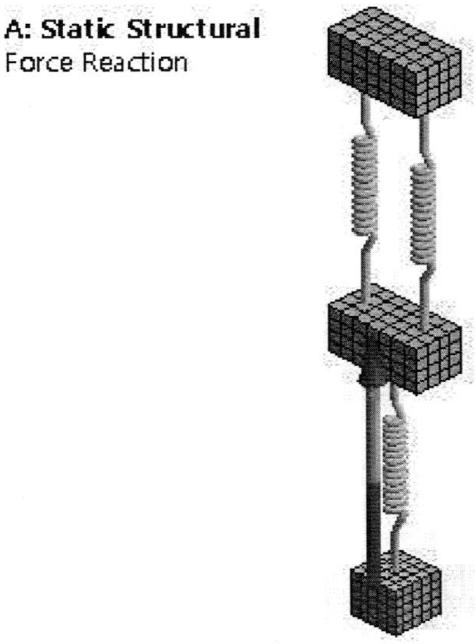

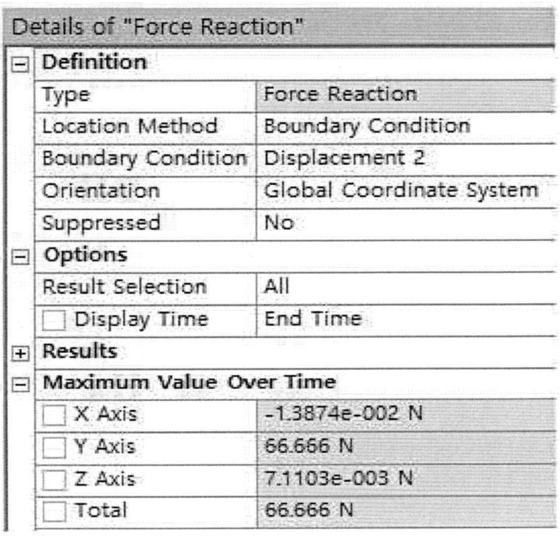

Details of "Force Reaction"

Definition	
Type	Force Reaction
Location Method	Boundary Condition
Boundary Condition	Displacement 2
Orientation	Global Coordinate System
Suppressed	No
Options	
Result Selection	All
Display Time	End Time
Results	
Maximum Value Over Time	
X Axis	-1.3874e-002 N
Y Axis	66.666 N
Z Axis	7.1103e-003 N
Total	66.666 N

이론적 계산

---

k_{12}= k_1+k_2 = 100+100 = 200 N/mm

1/k_e = 1/k_{12}+1/k_3에서 k_e = 66.666 N/mm

(2) 고유주기 산정

하중 100N이므로 m= 100/9.8 = 10.2041 Ns^2/m

k = 66.666 N/mm = 66666 N/m

$w_n = \sqrt{\frac{k}{m}}$ = 80.8286, f = $w_n/(2\pi)$ =12.8643 Hz

$T = 2\pi/w_n$ = 0.0777 sec

Modal 해석 : Spring composite connection model

1) 프로젝트 설정

① Modal을 클릭하여 Project Schematic에 놓는다.

② Geometry를 연결하여 동일한 모델을 사용한다.

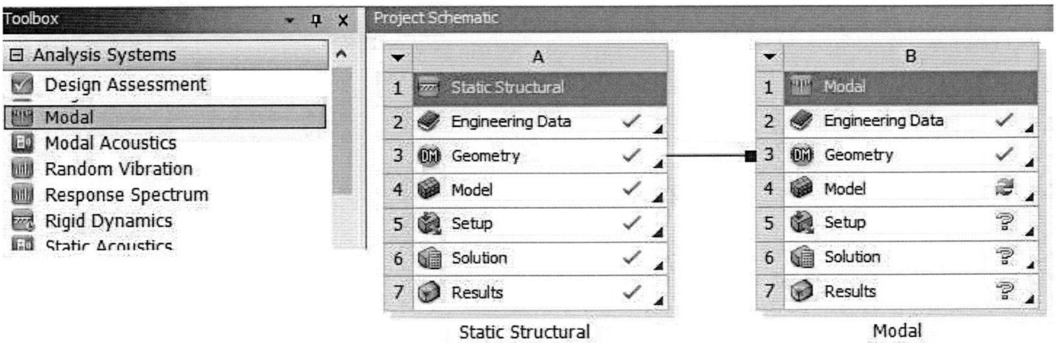

2) 엔지니어링 데이터 정의 : 기본설정 적용

3) 형상 부착 모델 데이터 불러오기(또는 모델 만들기) : 동일모델 적용

4) 부품 동작 정의

(1) 구조해석을 하기 위하여 Mechanical 창을 활성화한다.

※  F7를 클릭하여 모델을 화면에 나타낸다.

(2) 부품 동작 정의 : 이전 해석과 같음

5) 좌표계 정의 : 시스템에서 설정한 Global 좌표계를 사용한다.

6) 연결 정의 : 이전 해석과 같음

7) 메쉬 설정 정의 : 이전 해석과 같음

8) 분석 설정 정의 : 기본설정을 적용한다.

9) 구조해석 초기 조건 정의 : 설정 내용 없음.

10) 구조해석 경계 조건 정의

(1) 하중 조건 설정 : 없음

(2) 경계 조건

① Fixed support : 이전 해석과 같음

② Remote Displacement

11) 구조해석 수행하기

12) 구조해석 결과 확인

(1) Total Deformation (Mode I, Mode II, Mode III)

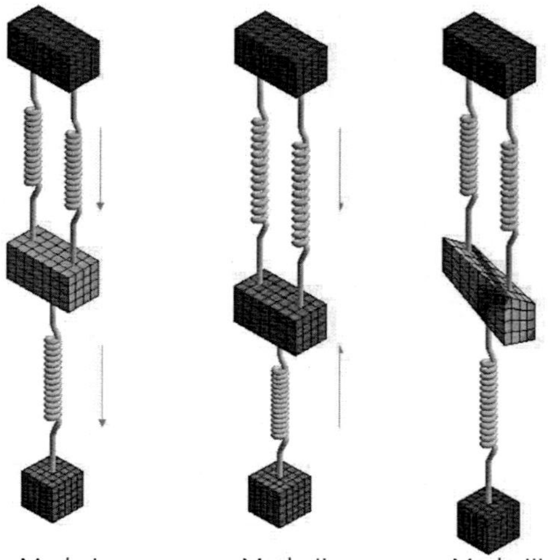

Mode I Mode II Mode III

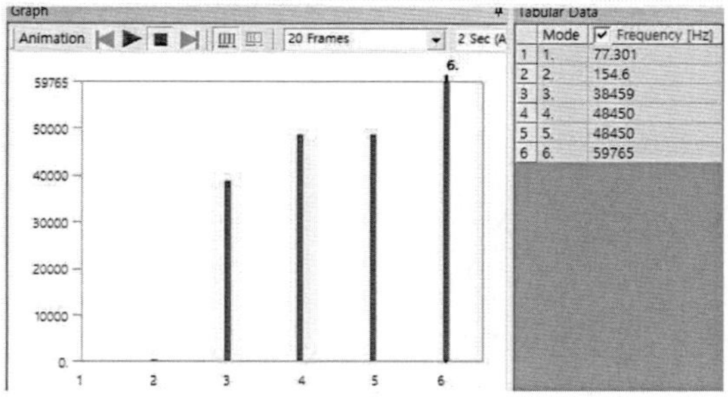

1.5 Beam analysis

1.5.1 Cantilever Beam spring constant

1. 구조해석 정의

길이가 1000mm인 Beam(H300x200x12x12)이 A단 쪽이 고정되어 있고, B단 쪽에 하중이 작용한다. 이 Beam의 스프링 상수를 구하시오.

100kN의 하중이 끝단에 작용할 때 이 구조물의 고유진동수를 산정하시오.

Beam의 재질은 Structural Steel이다.

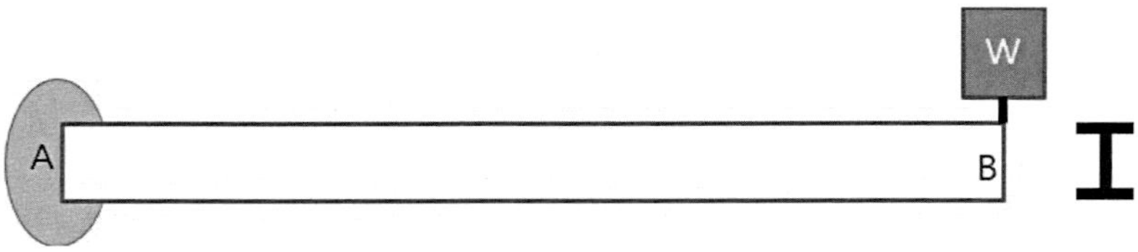

2. 구조해석 목적

- H Beam의 강성을 산정한다.
- 외팔보의 고유진동수를 산정한다.

3. 구조해석 절차

1) 프로젝트 설정

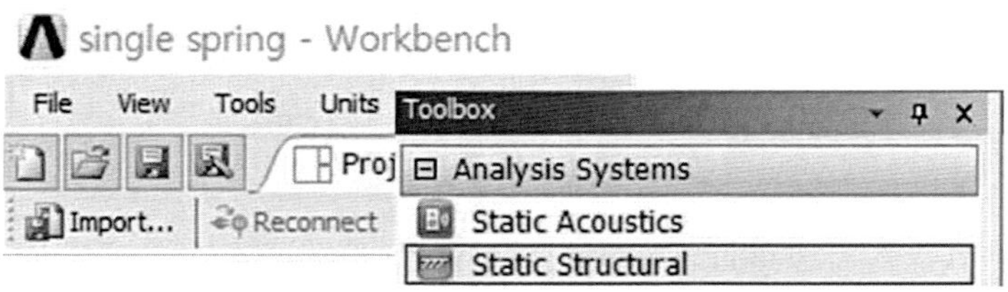

2) 엔지니어링 데이터 정의 : 기본설정 적용

3) 형상 부착 모델 데이터 불러오기(또는 모델 만들기)

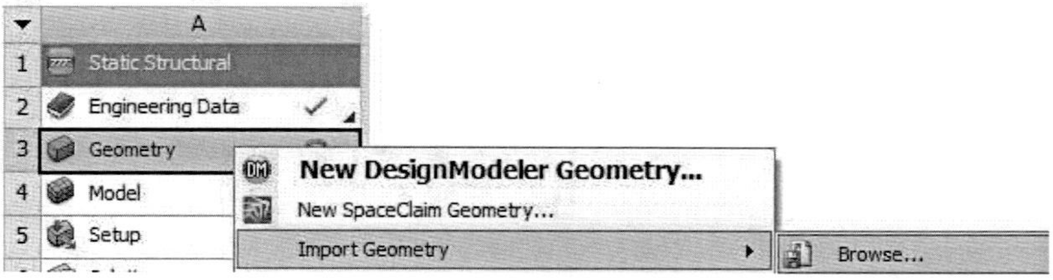

원형 모델 (Line-Body)

4) 부품 동작 정의

(1) 구조해석을 하기 위하여 Mechanical 창을 활성화한다.

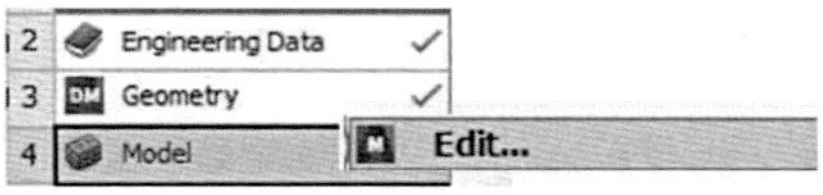

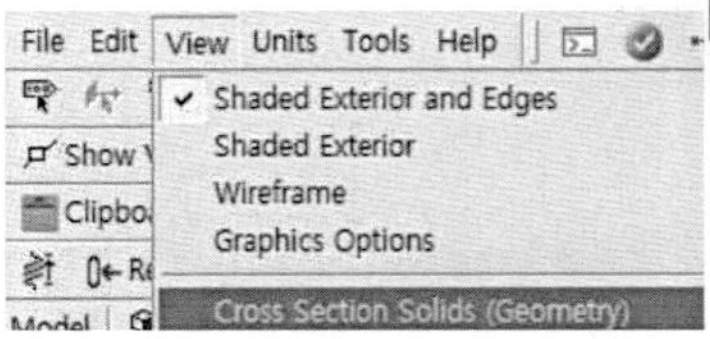

(2) 부품 동작 정의에서 부품 동작에 대한 정보를 정의한다.

① Line body는 Stiffness Behavior를 flexible로, 재질은 structural steel로 설정한다.

Details of "Line Body"	
Graphics Properties	
Definition	
Suppressed	No
Stiffness Behavior	Flexible
Coordinate System	Default Coordinate System
Reference Temperature	By Environment
Cross Section	I1
Offset Mode	Refresh on Update
Offset Type	Centroid
Model Type	Beam
Material	
Assignment	Structural Steel

5) 좌표계 정의 : 시스템에서 설정한 Global 좌표계를 사용한다.

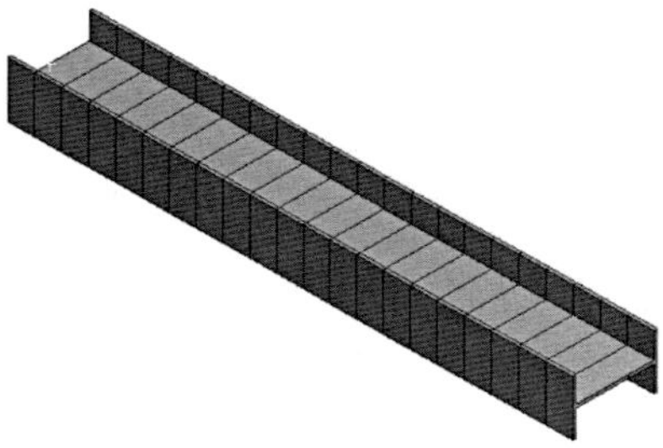

6) 연결 정의 : 설정내용 없음

7) 메쉬 설정 정의 : 기본 설정을 적용한다.

8) 분석 설정 정의 : 기본 설정을 적용한다.

9) 구조해석 초기 조건 정의 : 설정 내용 없음.

10) 구조해석 경계 조건 정의

(1) 하중 조건 설정

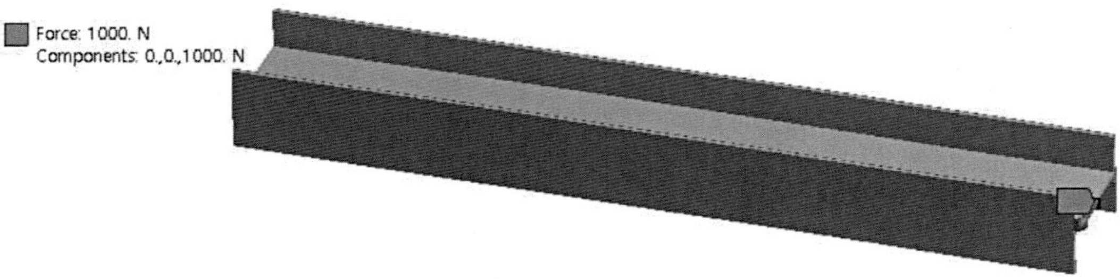

(2) 경계조건

① Fixed support로 상측 블록을 설정한다.

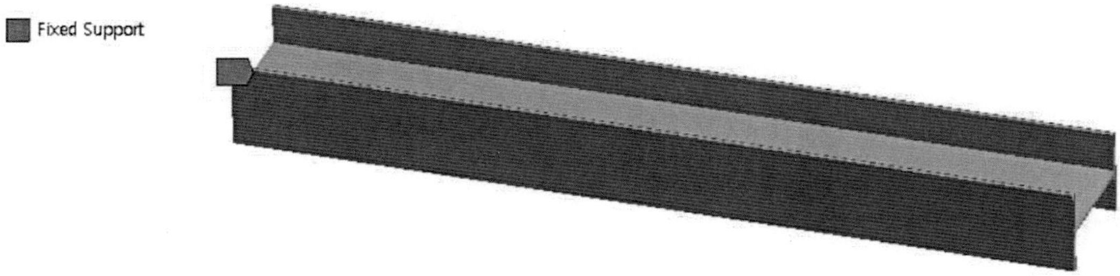

11) 구조해석 수행하기

12) 구조해석 결과 확인

(1) Total Deformation

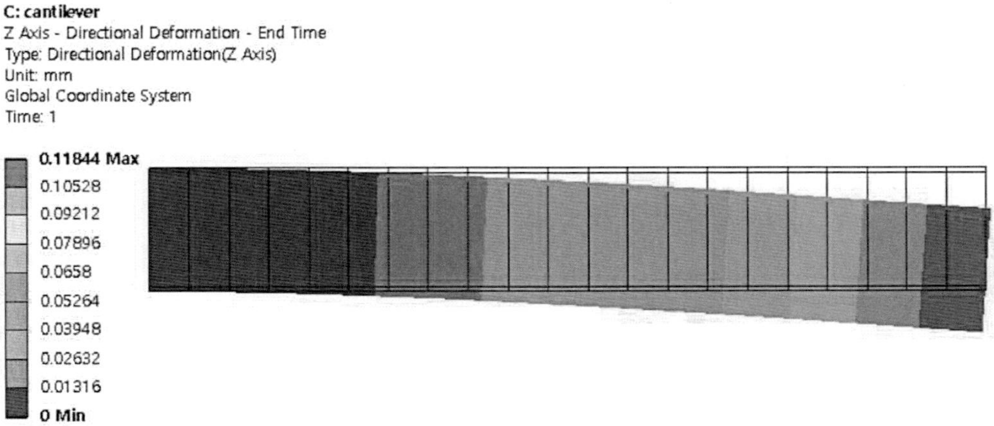

(2) 고유주기 산정

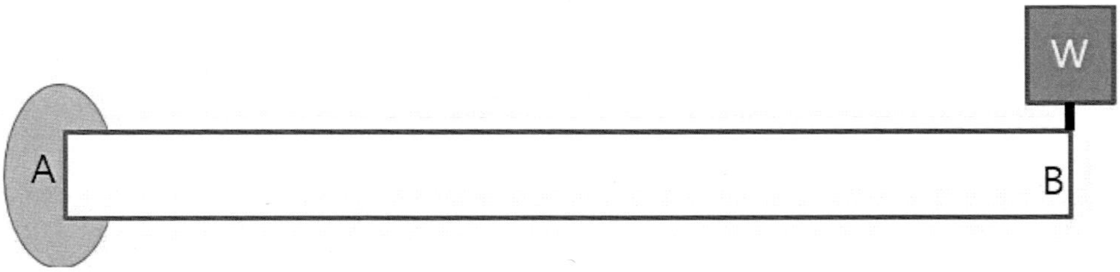

하중 W = 100 kN

질량 m = W/g = 10000/9.8 = 1020.41 N.s^2/m

강성 k = 100,000/ 0.0001184 N/m = 8.4 10^8 N/m

고유진동수 $w_n = \sqrt{\frac{k}{m}}$ = 286.91 $f = \frac{w_n}{2\pi}$= 45,6631 Hz

고유주기 $T = 2\pi / w_n =$ 0.00218 sec

이론적 계산

---

1) 재료의 물성 (Structural steel)

탄성계수 : E = 2x10^{11}Pa

외팔보 (H300x200x12x12)단면2차모멘트 : I = 0.000121m^4

길이 : L = 1m

강성 : k = $\frac{3EI}{L^3}$ = 7.2369x10^7 N/m

질량 : m = W/g = 10000/9.8 = 1020.41 N.s^2/m

고유진동수 : $w_n = \sqrt{\frac{k}{m}}$ = 266.311 /s , f =$\frac{w_n}{2\pi}$= 42.38 Hz

고유주기 $T = 2\pi / w_n =$ 0.00235 sec

Modal : Line-Body H300x200x12x12-L1000

1) 프로젝트 설정

① Modal을 클릭하여 Project Schematic에 놓는다.

② Geometry를 연결하여 동일한 모델을 사용한다.

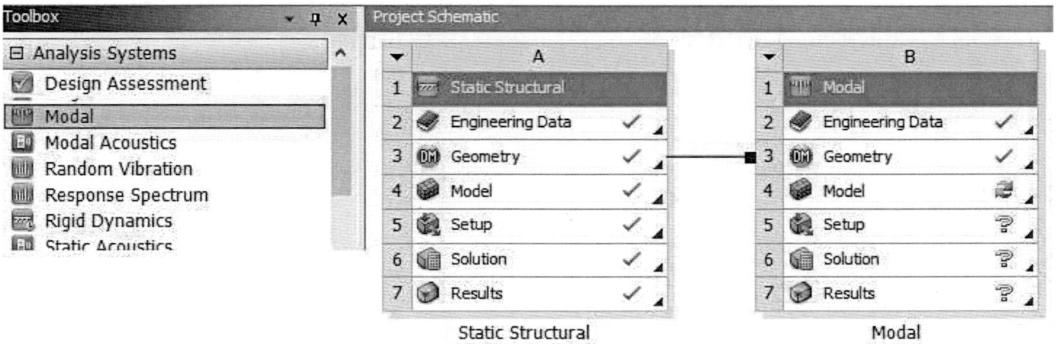

2) 엔지니어링 데이터 정의 : 기본설정 적용

3) 형상 부착 모델 데이터 불러오기(또는 모델 만들기) : 동일모델 적용

4) 부품 동작 정의

(1) 구조해석을 하기 위하여 Mechanical 창을 활성화한다.

※ F7를 클릭하여 모델을 화면에 나타낸다.

(2) 부품 동작 정의 : 이전 해석과 동일함

5) 좌표계 정의 : 시스템에서 설정한 Global 좌표계를 사용한다.

6) 연결 정의 : 이전 해석과 동일함

7) 메쉬 설정 정의 : 이전 해석과 동일함

8) 분석 설정 정의 : 기본 설정을 적용한다.

9) 구조해석 초기 조건 정의 : 설정 내용 없음.

10) 구조해석 경계 조건 정의

(1) 하중 조건 설정 : 없음

(2) 경계 조건

① Fixed support : 이전 해석과 같음

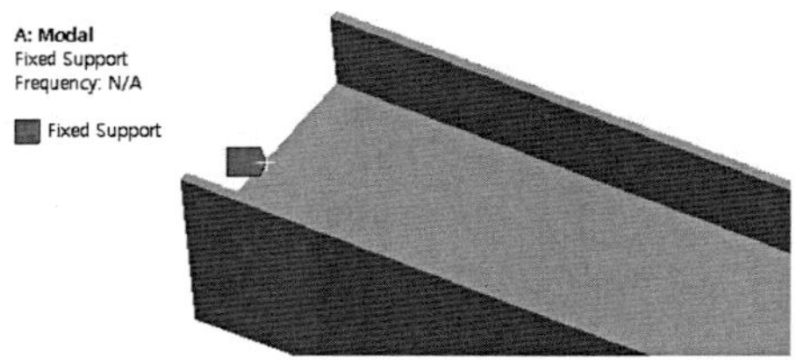

11) 구조해석 수행하기

12) 구조해석 결과 확인

※ Show Undeformed WireFrame을 사용하여 원형모델과 결과를 비교한다.

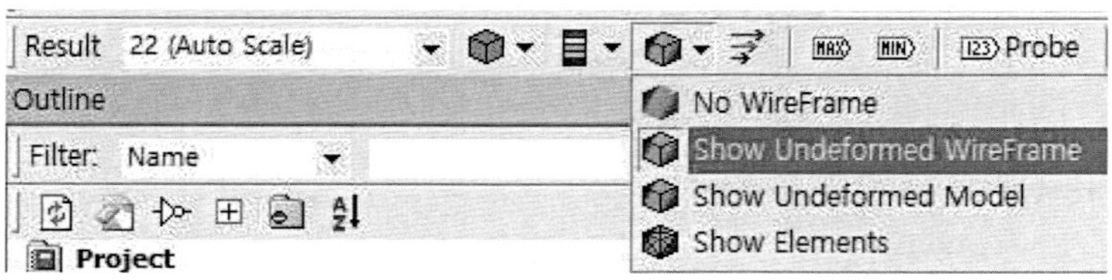

(1) Total Deformation (Mode)

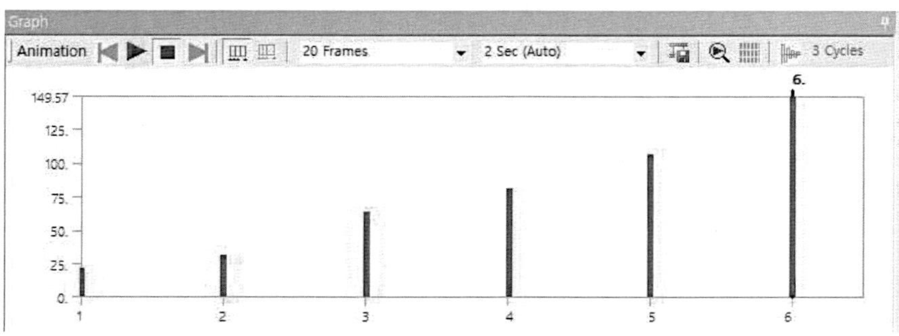

Tabular Data

	Mode	Frequency [Hz]
1	1.	21.366
2	2.	31.19
3	3.	64.097
4	4.	81.109
5	5.	106.83
6	6.	149.57

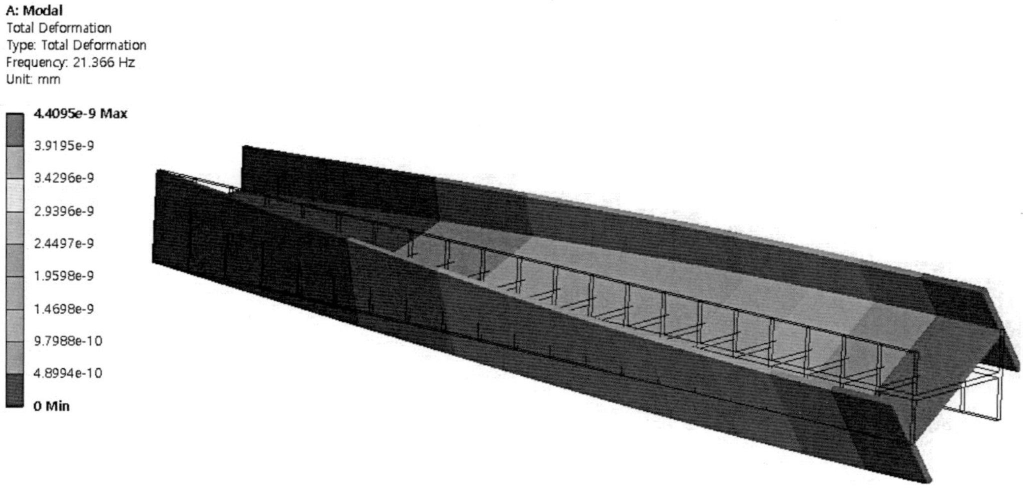

Mode Ⅰ

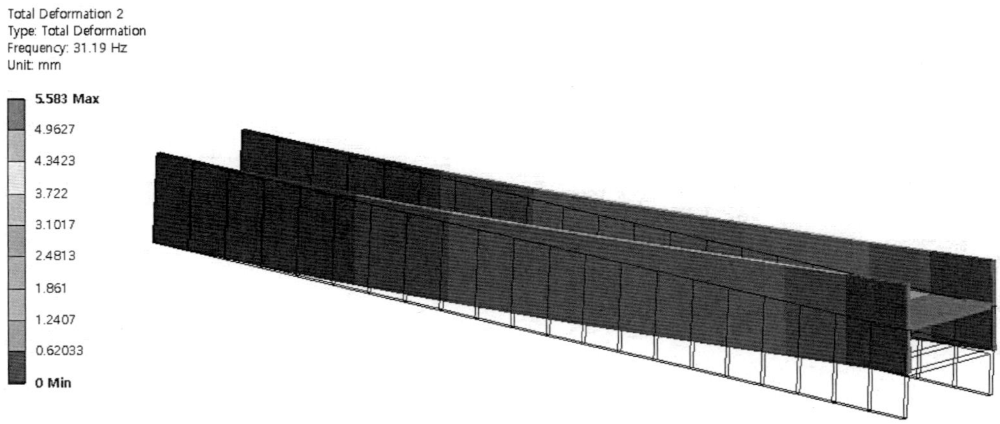

Mode Ⅱ

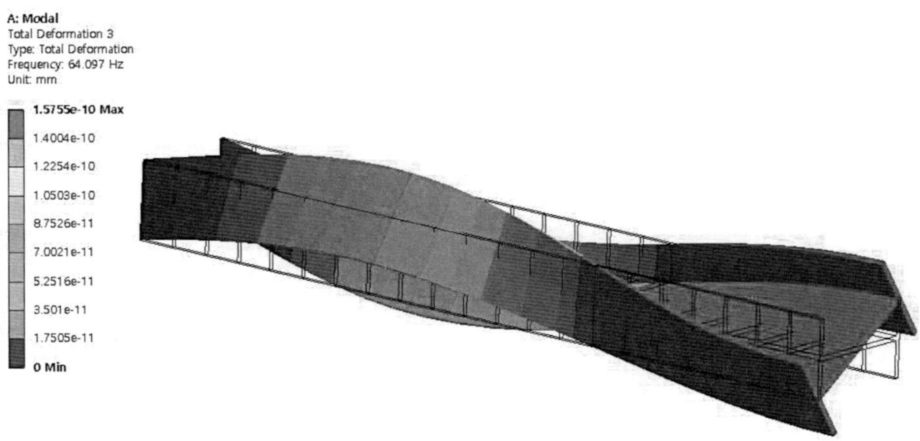

Mode Ⅲ

1.5.2 Fixed-Fixed Beam Spring Constant

1. 구조해석 정의

길이가 1000mm인 Beam(H300x200x12x12)이 A쪽이 고정되어 있고, B단에 하중이 받아 수직 변위만 발생한다. Beam의 재질은 Structural Steel이다.

(1) Beam의 스프링 상수를 구하시오.

(2) 100kN의 하중이 끝단에 작용할 때 이 구조물의 고유진동수를 산정하시오.

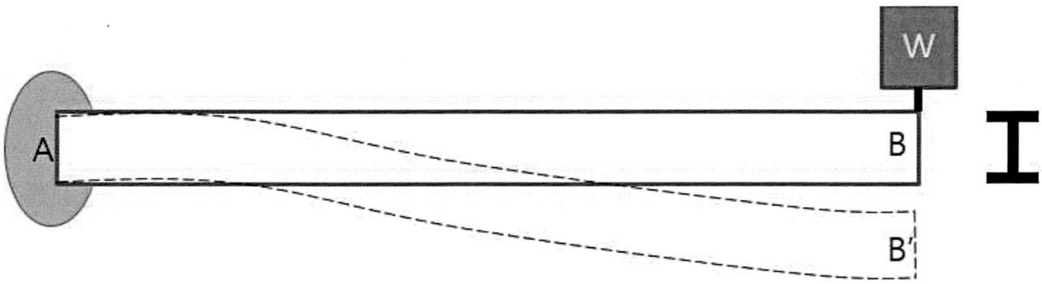

2. 구조해석 목적

- Fixed support와 Remote Displacement를 적용한다.
- H Beam의 강성을 산정한다.
- 양단고정보의 고유진동수를 산정한다.

3. 구조해석 절차

1) 프로젝트 설정

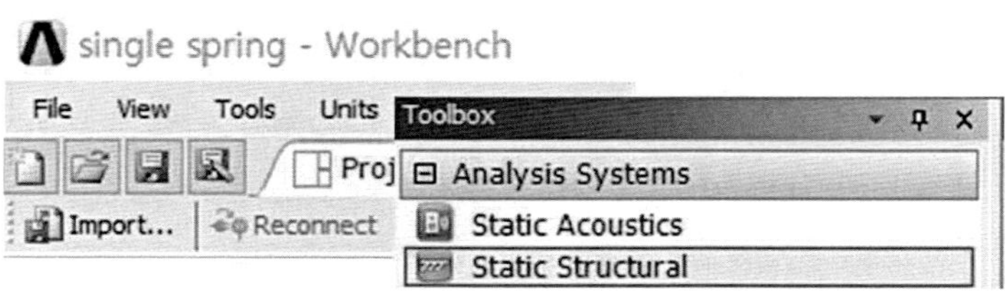

2) 엔지니어링 데이터 정의 : 기본설정 적용

3) 형상 부착 모델 데이터 불러오기(또는 모델 만들기)

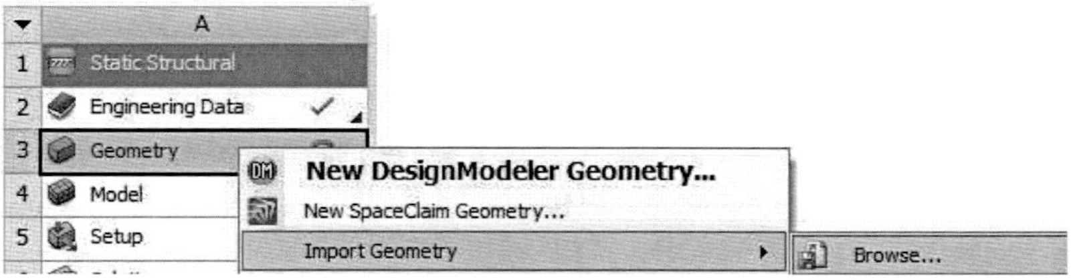

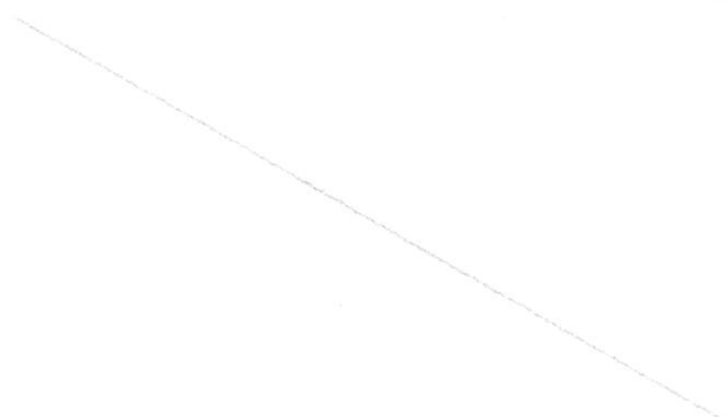

원형 모델(Line-Body)

4) 부품 동작 정의

(1) 구조해석을 하기 위하여 Mechanical 창을 활성화한다.

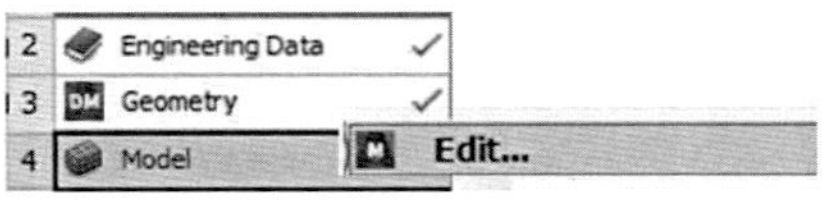

※ 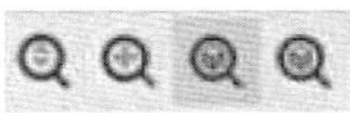 F7를 클릭하여 모델을 화면에 나타낸다.

Solid 모델을 보기 위하여 Cross Section Solids를 클릭한다.

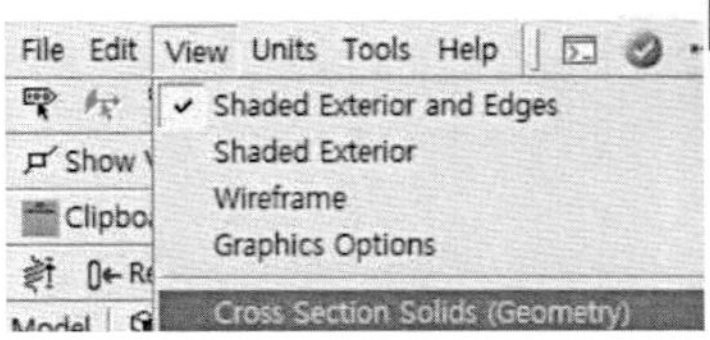

(2) 부품 동작 정의에서 부품 동작에 대한 정보를 정의한다.

① Line body는 Stiffness Behavior를 flexible로, 재질은 structural steel로 설정한다.

Details of "Line Body"	
⊞ Graphics Properties	
⊟ Definition	
Suppressed	No
Stiffness Behavior	Flexible
Coordinate System	Default Coordinate System
Reference Temperature	By Environment
Cross Section	I1
Offset Mode	Refresh on Update
Offset Type	Centroid
Model Type	Beam
⊟ Material	
Assignment	Structural Steel

5) 좌표계 정의 : 시스템에서 설정한 Global 좌표계를 사용한다.

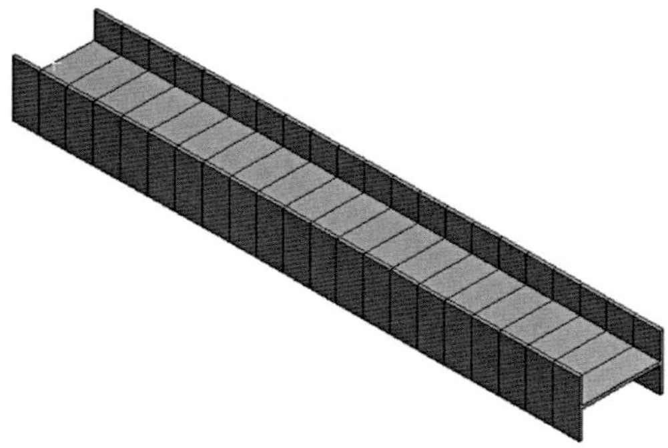

6) 연결 정의 : 설정내용 없음

7) 메쉬 설정 정의 : 기본 설정을 적용한다.

8) 분석 설정 정의 : 기본 설정을 적용한다.

9) 구조해석 초기 조건 정의 : 설정 내용 없음.

10) 구조해석 경계 조건 정의

(1) 하중 조건 설정 : 없음

(2) 경계조건

① Fixed support로 상측 블록을 설정한다.

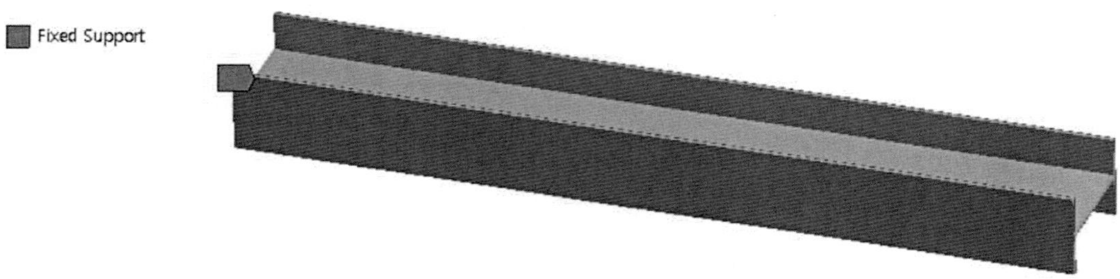

② Remote Displacement

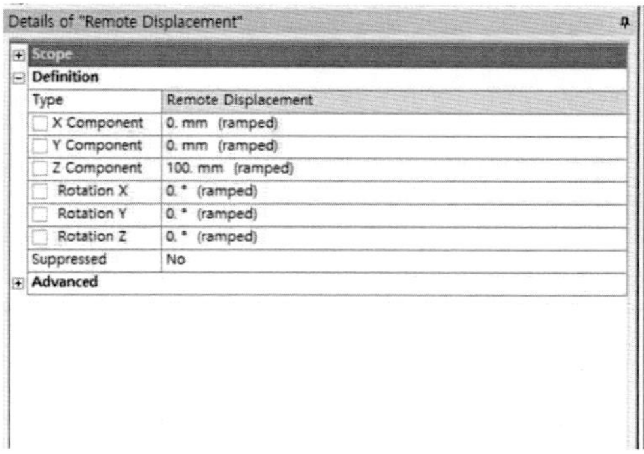

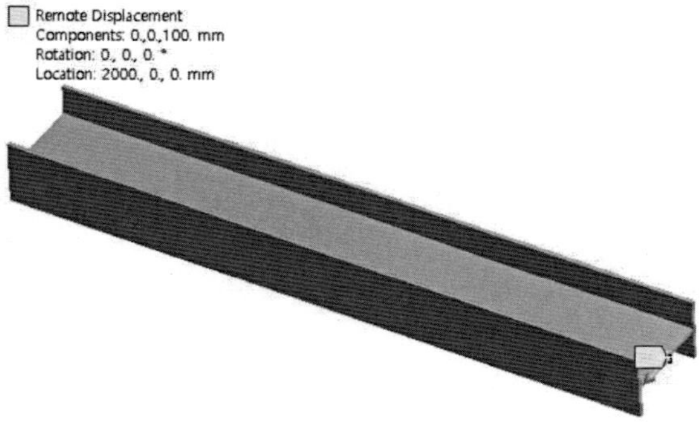

11) 구조해석 수행하기

12) 구조해석 결과 확인

(1) Total Deformation

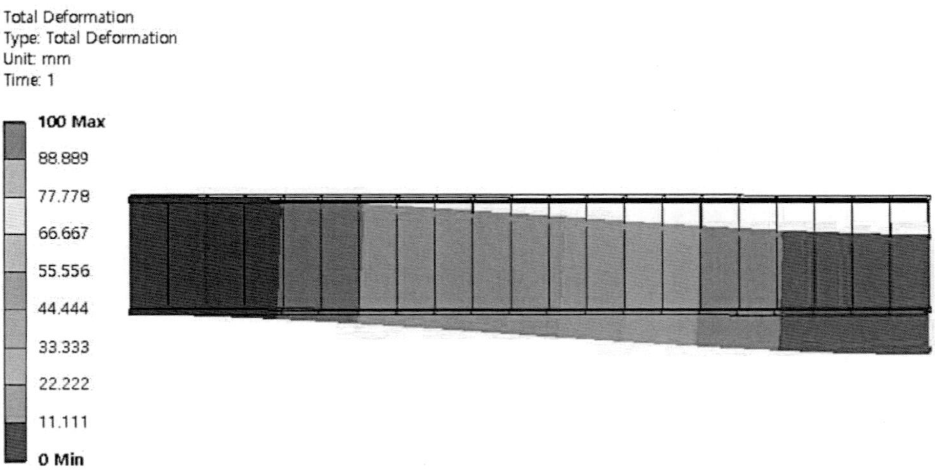

(2) Force Reaction

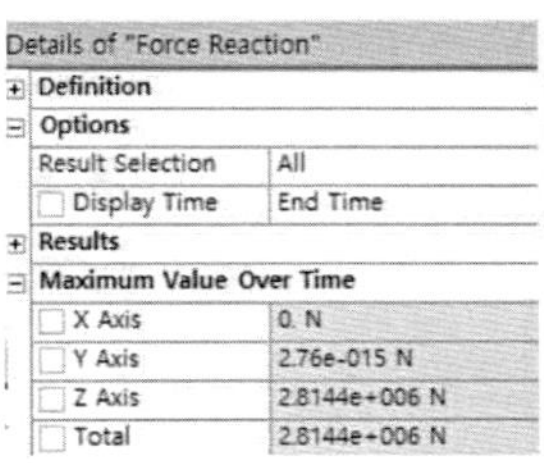

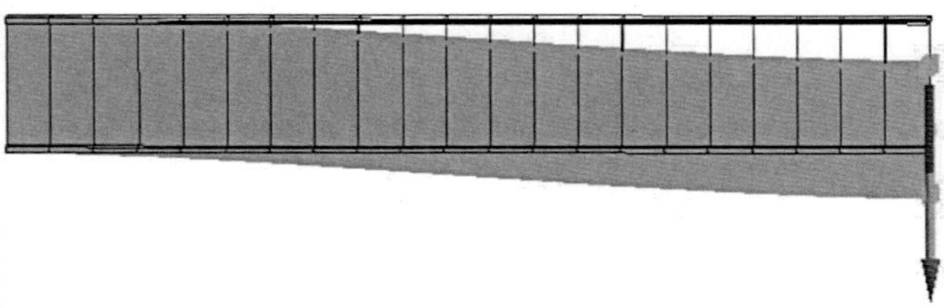

스프링 상수 k_{Beam} = $2.8144 \times 10^6/100$ = 28144 N/mm

(3) 고유주기 산정

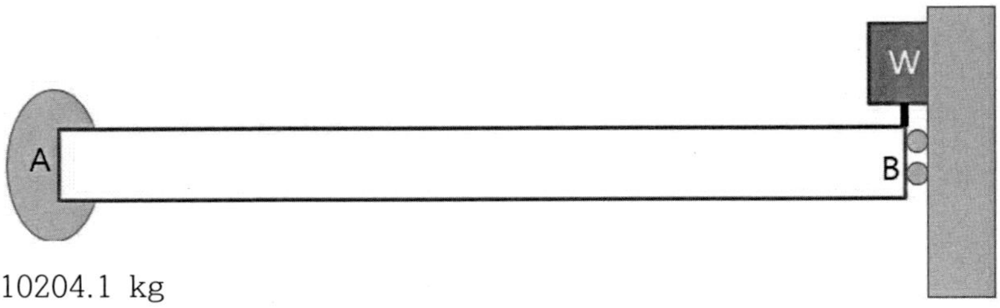

W = 100 kN

m = 100,000/9.8 = 10204.1 kg

k = 2.8144×10^7 N/m

$w_n = \sqrt{\frac{k}{m}}$ = 52.5177, f = $w_n/2\pi$ = 8.358 Hz

$T = 2\pi/w_n$ = 0.1196 sec

이론적 계산

---

1) 재료의 물성

구조강 탄성계수 : E = 2×10^{11} Pa

외팔보 (H300x200x12x12)단면2차모멘트 : I = 0.000121 m^4

길이 : L = 1m

강성 : k = $\frac{12EI}{L^3}$ = 2.89476×10^8 N/m

질량 : m = W/g = 10000/9.8 = 1020.41 $N.s^2/m$

고유진동수 : $w_n = \sqrt{\frac{k}{m}}$ = 532,622 /s , f = $\frac{w_n}{2\pi}$ = 84.76 Hz

고유주기 $T = 2\pi/w_n$ = 0.011797 sec

Modal해석 : Line-Body Model

1) 프로젝트 설정

① Modal을 클릭하여 Project Schematic에 놓는다.

② Geometry를 연결하여 동일한 모델을 사용한다.

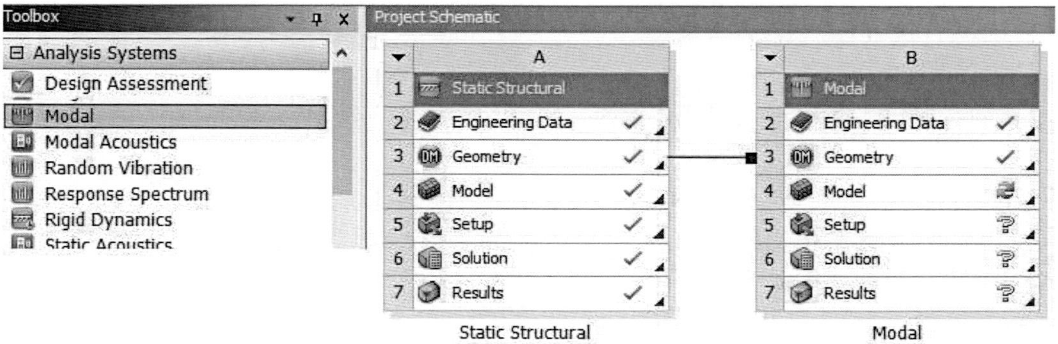

2) 엔지니어링 데이터 정의 : 기본설정 적용

3) 형상 부착 모델 데이터 불러오기(또는 모델 만들기)

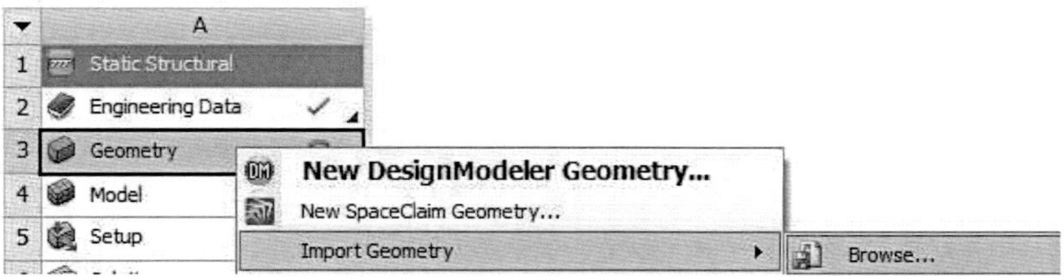

원형 모델

※ Line-Body Model을 사용하여 해석을 수행한다.

4) 부품 동작 정의

(1) 구조해석을 하기 위하여 Mechanical 창을 활성화한다.

※  F7를 클릭하여 모델을 화면에 나타낸다.

Line-Body가 3D 모형으로 보이기위하여 Cross Section Solids를 클릭한다.

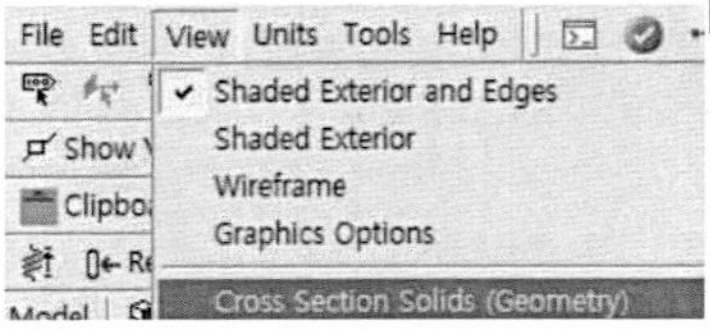

(2) 부품 동작 정의에서 부품 동작에 대한 정보를 정의한다.

① Line body는 Stiffness Behavior를 flexible로, 재질은 structural steel로 설정한다.

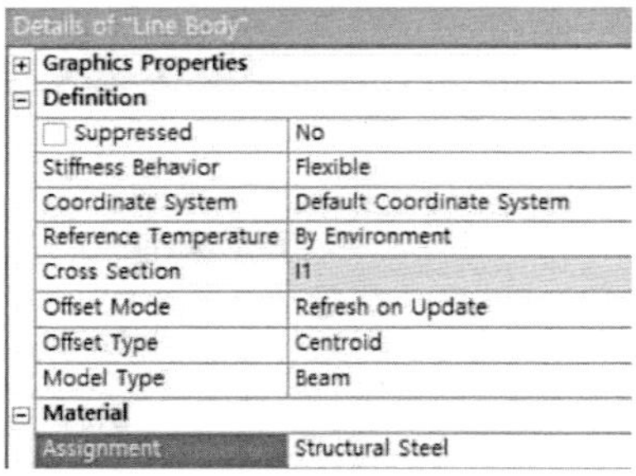

Details of "Line Body"	
Graphics Properties	
Definition	
Suppressed	No
Stiffness Behavior	Flexible
Coordinate System	Default Coordinate System
Reference Temperature	By Environment
Cross Section	I1
Offset Mode	Refresh on Update
Offset Type	Centroid
Model Type	Beam
Material	
Assignment	Structural Steel

5) 좌표계 정의 : 시스템에서 설정한 Global 좌표계를 사용한다.

6) 연결 정의 : 설정내용 없음

7) 메쉬 설정 정의 : 기본 설정을 적용한다.

8) 분석 설정 정의 : 기본 설정을 적용한다.

9) 구조해석 초기 조건 정의 : 설정 내용 없음.

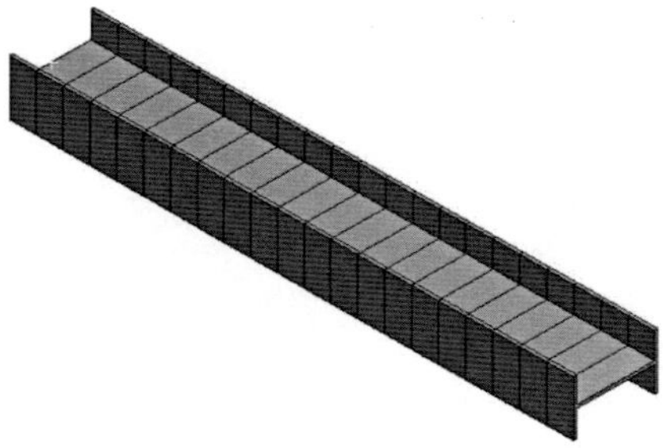

10) 구조해석 경계 조건 정의

(1) 하중 조건 설정 : 없음

(2) 경계조건

① Fixed support로 상측 블록을 설정한다.

② Remote Displacement

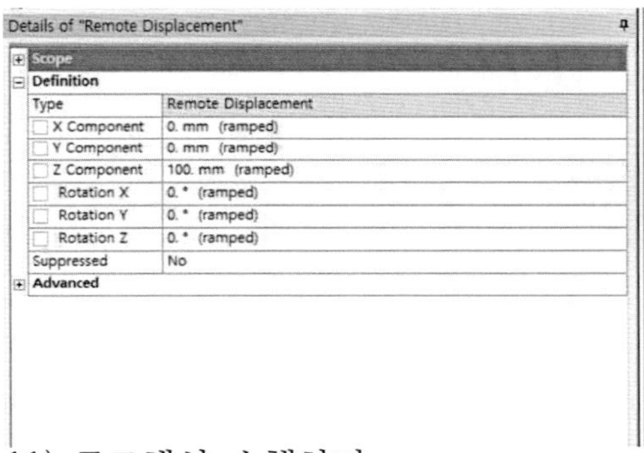

Details of "Remote Displacement"

Scope	
Definition	
Type	Remote Displacement
X Component	0. mm (ramped)
Y Component	0. mm (ramped)
Z Component	100. mm (ramped)
Rotation X	0. ° (ramped)
Rotation Y	0. ° (ramped)
Rotation Z	0. ° (ramped)
Suppressed	No
Advanced	

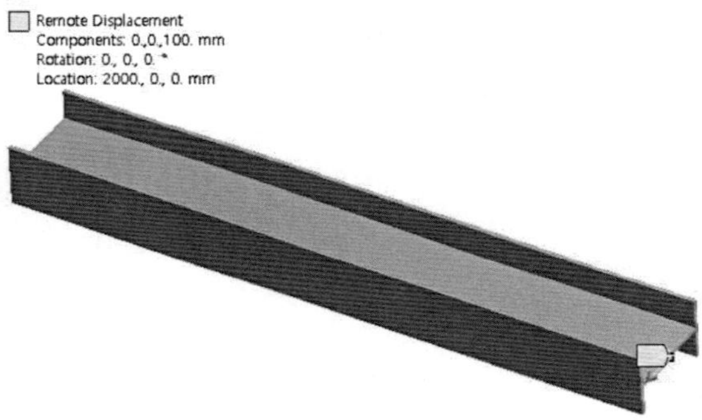

11) 구조해석 수행하기

12) 구조해석 결과 확인

(1) Total Deformation

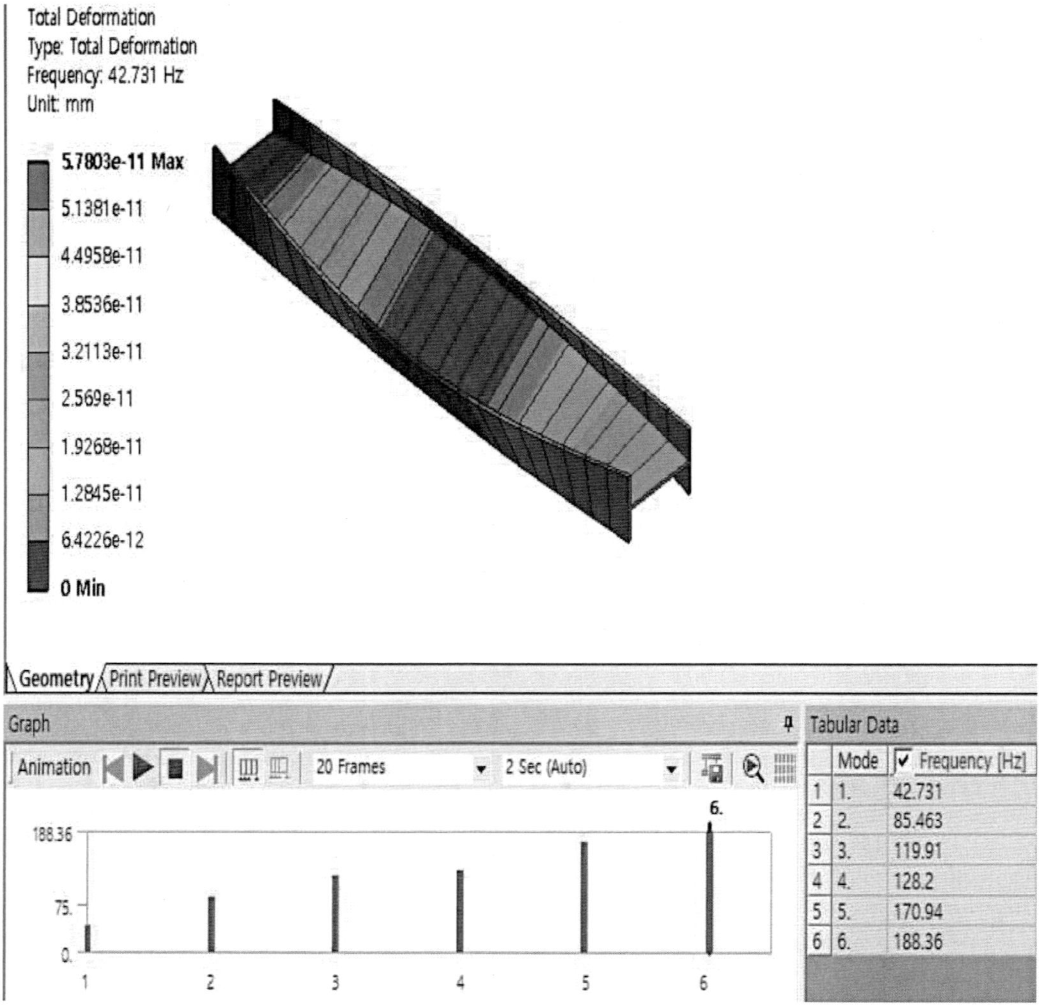
Total Deformation
Type: Total Deformation
Frequency: 42.731 Hz
Unit: mm
5.7803e-11 Max
5.1381e-11
4.4958e-11
3.8536e-11
3.2113e-11
2.569e-11
1.9268e-11
1.2845e-11
6.4226e-12
0 Min
Geometry
Print Preview
Report Preview
Graph
Animation
20 Frames
2 Sec (Auto)
188.36
75.
0.
1
2
3
4
5
6
6.
Tabular Data
Mode
Frequency [Hz]
1 1. 42.731
2 2. 85.463
3 3. 119.91
4 4. 128.2
5 5. 170.94
6 6. 188.36

Modal해석 : 3D Model (H300x200x12x12-L1000)

1) 프로젝트 설정

① Modal을 클릭하여 Project Schematic에 놓는다.

② Geometry를 연결하여 동일한 모델을 사용한다.

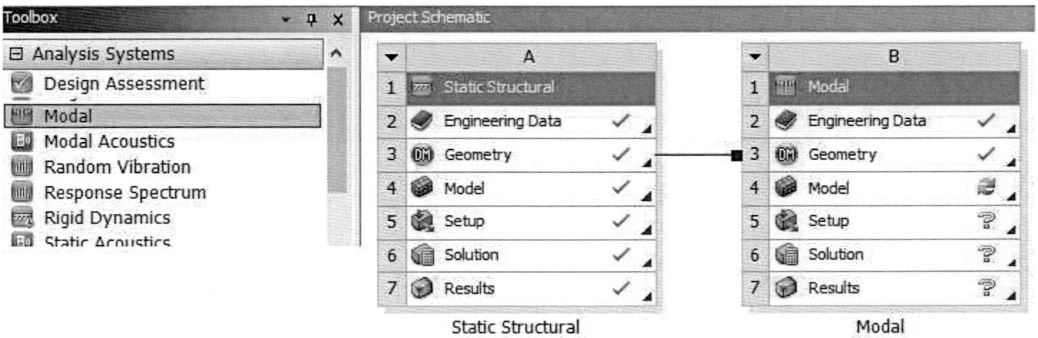

2) 엔지니어링 데이터 정의 : 기본 설정 적용

3) 형상 부착 모델 데이터 불러오기(또는 모델 만들기)

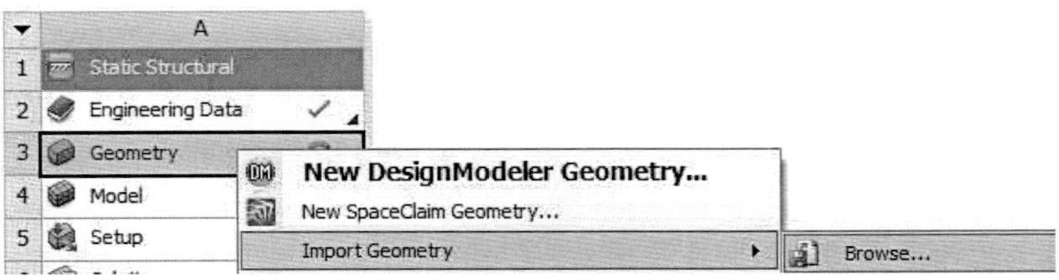

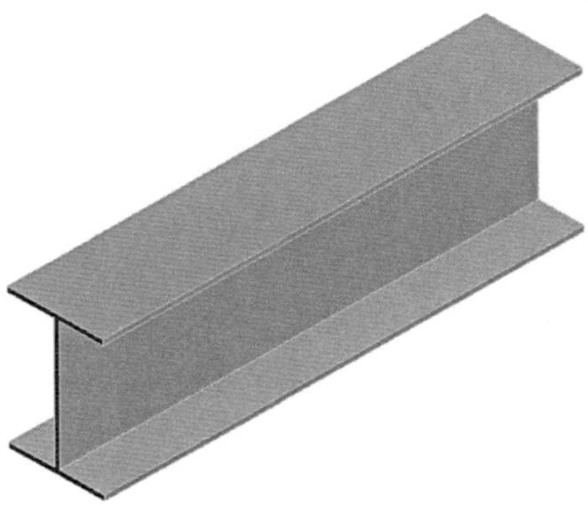

원형 모델

※ 3D-Body Model을 사용하여 해석을 수행한다.

4) 부품 동작 정의

(1) 구조해석을 하기 위하여 Mechanical 창을 활성화한다.

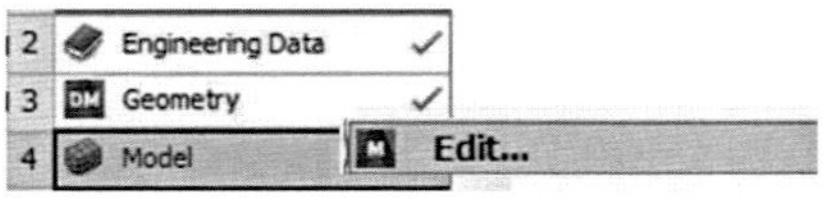

※  F7를 클릭하여 모델을 화면에 나타낸다.

(2) 부품 동작 정의에서 부품 동작에 대한 정보를 정의한다.

① Geometry의 모델을 선택하여 Stiffness Behavior를 flexible로, 재질은 structural steel로 설정한 것을 확인한다.

5) 좌표계 정의 : 시스템에서 설정한 Global 좌표계를 사용한다.

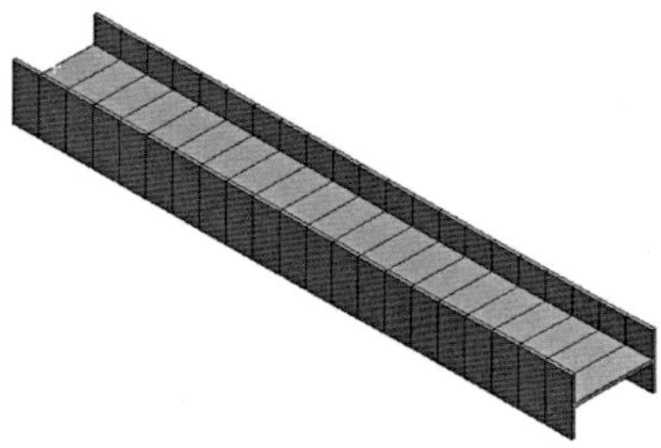

6) 연결 정의 : 설정 내용 없음

7) 메쉬 설정 정의 : 기본 설정을 적용한다.

8) 분석 설정 정의 : 기본 설정을 적용한다.

9) 구조해석 초기 조건 정의 : 설정 내용 없음.

10) 구조해석 경계 조건 정의

(1) 하중 조건 설정 : 없음

(2) 경계조건

① Fixed support로 끝 단면을 설정한다.

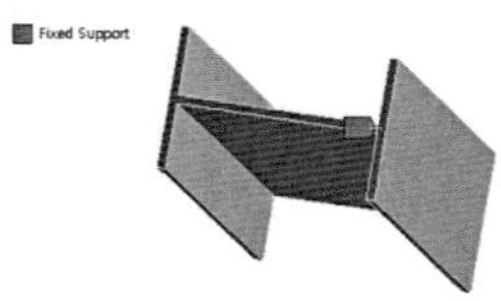

② Remote Displacement

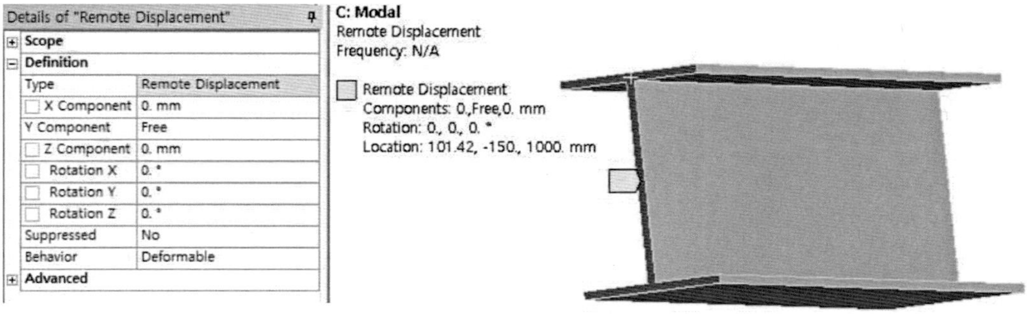

11) 구조해석 수행하기

12) 구조해석 결과 확인

(1) Total Deformation

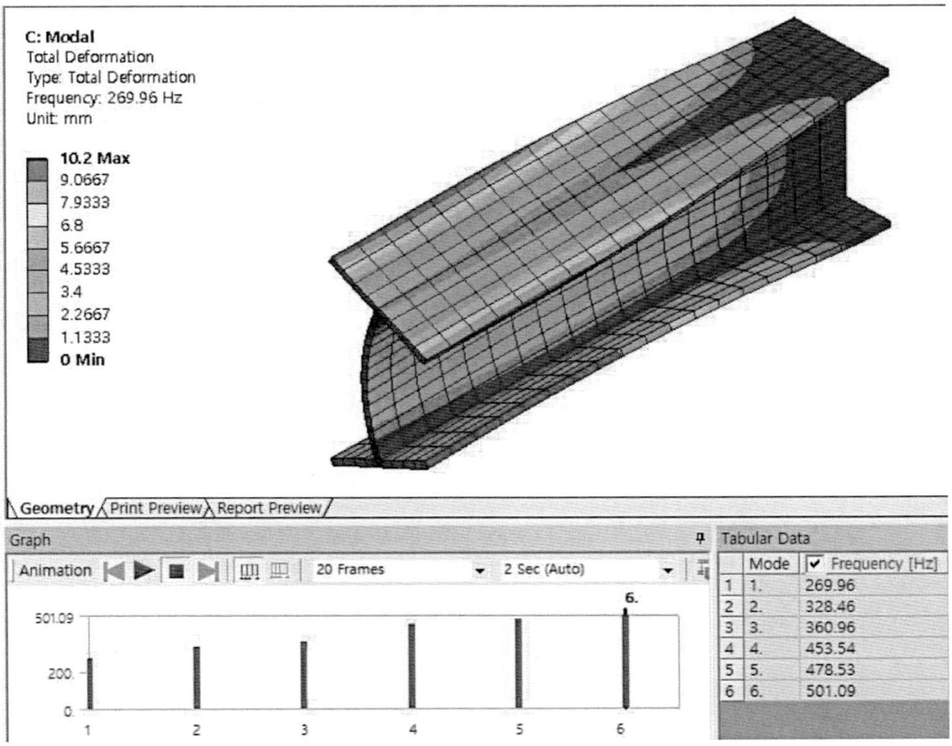

1.5.3 Spring structure on a cantilever [2)]

1. 구조해석 정의

다음 그림과 같은 외팔보의 수직 방향 자유진동에 대한 고유진동수를 구하시오.

(조건)

- 보의 탄성계수 : E = 200 GPa
- 보의 단면 2차 모멘트 : I = 3.63×10^{-4} m ^{4}
- 외팔보 길이 : L = 12 m
- 자유단 추의 중량 : W = 5 kN
- 자유단 스프링 계수 : k_s = 24 kN/m
- 단 , 보의 질량은 무시한다.

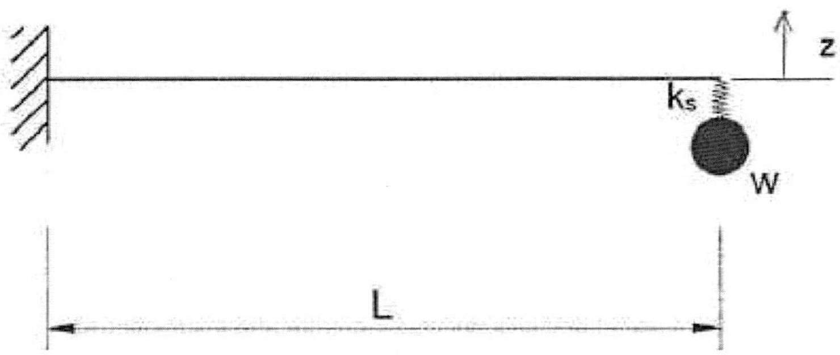

Beam은 H300x300x10x15로 L은 12m이다.

Beam의 재질은 Structural Steel로 설계한다.

2. 구조해석 목적

- H Beam의 강성을 산정한다.
- Beam 강성과 스프링을 연결한 등가 강성을 구한다.
- 외팔보의 고유진동수를 산정한다.

---

2) 토목구조기술사 제106회 제1교시 13번

3. 구조해석 절차

1) 프로젝트 설정

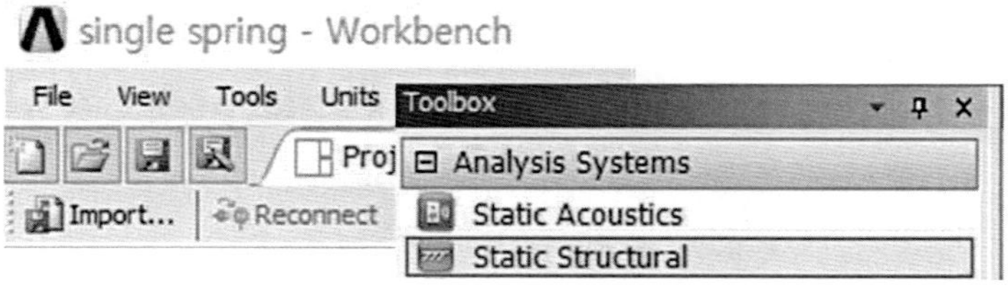

2) 엔지니어링 데이터 정의 : 기본설정 적용

3) 형상 부착 모델 데이터 불러오기(또는 모델 만들기)

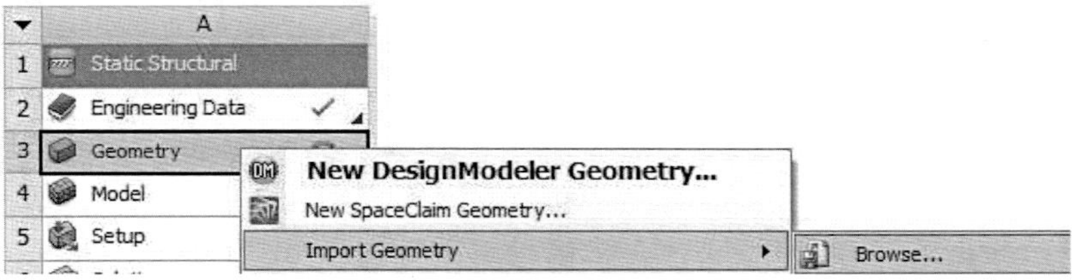

H300x300x10x15-L12000.IGS를 Import하여 하단에 Ball을 디자인한다.

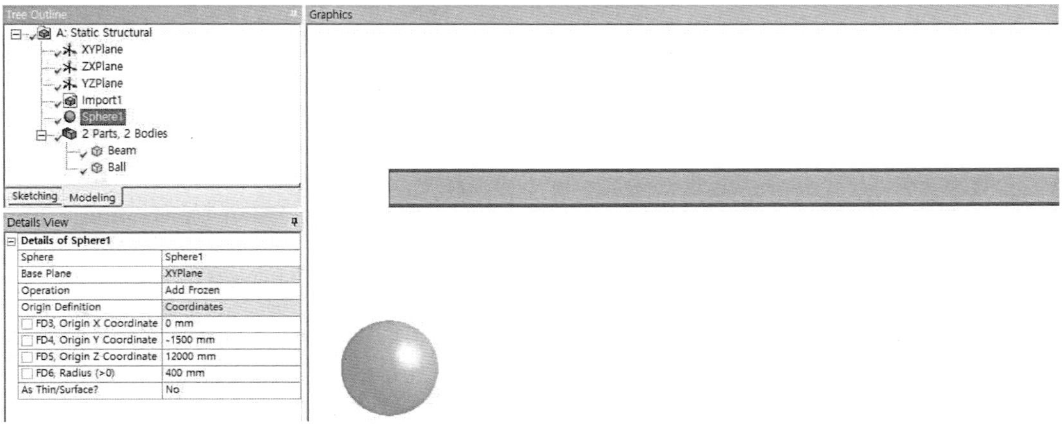

4) 부품 동작 정의

(1) 구조해석을 하기 위하여 Mechanical 창을 활성화한다.

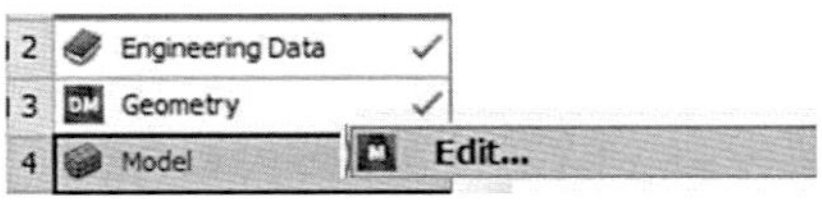

※ F7를 클릭하여 모델을 화면에 나타낸다.

(2) 부품 동작 정의에서 부품 동작에 대한 정보를 정의한다.

① Beam, Ball의 Stiffness Behavior를 flexible로, 재질은 structural steel로 설정한다.

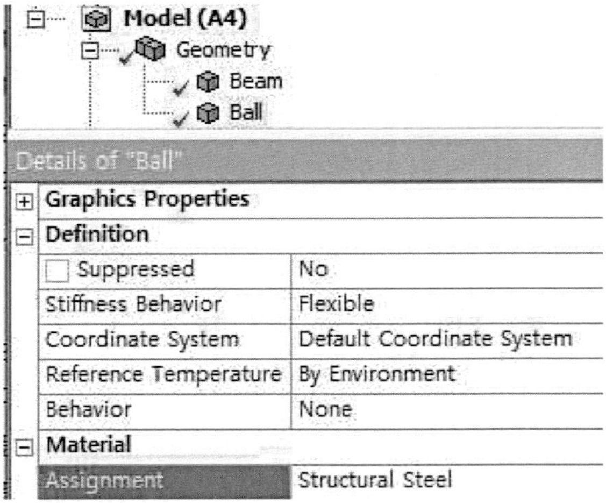

5) 좌표계 정의 : 시스템에서 설정한 Global 좌표계를 사용한다.

6) 연결 정의 : 설정내용 없음

7) 메쉬 설정 정의 : 기본설정을 적용한다.

Ball은 Method를 사용하여 MutiZone을 설정한다.

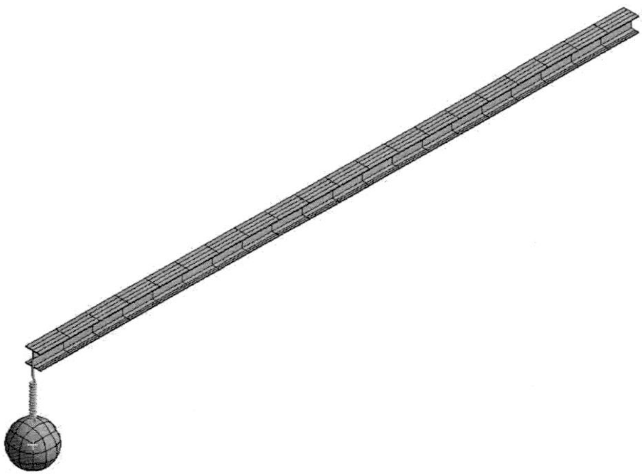

8) 분석 설정 정의 : 기본 설정을 적용한다.

9) 구조해석 초기 조건 정의 : 설정 내용 없음.

10) 구조해석 경계 조건 정의

(1) 하중 조건 설정 : 설정 내용 없음.

(2) 경계 조건

① Fixed support로 Beam의 끝단을 설정한다.

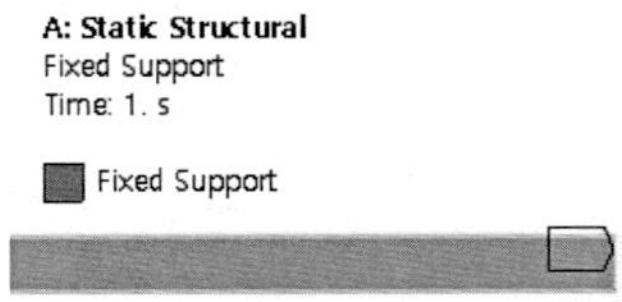

② Displacement로 Ball을 하부방향으로 1m 이동시킨다.

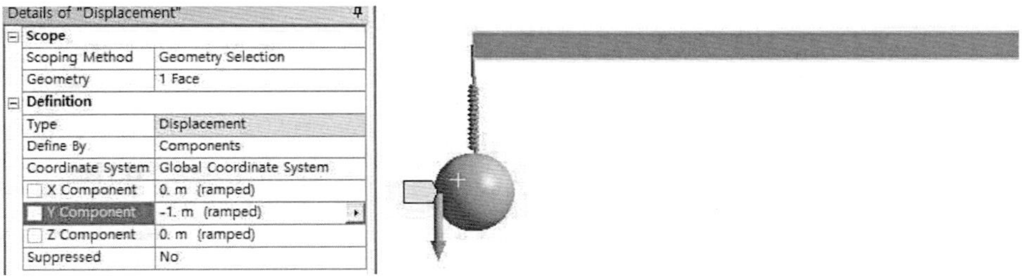

11) 구조해석 수행하기 

12) 구조해석 결과 확인

(1) Force Reaction : k_e = 17808 N

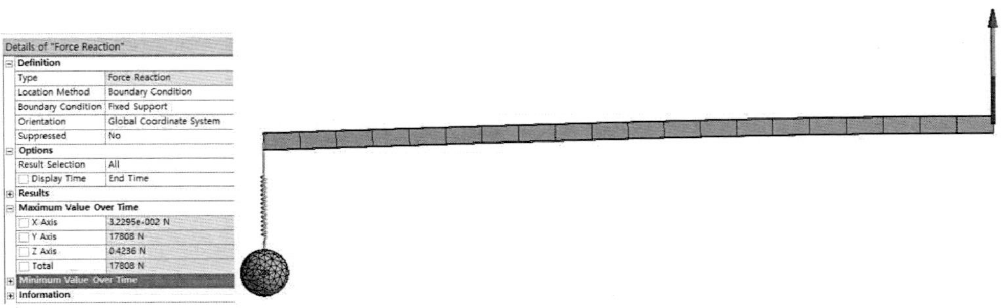

자유단 추의 중량 : W = 5 kN

추의 무게(Beam 무게는 무시) m = 5000/9.8 = 510.204 $N.s^2/m$

k = 17808 N

$w_n = \sqrt{\frac{k}{m}}$ = 5.90793 $f = \frac{w_n}{2\pi}$ = 0.94077 Hz

$T = 2\pi / w_n =$ 1.06352 sec

이론적 계산

---

1) 재료의 물성

구조강 탄성계수 : E = $2x10^{11}$ Pa

외팔보 (H300x300x10x15) 단면 2차 모멘트 : I = 0.000363 m^4

길이 : L = 12 m

질량 : m = W/g = 5000/9.8 = 510.204 $N.s^2/m$

Beam 강성 : k_B = $\frac{12EI}{L^3}$ = 504656 N/m

스프링 강성 : k_s = 24 kN/m

강성 직결연결 : 1/ke = 1/k_B +1/k_s 에서

ke = 22910.445 N/m

고유진동수 : $w_n = \sqrt{\frac{k_e}{m}}$ = 6.70108 /s , f = $\frac{w_n}{2\pi}$ = 1.06651 Hz

고유주기 $T = 2\pi / w_n =$ 0.937638 sec

Modal해석 : H300x300x10x15-L12000 + Ball

1) 프로젝트 설정

① Modal을 클릭하여 Project Schematic에 놓는다.

② Geometry를 연결하여 동일한 모델을 사용한다.

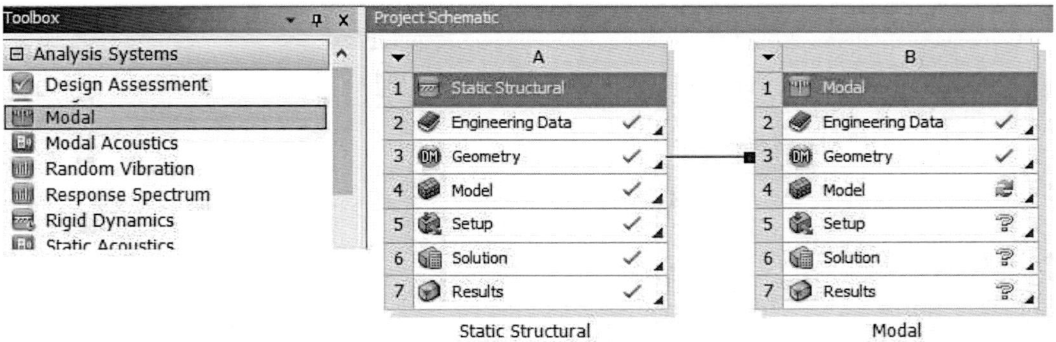

2) 엔지니어링 데이터 정의 : 기본설정 적용

3) 형상 부착 모델 데이터 불러오기(또는 모델 만들기) : 이전 모델 설정을 사용한다.

4) 부품 동작 정의

(1) 구조해석을 하기 위하여 Mechanical 창을 활성화한다.

※ 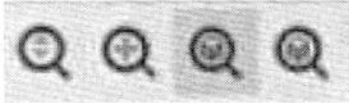F7를 클릭하여 모델을 화면에 나타낸다.

(2) 부품 동작 정의에서 부품 동작에 대한 정보를 정의한다. : 이전 모델 설정을 사용한다.

5) 좌표계 정의 : 시스템에서 설정한 Global 좌표계를 사용한다.

6) 연결 정의 : 이전 모델 설정을 사용한다.

7) 메쉬 설정 정의 : 이전 모델 설정을 사용한다.

8) 분석설정 정의 : 기본 설정을 적용한다.

9) 구조해석 초기 조건 정의 : 설정 내용 없음.

10) 구조해석 경계 조건 정의

(1) 하중 조건 설정 : 없음

(2) 경계 조건

① Fixed support : 이전 모델 설정을 사용한다.

② Remote Displacement : 이전 모델 설정을 사용한다.

11) 구조해석 수행하기

12) 구조해석 결과 확인

(1) Total Deformation

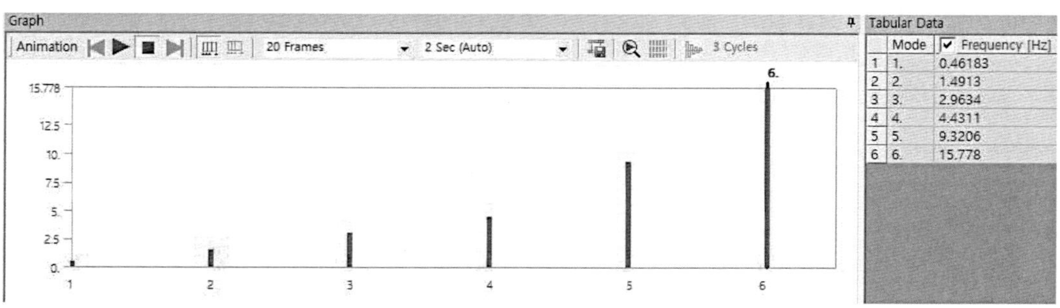

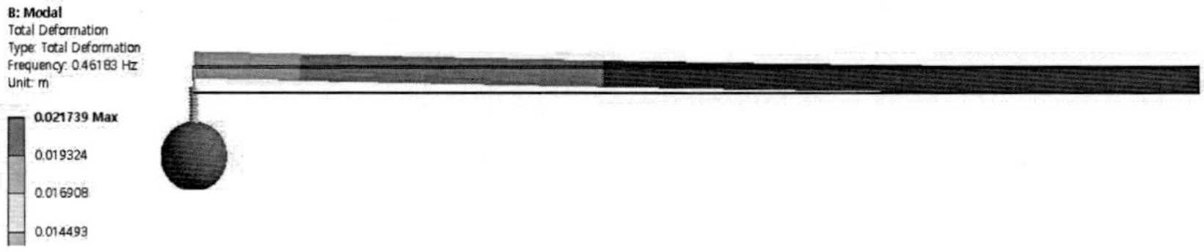

Mode I

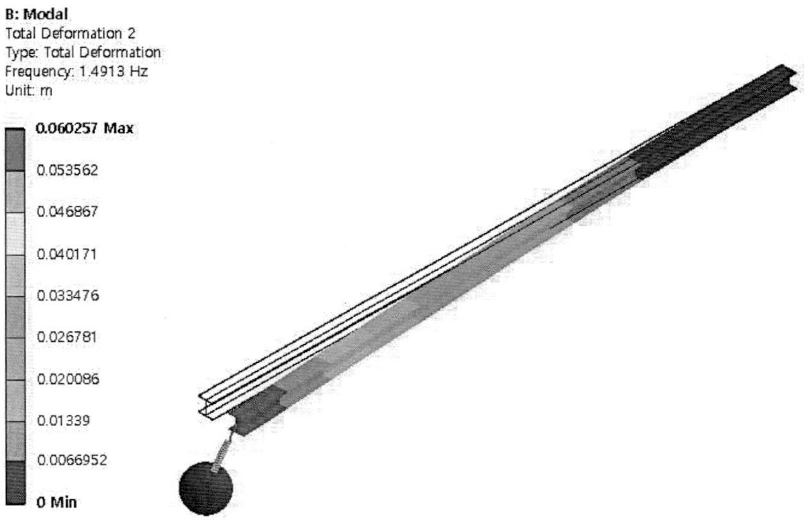

Mode II

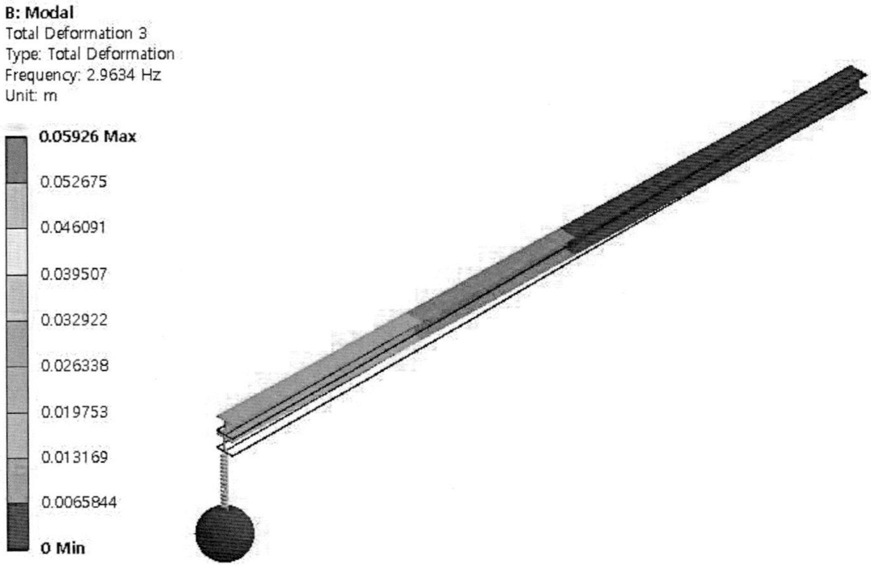

Mode III

1.5.4. Multiple spring structures attached to a cantilever beam 3)

1. 구조해석 정의

그림과 같은 구조계의 고유진동수를 구하시오. (단, 보의 휨강성은 EI로 일정하다.)

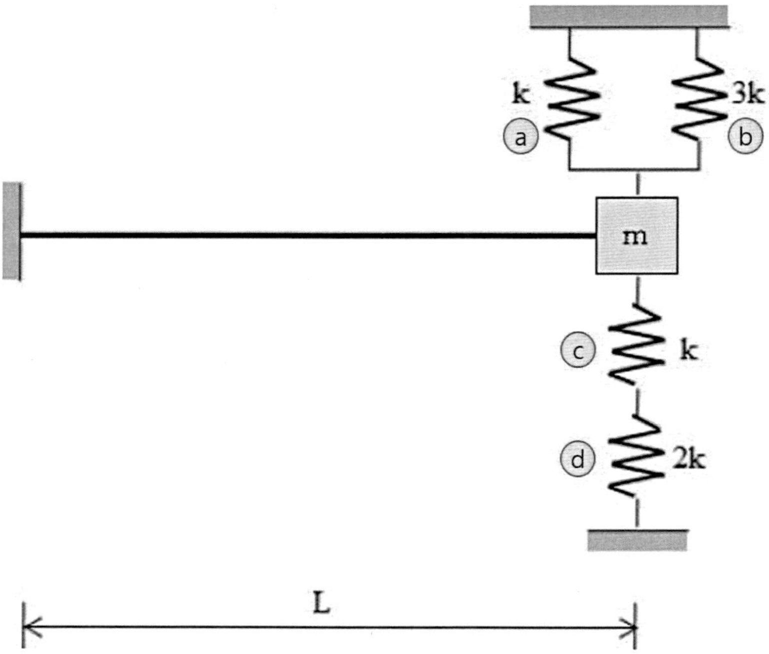

Beam은 H300x300x10x15, L은 12m로 설계한다. k = 1000 N/m로 설계한다.

Beam의 재질은 Structural Steel로 설계한다.

m = 5000 kg이다.

2. 구조해석 목적

- Beam의 강성을 산정한다.
- 스프링의 병렬연결과 직렬연결을 산정한다.
- Bean과 스프링의 조합에 대한 강성을 산정한다.

---

3) 토목구조기술사 제121회 제3교시 4번

3. 구조해석 절차

1) 프로젝트 설정

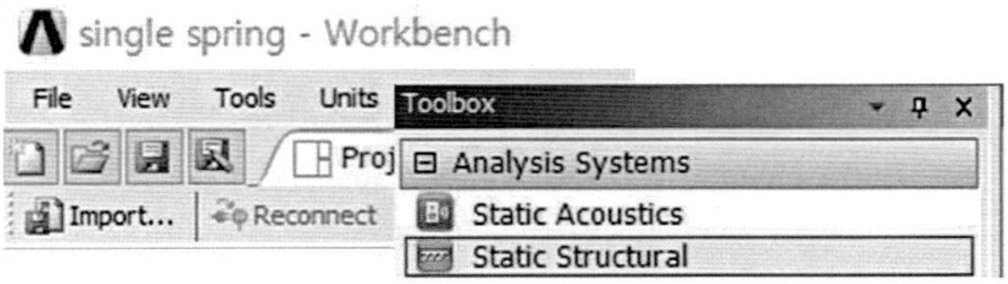

2) 엔지니어링 데이터 정의 : 기본설정 적용

3) 형상 부착 모델 데이터 불러오기(또는 모델 만들기)

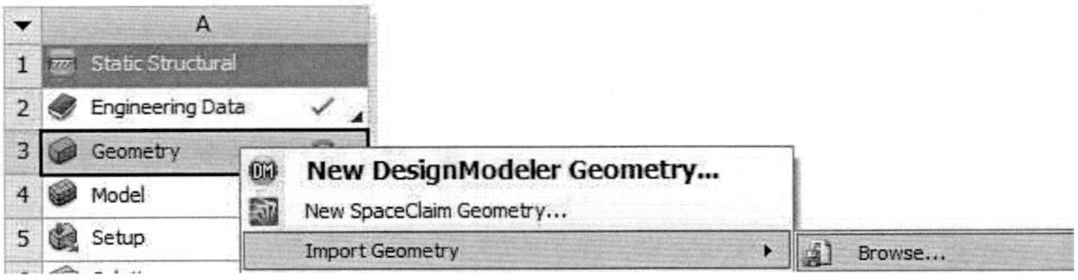

H300x300x10x15-L12000.IGS를 Import하여 Block과 Joint을 디자인한다.

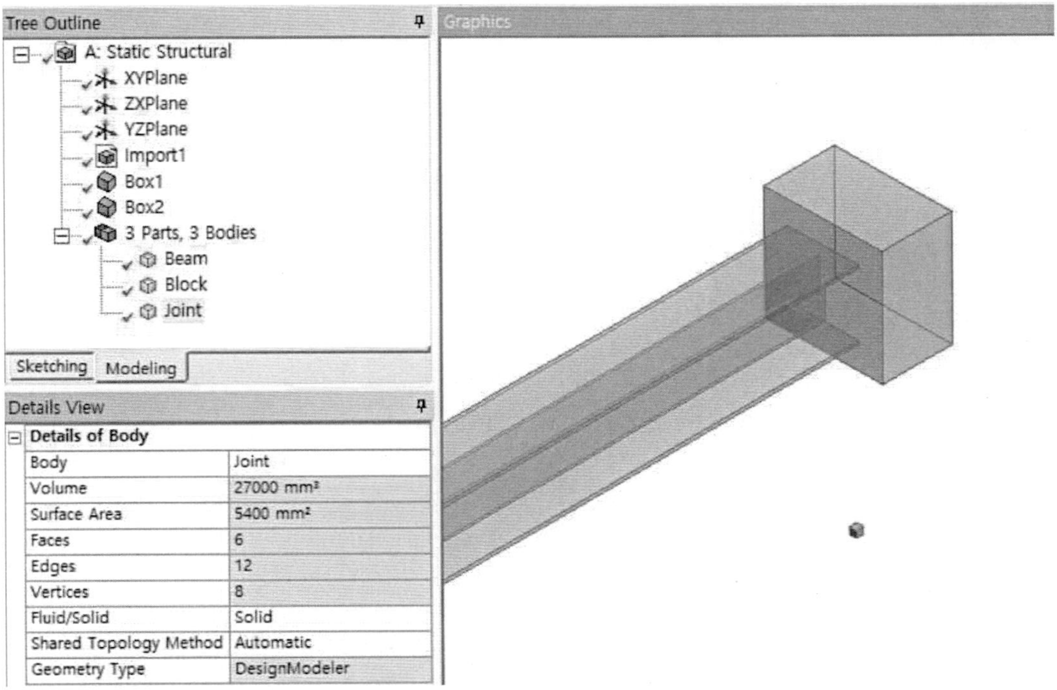

4) 부품 동작 정의

(1) 구조해석을 하기 위하여 Mechanical 창을 활성화한다.

※  F7를 클릭하여 모델을 화면에 나타낸다.

(2) 부품 동작 정의에서 부품 동작에 대한 정보를 정의한다.

① Beam, Block, Joint의 Stiffness Behavior를 flexible로, 재질은 structural steel 로 설정한다.

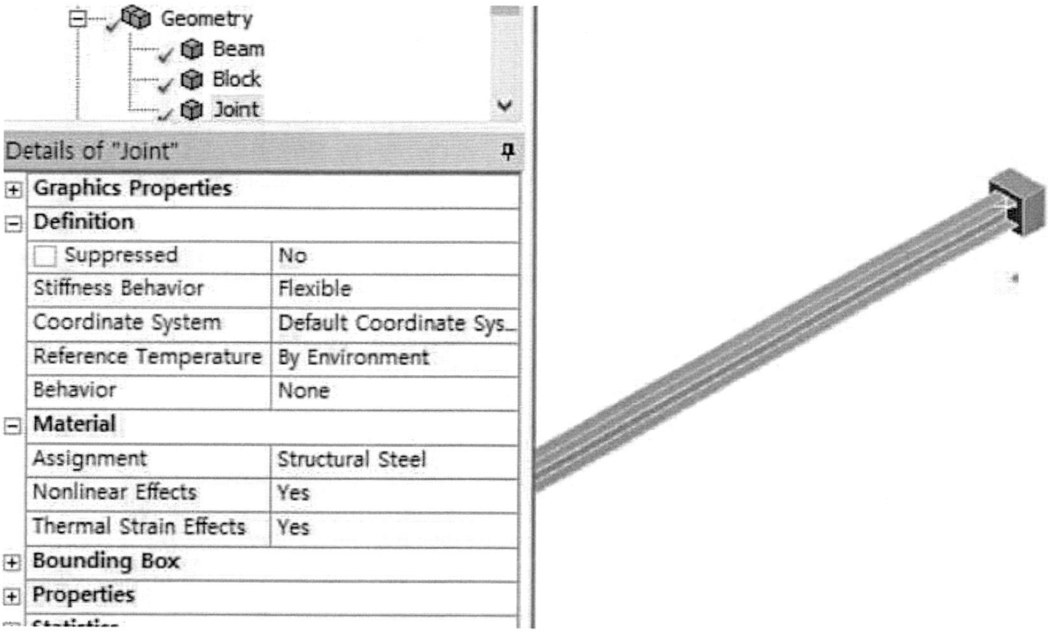

5) 좌표계 정의

Spring Connection을 수월하기 위하여 Local 좌표계를 사용한다.

① Coord-1 좌표 설정

Coordinate Systems
- Global Coordinate System
- cood-1

Details of "cood-1"

Definition	
Type	Cartesian
Coordinate System	Program Controlled
APDL Name	
Suppressed	No
Origin	
Define By	Geometry Selection
Geometry	Click to Change
Origin X	0. mm
Origin Y	250. mm
Origin Z	-150. mm
Principal Axis	
Axis	X
Define By	Global X Axis
Orientation About Principal Axis	
Axis	Y
Define By	Default
Directional Vectors	
Transformations	
Base Configuration	Absolute
Transformed Configuration	[0. 250. -150.]

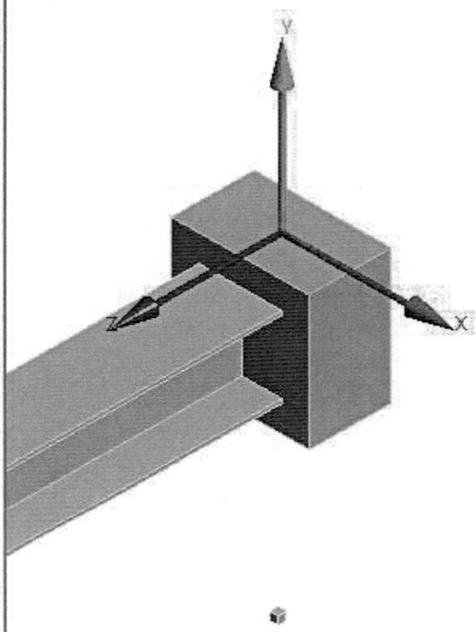

② Coord-2 좌표 설정

Coordinate Systems
- Global Coordinate System
- cood-1
- cood-2

Details of "cood-2"

Definition	
Type	Cartesian
Coordinate System	Program Controlled
APDL Name	
Suppressed	No
Origin	
Define By	Geometry Selection
Geometry	Click to Change
Origin X	0. mm
Origin Y	-1000. mm
Origin Z	-135. mm
Principal Axis	
Axis	X
Define By	Global X Axis
Orientation About Principal Axis	
Axis	Y
Define By	Default
Directional Vectors	
Transformations	
Base Configuration	Absolute
Transformed Configuration	[0. -1000. -135.]

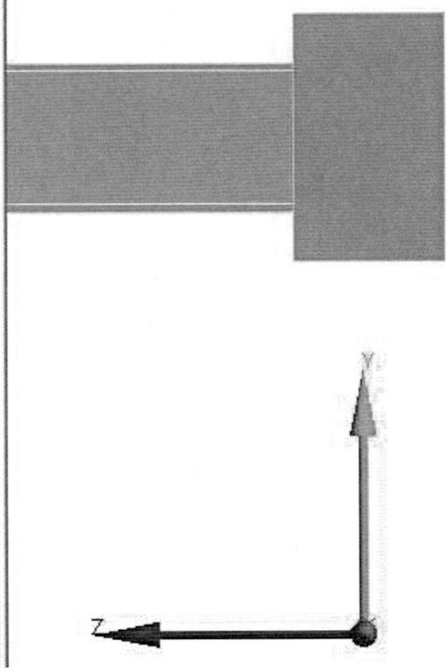

Details of "spring-a"

Graphics Properties	
Definition	
Material	None
Type	Longitudinal
Spring Behavior	Both
Longitudinal Stiffness	1. N/mm
Longitudinal Damping	0. N·s/mm
Preload	None
Suppressed	No
Spring Length	1000. mm
Element APDL Name	
Scope	
Scope	Body-Ground
Reference	
Coordinate System	cood-1
Reference X Coordinate	-100. mm
Reference Y Coordinate	0. mm
Reference Z Coordinate	0. mm
Reference Location	Click to Change
Mobile	
Scoping Method	Geometry Selection
Applied By	Remote Attachment
Scope	1 Edge
Body	Block
Coordinate System	cood-1
Mobile X Coordinate	-100. mm
Mobile Y Coordinate	1000. mm
Mobile Z Coordinate	0. mm
Mobile Location	Click to Change
Behavior	Rigid
Pinball Region	All

Details of "spring-b"

Graphics Properties	
Definition	
Material	None
Type	Longitudinal
Spring Behavior	Both
Longitudinal Stiffness	1000. N/mm
Longitudinal Damping	0. N·s/mm
Preload	None
Suppressed	No
Spring Length	1000. mm
Element APDL Name	
Scope	
Scope	Body-Ground
Reference	
Coordinate System	cood-1
Reference X Coordinate	100. mm
Reference Y Coordinate	0. mm
Reference Z Coordinate	0. mm
Reference Location	Click to Change
Mobile	
Scoping Method	Geometry Selection
Applied By	Remote Attachment
Scope	1 Face
Body	Block
Coordinate System	cood-1
Mobile X Coordinate	100. mm
Mobile Y Coordinate	1000. mm
Mobile Z Coordinate	0. mm
Mobile Location	Click to Change
Behavior	Rigid
Pinball Region	All

Details of "spring-c"

Graphics Properties	
Definition	
Material	None
Type	Longitudinal
Spring Behavior	Both
Longitudinal Stiffness	1000. N/mm
Longitudinal Damping	0. N·s/mm
Preload	None
Suppressed	No
Spring Length	720.16 mm
Element APDL Name	
Scope	
Scope	Body-Body
Reference	
Scoping Method	Geometry Selection
Applied By	Remote Attachment
Scope	1 Face
Body	Block
Coordinate System	Global Coordinate System
Reference X Coordinate	0. mm
Reference Y Coordinate	-250. mm
Reference Z Coordinate	-150. mm
Reference Location	Click to Change
Behavior	Rigid
Pinball Region	All
Mobile	
Scoping Method	Geometry Selection
Applied By	Remote Attachment
Scope	1 Face
Body	Joint
Coordinate System	Global Coordinate System
Mobile X Coordinate	0. mm
Mobile Y Coordinate	-970. mm
Mobile Z Coordinate	-135. mm
Mobile Location	Click to Change
Behavior	Rigid
Pinball Region	All

Details of "spring-d"

Graphics Properties	
Definition	
Material	None
Type	Longitudinal
Spring Behavior	Both
Longitudinal Stiffness	1000. N/mm
Longitudinal Damping	0. N·s/mm
Preload	None
Suppressed	No
Spring Length	1000. mm
Element APDL Name	
Scope	
Scope	Body-Ground
Reference	
Coordinate System	cood-2
Reference X Coordinate	0. mm
Reference Y Coordinate	0. mm
Reference Z Coordinate	0. mm
Reference Location	Click to Change
Mobile	
Scoping Method	Geometry Selection
Applied By	Remote Attachment
Scope	1 Face
Body	Joint
Coordinate System	cood-2
Mobile X Coordinate	0. mm
Mobile Y Coordinate	-1000. mm
Mobile Z Coordinate	0. mm
Mobile Location	Click to Change
Behavior	Rigid
Pinball Region	All

6) 연결 정의

① 연결의 Name을 변경한다.

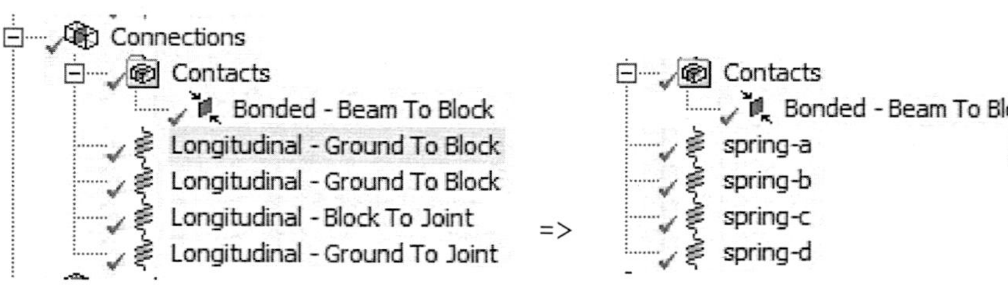

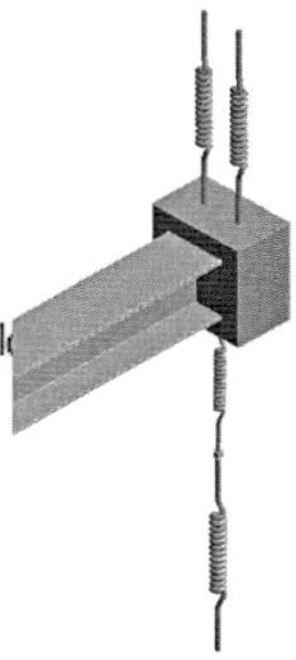

② Local 좌표계 Coord-1, Cood-2를 사용하여 연결을 정의한다.

Spring a, b, d는 Body-Ground를 적용하고, Spring c는 Body-Body를 적용한다.

7) 메쉬 설정 정의 : 기본 설정을 적용한다.

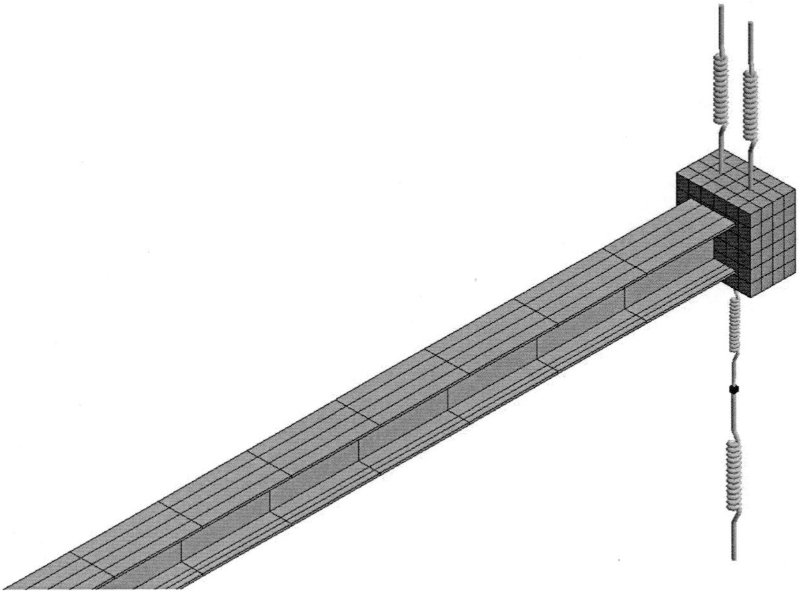

8) 분석설정 정의 : 기본 설정을 적용한다.

9) 구조해석 초기 조건 정의 : 설정 내용 없음.

10) 구조해석 경계 조건 정의

(1) 하중 조건 설정 : 설정 내용 없음.

(2) 경계 조건

① Fixed support로 Beam의 끝단을 설정한다.

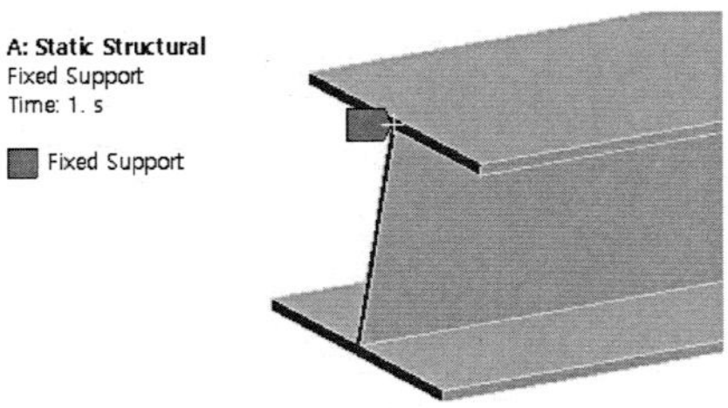

② Displacement로 Ball을 하부방향으로 1m 이동시킨다.

11) 구조해석 수행하기

12) 구조해석 결과 확인

(1) Force Reaction

k_e = 2735199 N/m

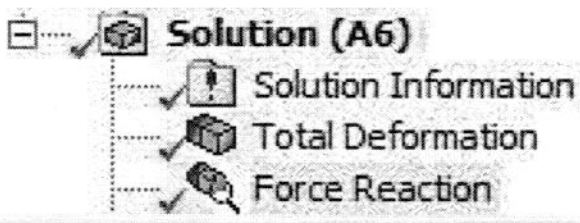

Details of "Force Reaction"

Definition	
Type	Force Reaction
Location Method	Boundary Condition
Boundary Condition	Displacement
Orientation	Global Coordinate System
Suppressed	No
Options	
Result Selection	All
Display Time	End Time
Results	
Maximum Value Over Time	
X Axis	-37.425 N
Y Axis	2.7351e+005 N
Z Axis	0. N
Total	2.7351e+005 N

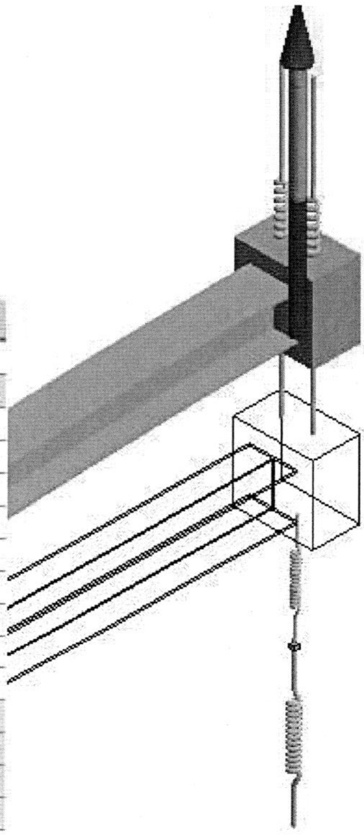

자유단 추의 중량 : W = 5 kN

m = 5000kg

k_e = 2735199 N/m

$w_n = \sqrt{\frac{k}{m}}$ = 23.3889　　$f = \frac{w_n}{2\pi}$ = 3.72246 Hz

$T = 2\pi / w_n$ = 0.26864 sec

이론적 계산

---

1) 재료의 물성 (Structural steel)

(1) 탄성계수 : E = 2×10^{11} Pa

외팔보 (H300x300x10x15) 단면2차모멘트 :

$$I = \frac{0.3 \times 0.3^3}{12} - \frac{(0.3-0.01)(0.3-2\times 0.015)^3}{12} = 0.000199 m^4$$

길이 : L = 12 m

(2) 강성 : $k_B = \frac{3EI}{L^3}$ = 69210.9 N/m

k12 = k1 + k2 = k + 3k = 4k

1/k34 = 1/k3 + 1/k4 = 1/k +1/2k = 3/(2k) → k34 = 2k/3

k =1000N/m

ke = k_B + k12 +k34 = 69210.9 + 4x1000 + 2x1000/3 = 73877.6 N/m

(3) 질량 : m = 5000 kg [N.s^2/m]

(4) 고유진동수 : $w_n = \sqrt{\frac{k}{m}}$ = 3.84389 /s , f $= \frac{w_n}{2\pi}$ = 0.611775 Hz

고유주기 $T = 2\pi / w_n$ = 1.63459 sec

Modal해석 : H300x300x10x15-L12000 + Ball

1) 프로젝트 설정

① Modal을 클릭하여 Project Schematic에 놓는다.

② Geometry를 연결하여 동일한 모델을 사용한다.

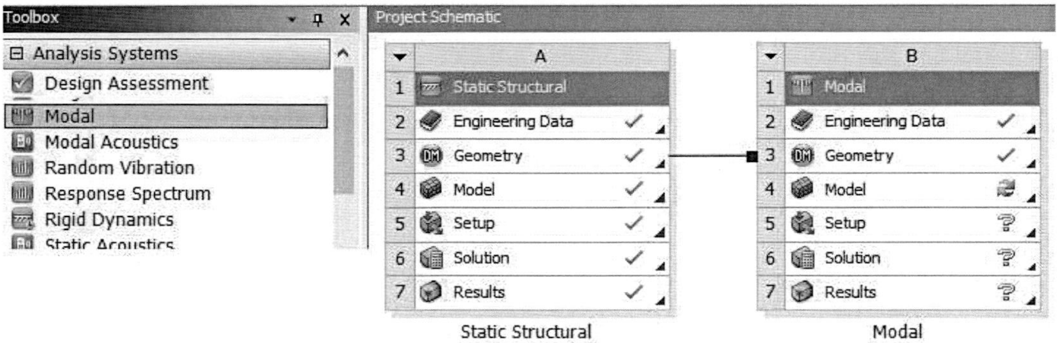

2) 엔지니어링 데이터 정의 : 기본설정 적용

3) 형상 부착 모델 데이터 불러오기(또는 모델 만들기) : 이전 모델 설정을 사용한다.

4) 부품 동작 정의

(1) 구조해석을 하기 위하여 Mechanical 창을 활성화한다.

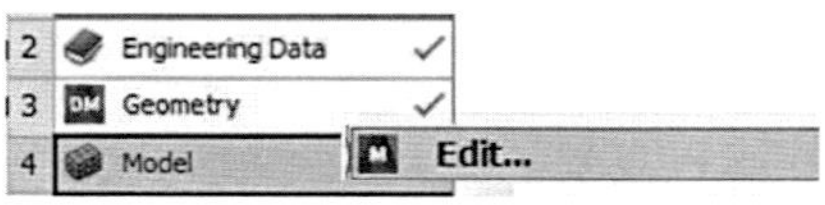

※ 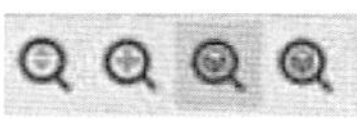F7를 클릭하여 모델을 화면에 나타낸다.

(2) 부품 동작 정의에서 부품 동작에 대한 정보를 정의한다. : 이전 모델 설정을 사용한다.

5) 좌표계 정의 : 시스템에서 설정한 Global 좌표계를 사용한다.

6) 연결 정의 : 이전 모델 설정을 사용한다.

7) 메쉬 설정 정의 : 이전 모델 설정을 사용한다.

8) 분석 설정 정의 : 기본설정을 적용한다.

9) 구조해석 초기 조건 정의 : 설정 내용 없음.

10) 구조해석 경계 조건 정의

(1) 하중 조건 설정 : 없음

(2) 경계조건

① Fixed support : 이전 모델 설정을 사용한다.

② Remote Displacement : 이전 모델 설정을 사용한다.

11) 구조해석 수행하기

12) 구조해석 결과 확인

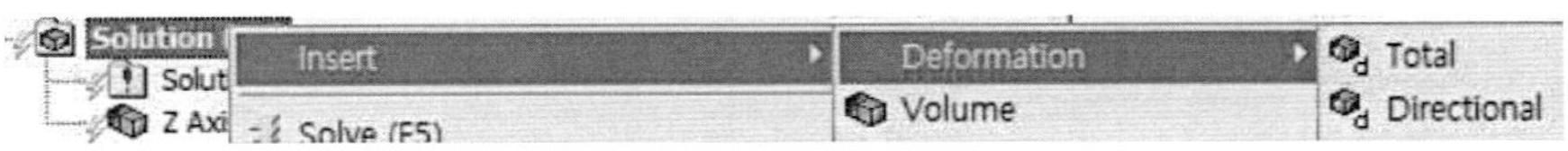

(1) Total Deformation

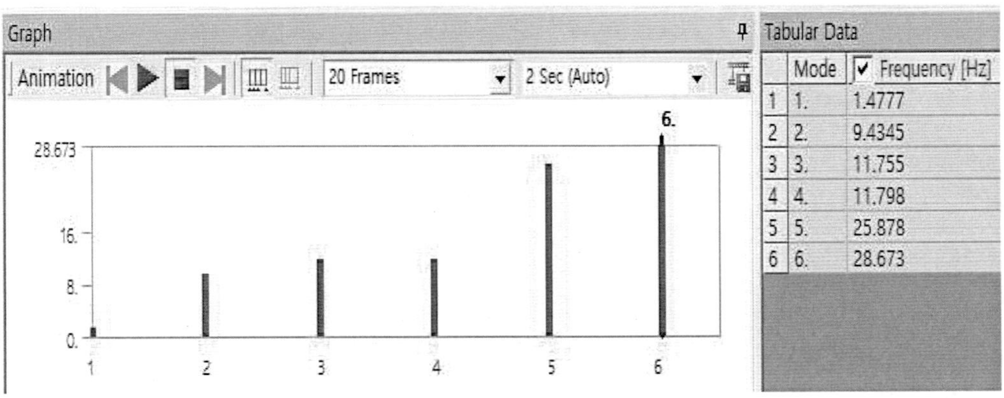

	Mode	Frequency [Hz]
1	1.	1.4777
2	2.	9.4345
3	3.	11.755
4	4.	11.798
5	5.	25.878
6	6.	28.673

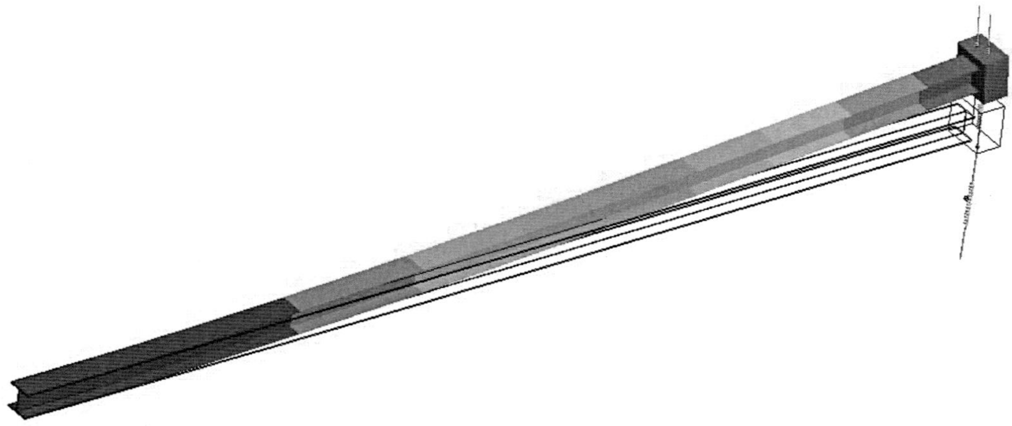

Mode I

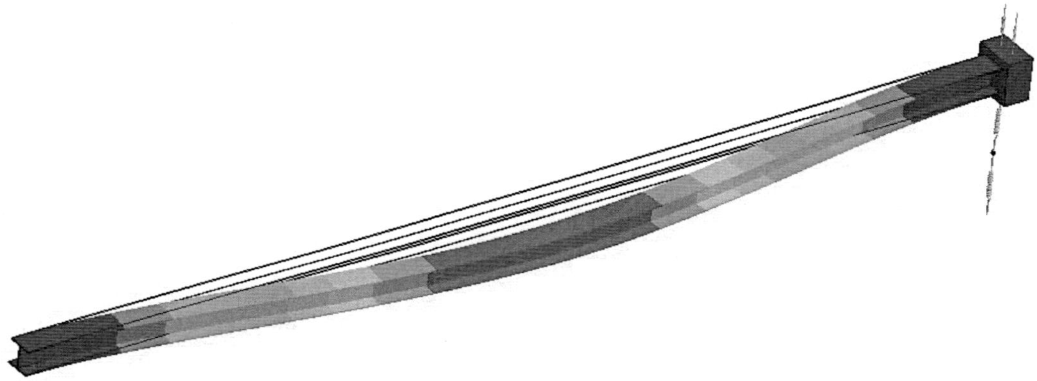

Mode II

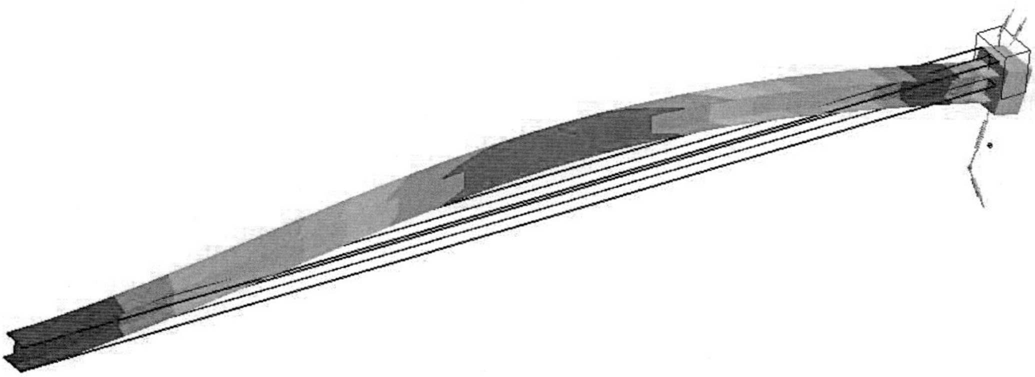

Mode III

1.5.5 Natural frequency of the protruding beam [4)]

1. 구조해석 정의

다음 구조물의 고유진동수 및 주기를 구하시오. (단 , 부재의 질량은 무시함)

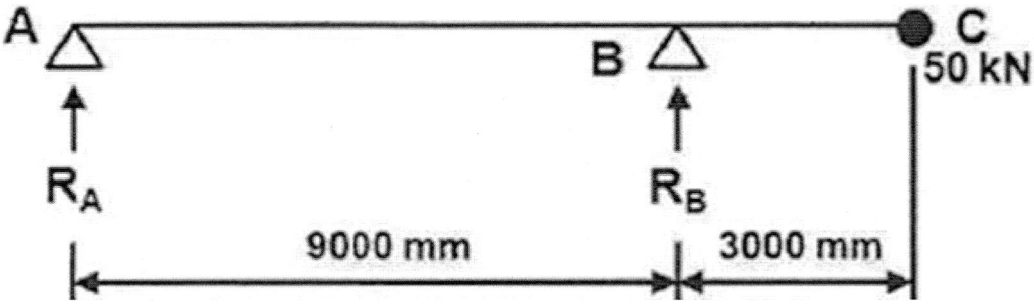

Beam은 H500x200x10x16, L은 12m로 설계한다.

Beam의 재질은 Structural Steel로 설계한다.

하중 W = 50 kN이다.

2. 구조해석 목적

- 내민보의 강성을 산정한다.

3. 구조해석 절차

1) 프로젝트 설정

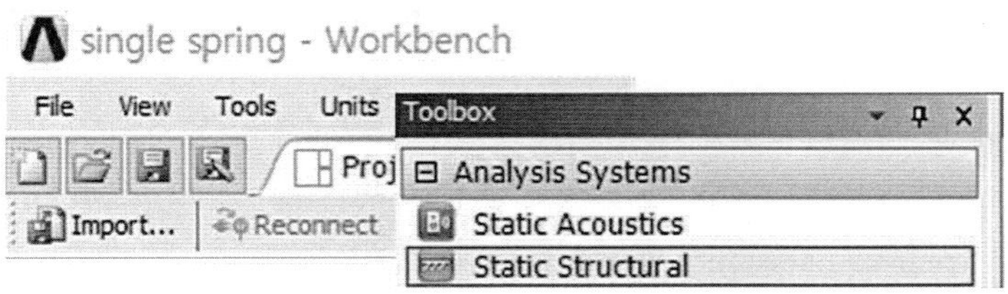

---

4) 건축구조기술사 제107회 제2교시 1번

2) 엔지니어링 데이터 정의 : 기본설정 적용

3) 형상 부착 모델 데이터 불러오기(또는 모델 만들기)

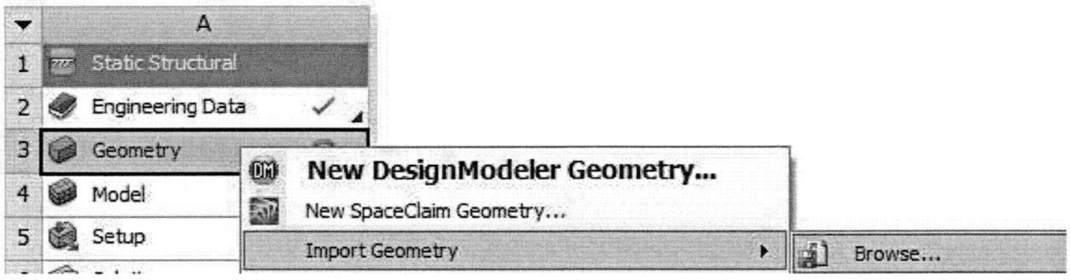

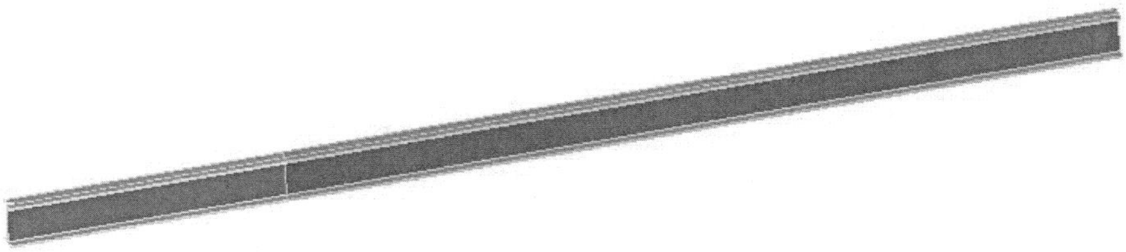

원형 모델

4) 부품 동작 정의

(1) 구조해석을 하기 위하여 Mechanical 창을 활성화한다.

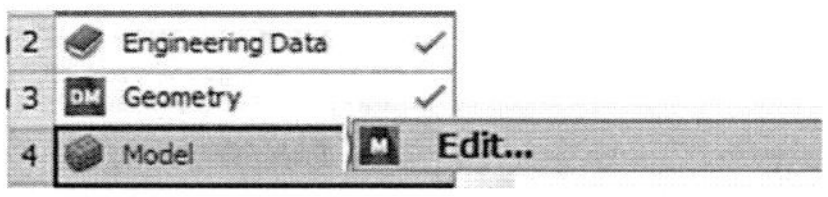

※ 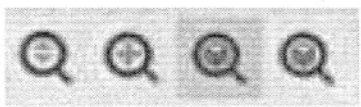 F7를 클릭하여 모델을 화면에 나타낸다.

(2) 부품 동작 정의에서 부품 동작에 대한 정보를 정의한다.

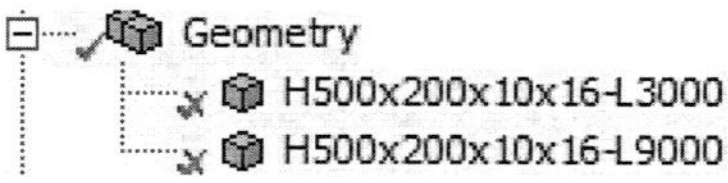

① H-Beam은 Stiffness Behavior를 flexible로, 재질은 structural steel로 설정한다.

5) 좌표계 정의 : 시스템에서 설정한 Global 좌표계를 사용한다.

6) 연결 정의 : 자동 설정 적용한다.

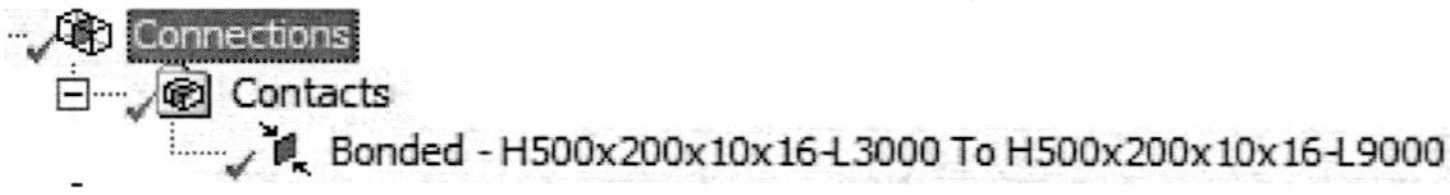

7) 메쉬 설정 정의 : 기본 설정을 적용한다.

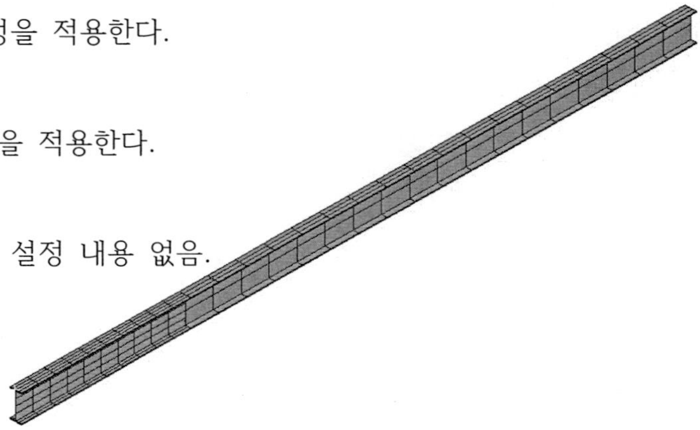

8) 분석 설정 정의 : 기본설정을 적용한다.

9) 구조해석 초기 조건 정의 : 설정 내용 없음.

10) 구조해석 경계 조건 정의

(1) 하중 조건 설정

짧은 보 외단에 하중 50000N를 적용한다.

(2) 경계 조건

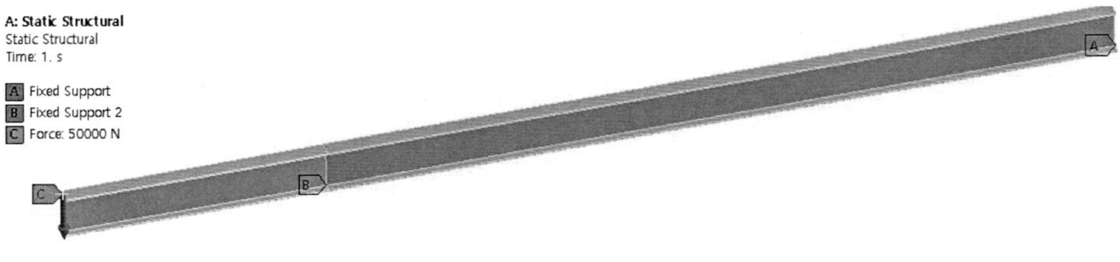

11) 구조해석 수행하기

12) 구조해석 결과 확인

(1) Total Deformation

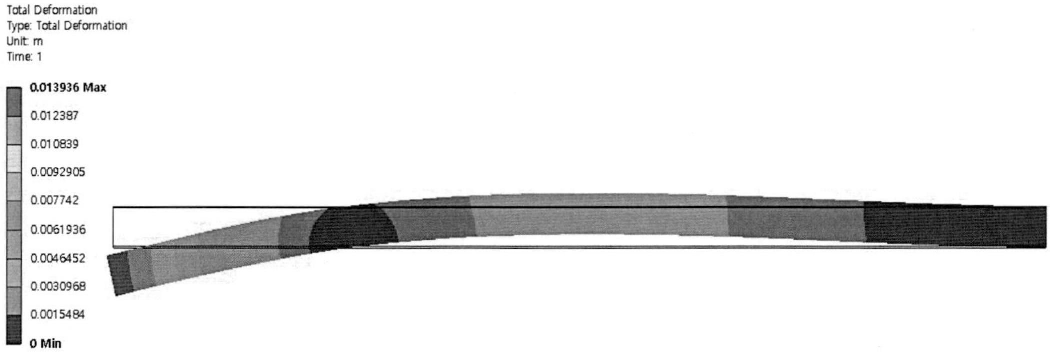

(2) 고유주기 산정

W = 50 kN

m = 50,000/9.8 = 51020.4 kg

k = 50000/0.013936 N/m = 3.58783 10^6 N/m

$w_n = \sqrt{\frac{k}{m}}$ = 26.5182 , f = $w_n/(2\pi)$ = 4,2205 Hz

$T = 2\pi/w_n$ = 0.236939 sec

이론적 계산

---

1) 개요

(1) 에너지법을 통하여 구조물의 처짐을 산정하고 강성을 구하여 고유진동수와 고유주기를 산정한다.

(2) 재료의 거동은 선형 탄성, 재질은 균질 등방성, 변형은 미소하다 가정한다.

2) 구조 계산

(1) 반력 : $R_a = -P/3$, $R_b = 4P/3$

(2) 부재력 : M1 = Ra x

M2 = -P x

(3) 변형에너지

$$U = \int_0^L \frac{M1^2}{2EI} dx + \int_0^{L/3} \frac{M2^2}{2EI} dx$$

(4) 카스틸라아노 제2장리

$$\delta = \frac{\partial u}{\partial P} = \frac{4PL^3}{81EI}$$

(5) 강성

$$k = \frac{P}{\delta} = \frac{81EI}{4L^3} = 2.55759 \times 10^6 \text{ N/m}$$

탄성계수 E =2×10^{11} Pa

단면2차모멘트 I = $\frac{0.2 \times 0.5^3}{12} - \frac{(0.2 - 0.01)(0.5 - 2 \times 0.016)^3}{12}$ = 0.00046 m^4

길이 : L = 9 m

(6) 질량

W = 50 kN

m = 50,000/9.8 = 51020.4 kg

(7) 고유진동수

$w_n = \sqrt{\frac{k}{m}}$ = 7.08016 , f = $w_n / (2\pi)$ = 1.12684 Hz

$T = 2\pi / w_n =$ 0.887435 sec

Modal 해석 : Spring Connection Model

1) 프로젝트 설정

① Modal을 클릭하여 Project Schematic에 놓는다.

② Geometry를 연결하여 동일한 모델을 사용한다.

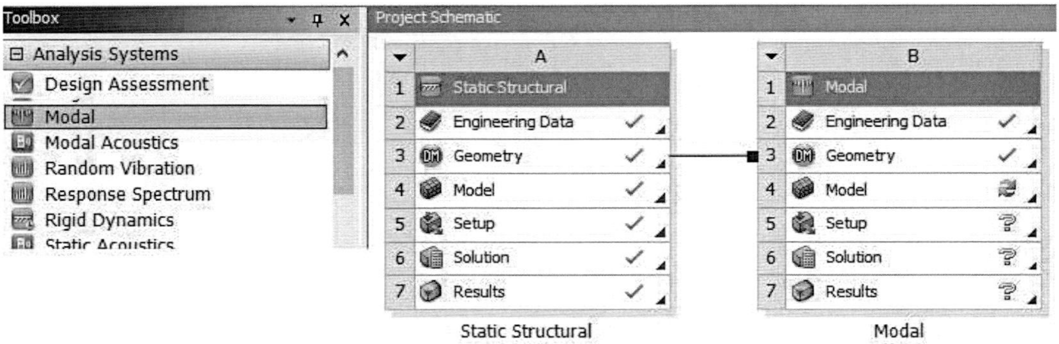

2) 엔지니어링 데이터 정의 : 기본설정 적용

3) 형상 부착 모델 데이터 불러오기(또는 모델 만들기) : 동일모델 적용

4) 부품 동작 정의

(1) 구조해석을 하기 위하여 Mechanical 창을 활성화한다.

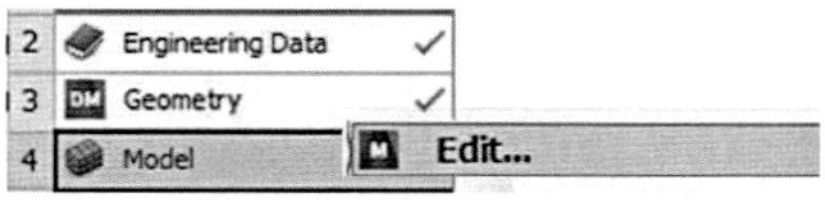

※  F7를 클릭하여 모델을 화면에 나타낸다.

(2) 부품 동작 정의 : 이전 해석과 동일함

5) 좌표계 정의 : 시스템에서 설정한 Global 좌표계를 사용한다.

6) 연결 정의 : 이전 해석과 동일함

7) 메쉬 설정 정의 : 이전 해석과 동일함

8) 분석 설정 정의 : 기본 설정을 적용한다.

9) 구조해석 초기 조건 정의 : 설정 내용 없음.

10) 구조해석 경계 조건 정의

(1) 하중 조건 설정 : 없음

(2) 경계 조건

① Fixed support : 이전 해석과 같음

11) 구조해석 수행하기

12) 구조해석 결과 확인

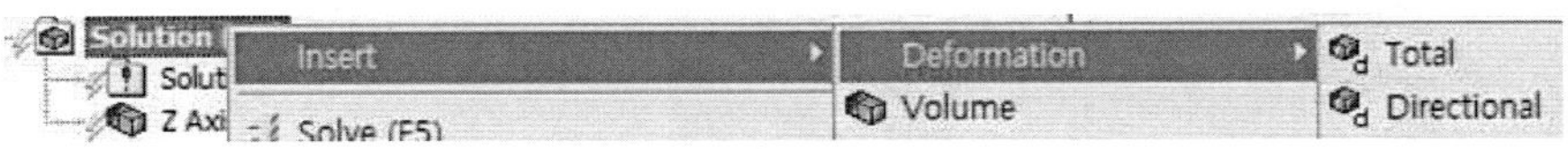

(1) Total Deformation

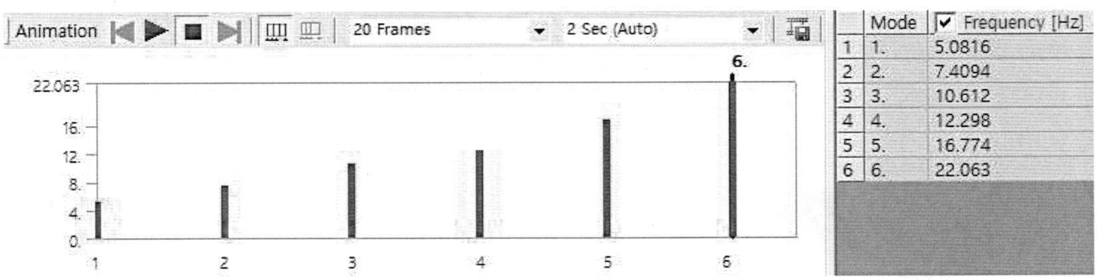

1차 모드 고유진동수 f = 5.0816 Hz

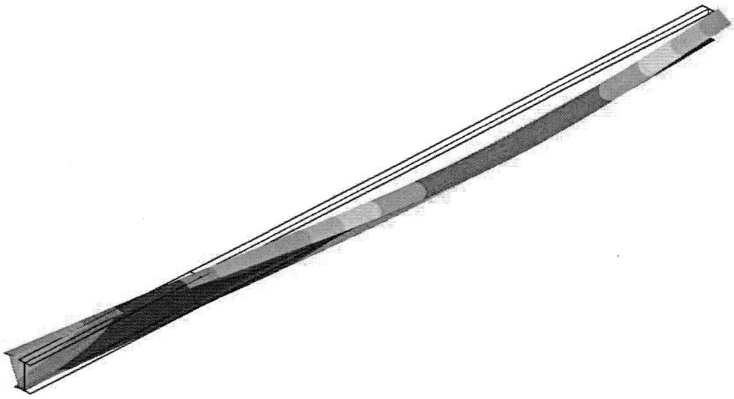

Mode I

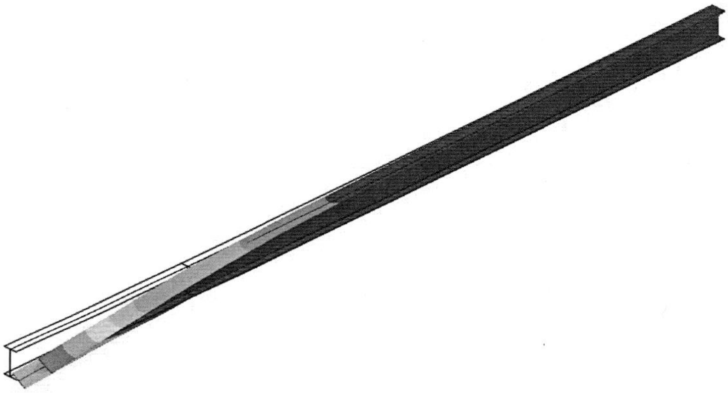

Mode II

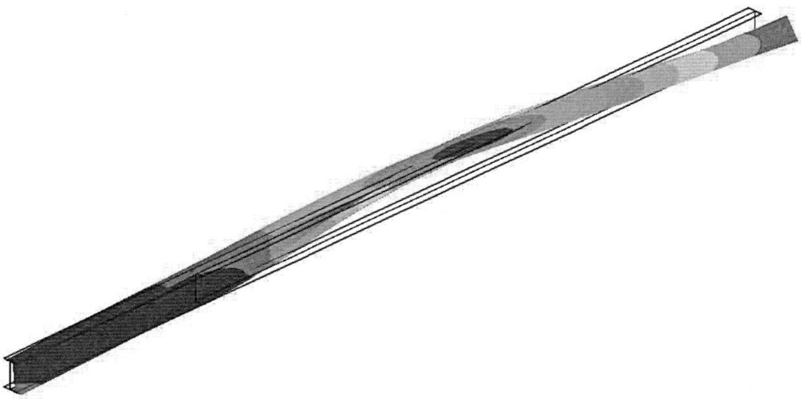

Mode III

2 Daming

2.1 Definition of Damped System

2) 감쇠 단자유도 시스템

단자유도계에 감쇠효과를 고려 하면 감쇠 모형은 다음과 같다.

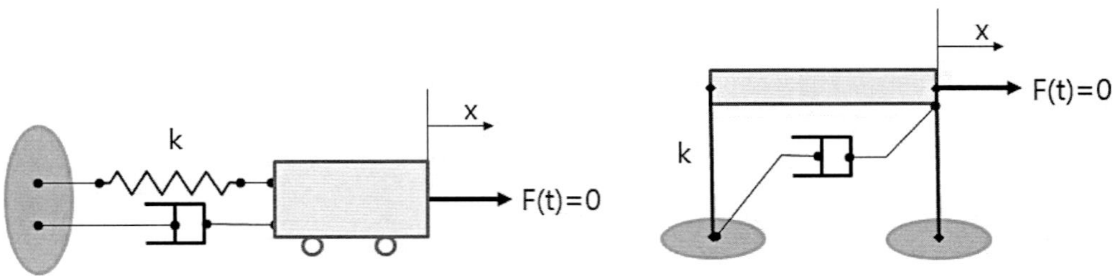

단자유도 감쇠 모형

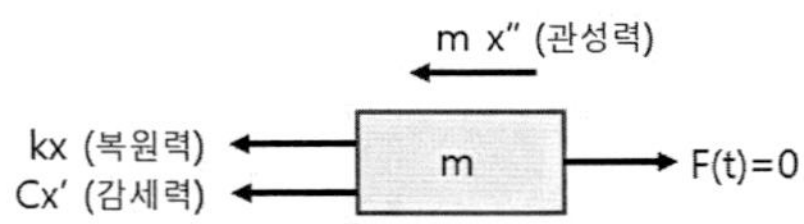

운동방정식

감쇠 모형에 대한 운동방정식은 $mx'' + cx' + kx = F(t) = 0$ 이다.

이 운동방정식의 일반해를 $x = Ae^{\lambda t}$ 로 가정하면, $x' = A\lambda e^{\lambda t}$ 이고

$x'' = A\lambda^2 e^{\lambda t} = \lambda^2 y$ 이므로 $(m\lambda^2 + c\lambda + k)x = 0$ 이 되고, 이것을 풀면

$\lambda = -\frac{c}{2m} \pm \frac{1}{2m}\sqrt{c^2 - 4mk}$ 이다.

위 식에서 $c^2 - 4mk = 0$ 이 되는 c를 임계감쇠상수라 하고 c_{cr}로 표시한다.

감쇠상수 c 와 임계감쇠상수c_{cr} 의 비를 감쇠비 ξ 라고 정의 한다.

즉 $\zeta = \frac{c}{c_{cr}} = \frac{c}{\sqrt{4mk}}$ 이다.

운동방정식은 감쇠의 크기에 따라서 3가지로 거동이 구분된다.

(1) 임계 감쇠

$c = c_{cr}$ 일 때 즉 $\zeta = 1$ 인 경우

$$\lambda = -\frac{c}{2m} = -\frac{\zeta c_{cr}}{2m} = -\frac{\zeta(2mw_n)}{2m} = -\zeta w_n = -w_n$$

$$x = Ae^{\lambda_1 t} + Be^{\lambda_2 t} = Ae^{(-w_n)t} + Be^{(-w_n)t} = e^{-w_n t}(A + Bt)$$

(2) 저감쇠

$c < c_{cr}$ 즉 $\zeta < 1$ 인 경우

$$\lambda_{1,2} = -\frac{c}{2m} \pm \frac{1}{2m}\sqrt{c^2 - 4mk}$$

$$= -\xi w_n \pm \sqrt{(\xi w_n)^2 - w_n^2} = -\xi w_n \pm w_n i\sqrt{1-\xi^2} = -\xi w_n \pm i w_d$$

운동 방정식은

$$x = Ae^{\lambda_1 t} + Be^{\lambda_2 t} = Ae^{(-\xi w_n + iw_d)t} + Be^{(-\xi w_n - iw_d)t} = e^{-\xi w_n t}(Ae^{iw_d t} + Be^{-iw_d t})$$

$$= e^{-\xi w_n t}(A\cos w_d t + B\sin w_d t)$$ 이다.

(3) 과감쇠

$c > c_{cr}$ 즉 $\zeta > 1$ 인 경우

$$\lambda_{1,2} = -\zeta w_n \pm w_n\sqrt{\zeta^2 - 1} = -\zeta w_n \pm w_d$$

운동 방정식은

$$x = Ae^{\lambda_1 t} + Be^{\lambda_2 t} = Ae^{(-\xi w_n + w_d)t} + Be^{(-\xi w_n - w_d)t} = e^{-\xi w_n t}(Ae^{wdt} + Be^{-w_d t})$$ 이다.

2.2 Examples of damped systems

2.2.1 Displacement of cantilever with damping

1. 구조해석 정의

다음과 같은 Cantilever에 주어진 하중이 갑자기 작용시킬 때, 그 응답을 구하시오.
감쇠계수가 0 때 계의 응답(Response)을 구하시오.
단 해당 구조물은 비감쇠 1자유도이다.

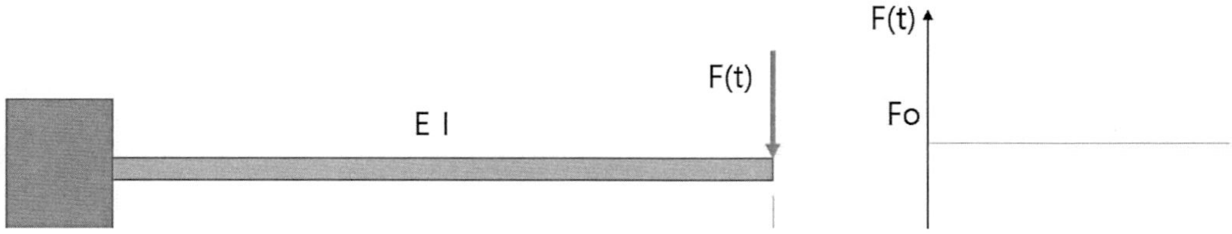

Fo = 10,000 N
구조물의 재질은 Structural steel로 탄성계수는 200GPa 이다. $E=2x10^{11}Pa$
구조물 Beam 40x20x10000, 길이는 1m이다.

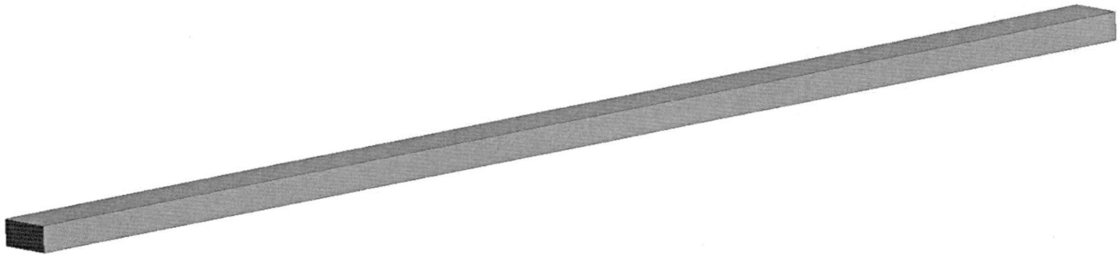

2. 구조해석 목적

- 비감쇠 1자유도계의 진동 변위를 산정한다.
- Beam은 3D Modeling 하여 사용한다.
- 동일 하중이 계속하여 작용한다.
- 진동 주기를 산정한다.

3. 구조해석 절차

Static Structural

1) 정적 구조해석을 수행한다.

(1) Project를 생성한다.

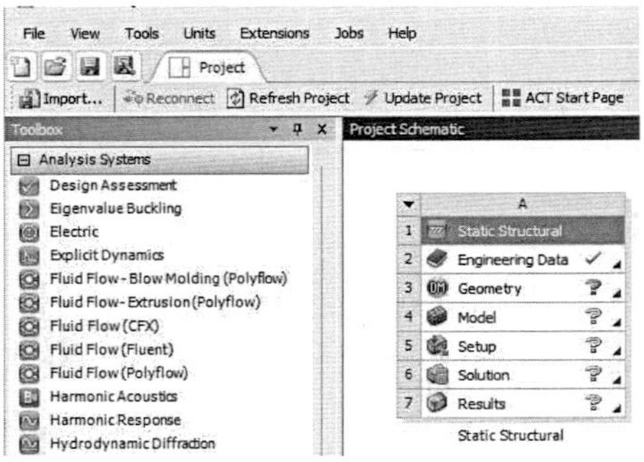

(2) Design Modeler에서 모델을 생성한다.

Details View

Details of Box1	
Box	Box1
Base Plane	XYPlane
Operation	Add Material
Box Type	From One Point and Diagonal
Point 1 Definition	Coordinates
FD3, Point 1 X Coordinate	0 mm
FD4, Point 1 Y Coordinate	0 mm
FD5, Point 1 Z Coordinate	0 mm
Diagonal Definition	Components
FD6, Diagonal X Component	40 mm
FD7, Diagonal Y Component	20 mm
FD8, Diagonal Z Component	1000 mm
As Thin/Surface?	No

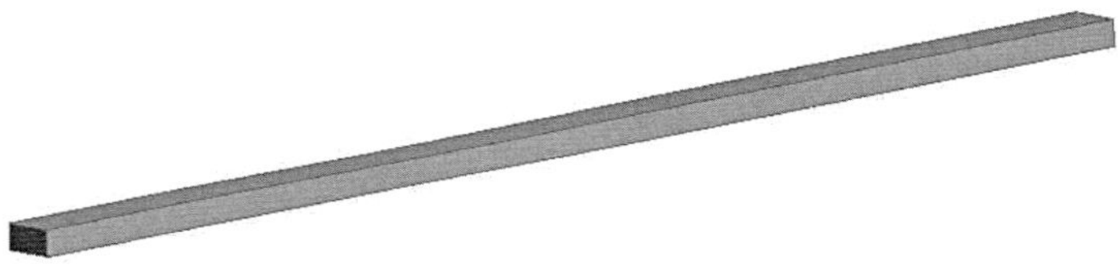

(3) 메쉬 설정 정의

메쉬 사이즈 : 10mm

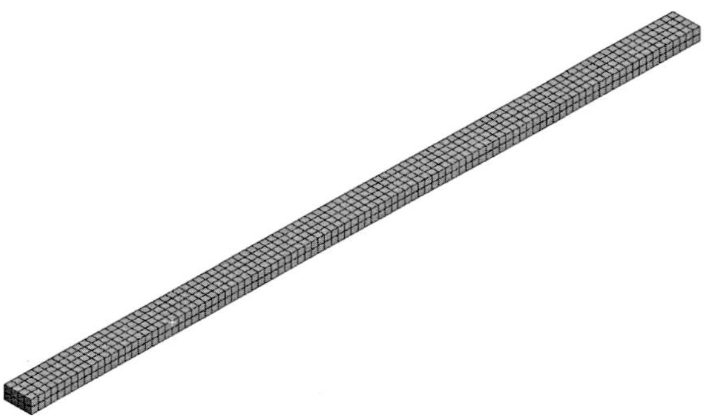

(4) 구조해석 경계 조건 정의

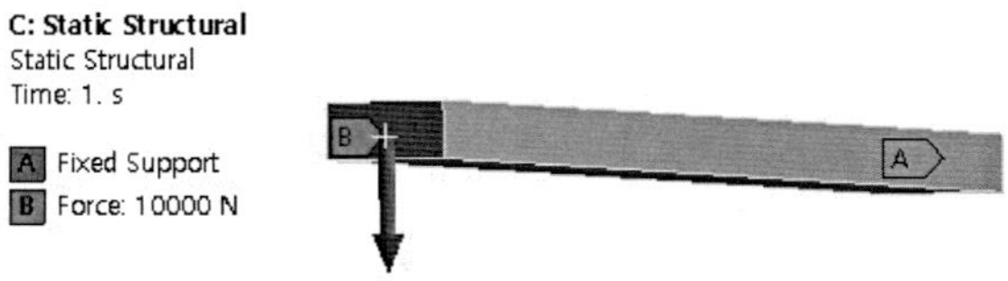

(5) 구조해석하기

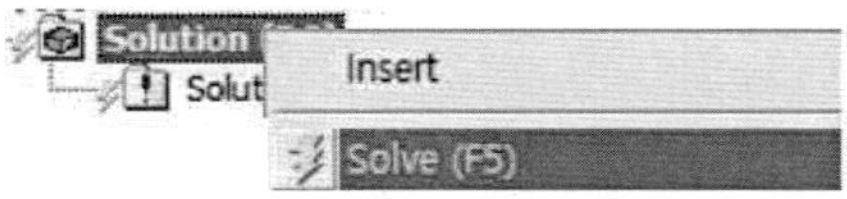

(6) 구조해석 결과 확인

① Total Deformation을 검토한다.

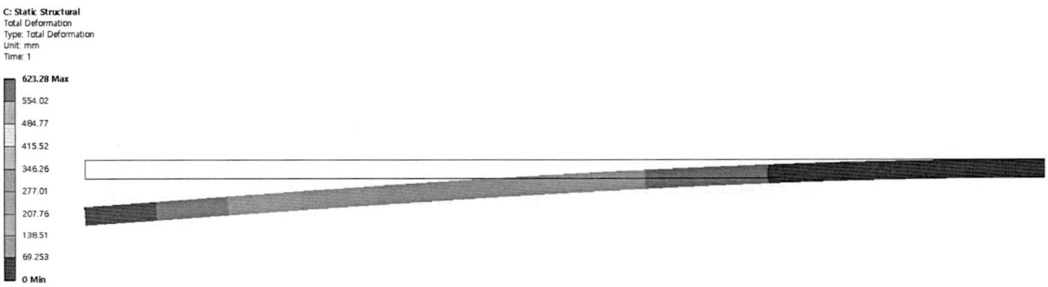

최대 변위는 623.8mm이다.

Modal analysis

(1) Workbench의 Tool Box에서 “Modal”을 드래그하여 Project Schematic의 Modal에 Engineering Data, Geometry, Modal 위에 올려놓는다.

(2) Project 이름 변경 :

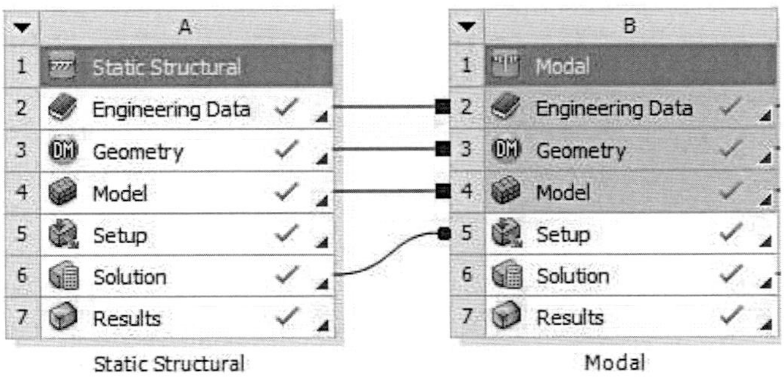

(3) Mode Analysis 결과

view ports를 사용하며 4개의 고유진동수를 도시한다.

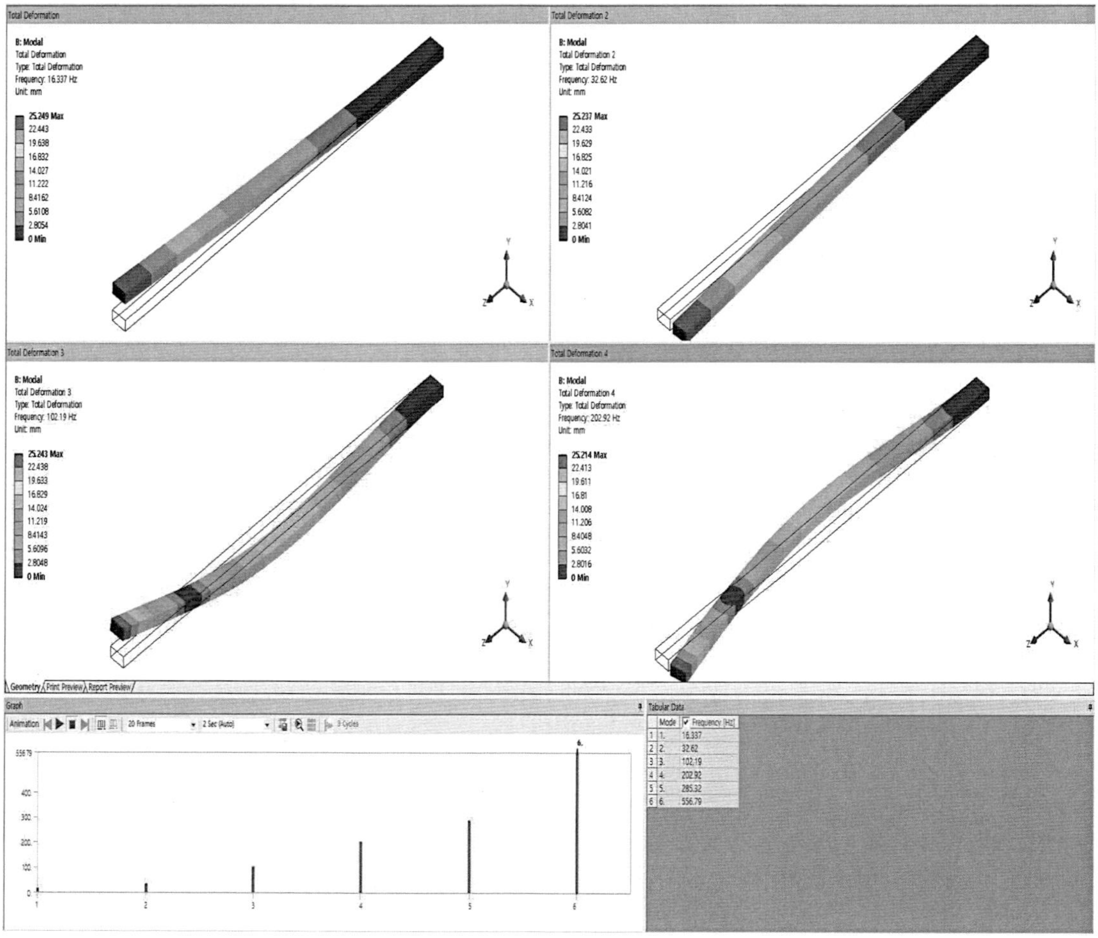

외팔보의 고유진동수는 16.3Hz, 32.6Hz, 102.19Hz, 202.92이다.

LS-DYNA Dynamic Analysis

1) 프로젝트 설정

① workbench에서 LSDYNA를 사용할 수 있도록 Extensions Manager에서 설정한다.

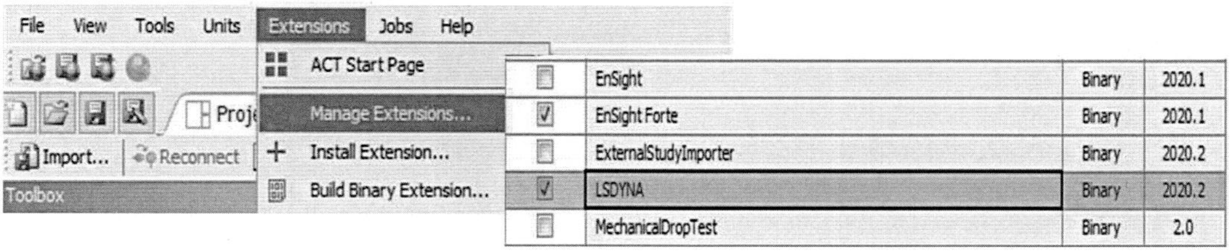

② workbench에서 LS-DYNA를 드래그(또는 더블클릭) 한다.

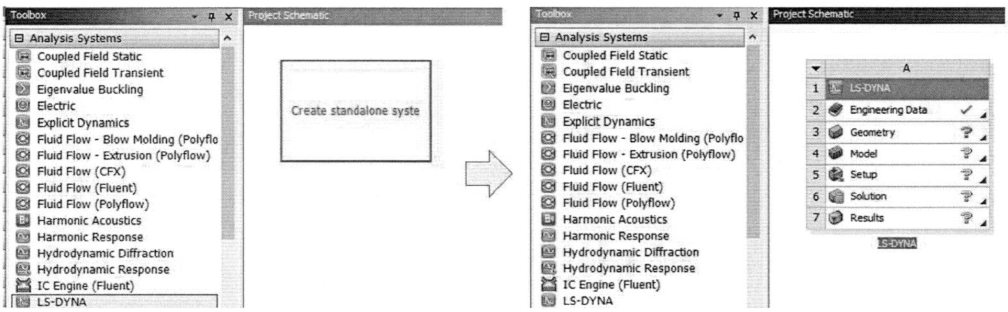

2) 엔지니어링 데이터 정의

기본 설정인 Structural steel을 적용한다.

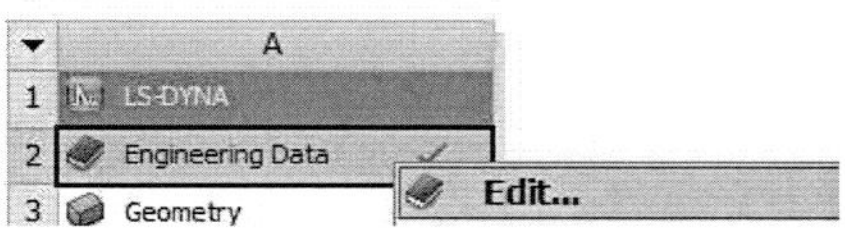

① Engineering Data Source를 클릭한다.

② Structural steel의 물성을 확인한다.

③ Project schematic으로 돌아간다.

3) 형상 부착 모델 데이터 불러오기(또는 모델 만들기)

해석 모델은 SpaceClaim, DesingModeler를 사용하여 디자인한다.

또는 다른 소프트웨어서 디자인한 모델을 stp, IGES 등의 파일 형식으로 Import Geometry를 사용하여 가져온다.

① Geometry > Import Geometry에서 파일을 가져온다.

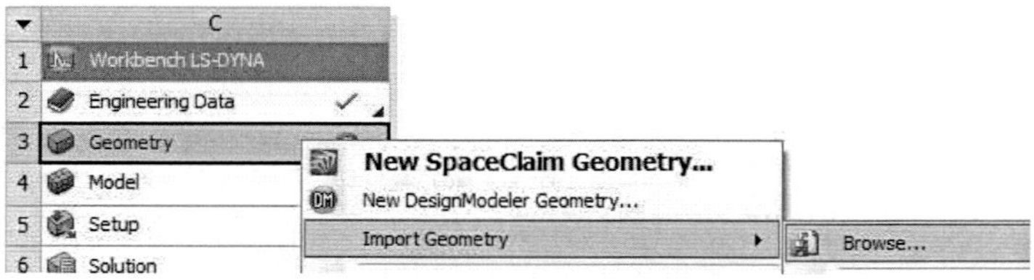

② 또는 Design Modeler에서 생성한다.

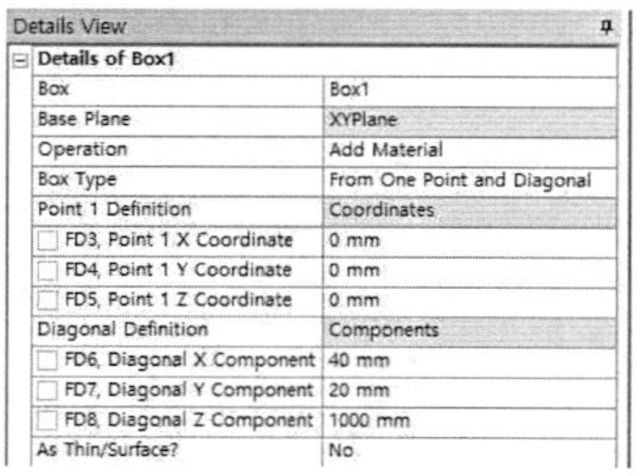

Details View

Details of Box1	
Box	Box1
Base Plane	XYPlane
Operation	Add Material
Box Type	From One Point and Diagonal
Point 1 Definition	Coordinates
FD3, Point 1 X Coordinate	0 mm
FD4, Point 1 Y Coordinate	0 mm
FD5, Point 1 Z Coordinate	0 mm
Diagonal Definition	Components
FD6, Diagonal X Component	40 mm
FD7, Diagonal Y Component	20 mm
FD8, Diagonal Z Component	1000 mm
As Thin/Surface?	No

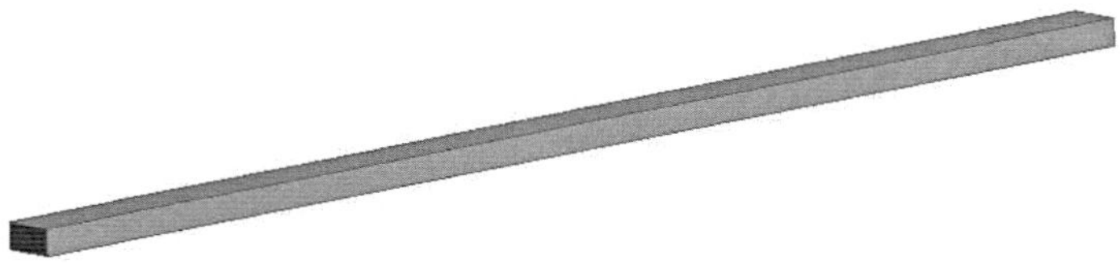

4) 부품 동작 정의

(1) 구조해석을 하기 위하여 Mechanical 창을 활성화한다.

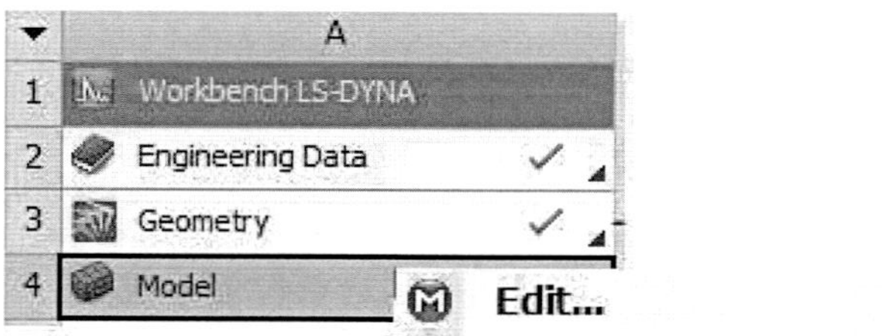

※ 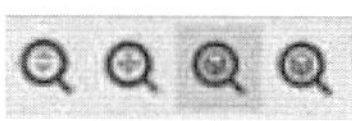 F7를 클릭하여 모델을 화면에 나타낸다.

(2) 부품 동작 정의에서 부품 동작에 대한 정보를 정의한다.

① solid는 Stiffness Behavior를 flexible로, 재질은 Structural steel로 설정한다.

5) 좌표계 정의

시스템에서 설정한 Global 좌표계를 사용한다.

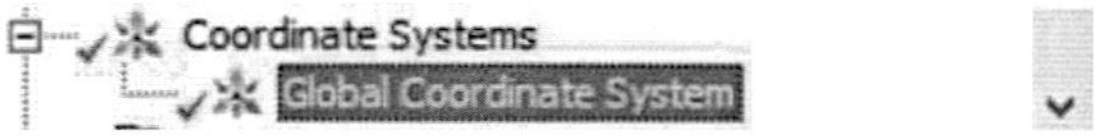

6) 연결 정의 : 연결 내용 없음

7) 메쉬 설정 정의

① 메쉬 크기는 자동설정으로 하고 메쉬의 형상을 변경하기 위하여 Method를 사용한다.

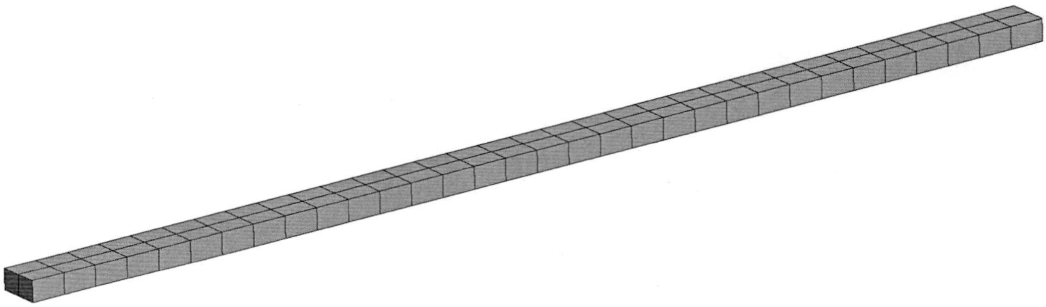

8) LS-DYNA 분석 설정 정의

Analysis Setting에서 분석 설정에 대한 정보를 찾을 수 있습니다.

솔버 제어(Solver Controls)에서 솔버 정밀도(Solver Precision)를 단일 또는 이중(Double)으로 설정하거나 프로그램 제어로 둘 수 있습니다.

① LS-DYNA에서는 End Time만 필수 입력 정보이다. 0.4sec으로 설정한다.

② Hourglass Controls는 기본 설정으로 한다.

③ Output Controls에서는 계산 결과 데이터가 200개 산출되도록 설정한다.

Calculate Results At : Equally Spaced Points --- Value = 200

④ Damping Controls : Global Damping, Magnitude 0

Details of "Analysis Settings"	
⊟ **Step Controls**	
End Time	0.4
Time Step Safety Factor	0.9
Maximum Number Of Cycles	10000000
Automatic Mass Scaling	No
⊞ **CPU and Memory Management**	
⊞ **Solver Controls**	
⊞ **Initial Velocities**	
⊟ **Damping Controls**	
Global Damping	No
⊞ **Hourglass Controls**	
⊞ **ALE Controls**	
⊞ **Joint Controls**	
⊞ **Composite Controls**	
⊟ **Output Controls**	
Output Format	Program Contr...
Binary File Size Scale Factor	70
Stress	Yes
Strain	No
Plastic Strain	Yes
Calculate Results At	Equally Spaced...
--- Value	200

9) 구조해석 초기 조건 정의 : 설정값 없음

10) 구조해석 경계 조건 정의

(1) 하중 조건 설정

① Force

Details of "Force"	
⊟ **Scope**	
Scoping Method	Geometry Selection
Geometry	1 Face
⊟ **Definition**	
Type	Force
Define By	Components
Coordinate System	Global Coordinate System
X Component	Tabular Data
Y Component	-10000 N (step applied)
Z Component	Tabular Data
Suppressed	No

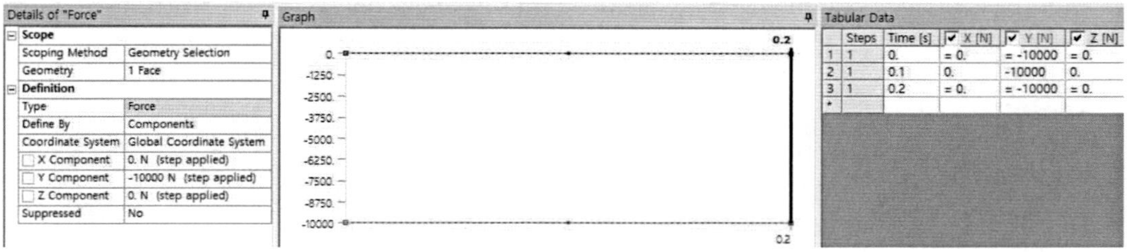

(2) 구조물의 변위 구속조건 설정

① Fixed support

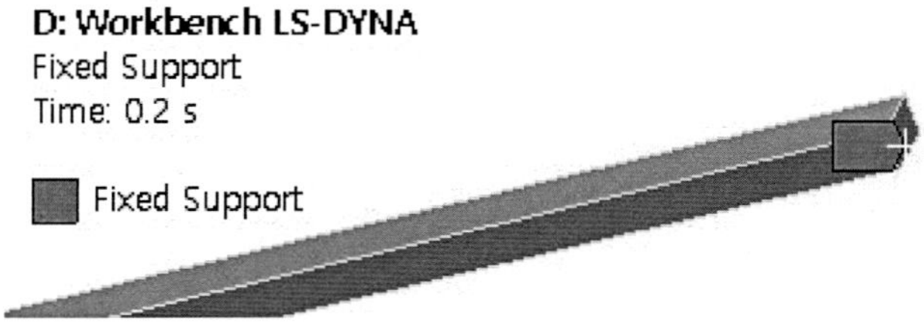

11) 구조해석 수행하기

경계 조건이 설정이 완료되면 구조해석을 수행한다. Solve 클릭하여 해석한다.

(1) 해석 소요 시간

Elapsed time 12 seconds for 140007 cycles using 1 SMP thread
(0 hour 0 minute 12 seconds)

12) 구조해석 결과 확인

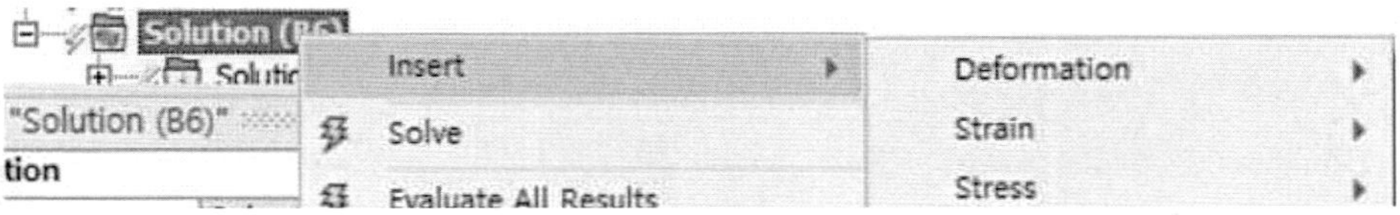

Solution에서 Deformation, Strain, Stress 등의 해석 결과를 불러온다.

정적 구조해석 최대 변위는 623.8mm이다.

모드해석 고유진동수는 16.3Hz, 32.6Hz, 102.19Hz, 202.92이다.

(1) Total Deformation을 검토한다.

Directional Deformation Y-direction

주기 0.05998 sec, 고유진동수 16.6872Hz

최대 처짐 893.52mm, (평균 446.76 mm)

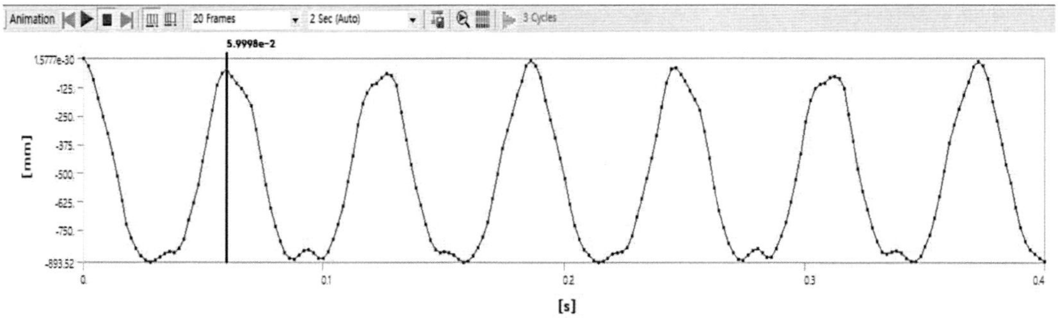

(2) Equivalent Stress를 검토한다.

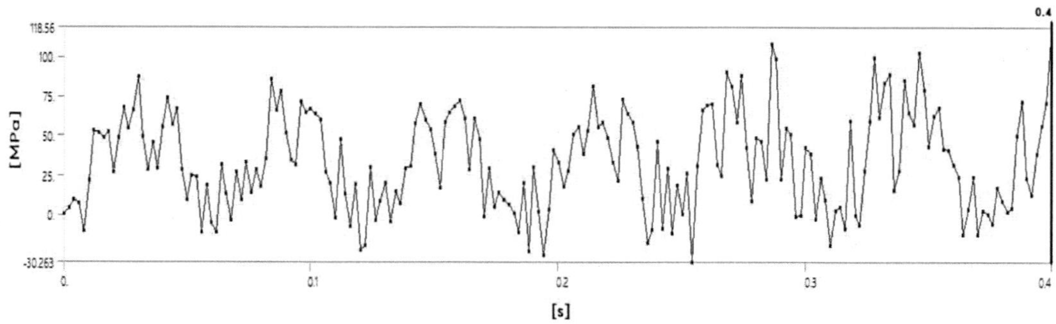

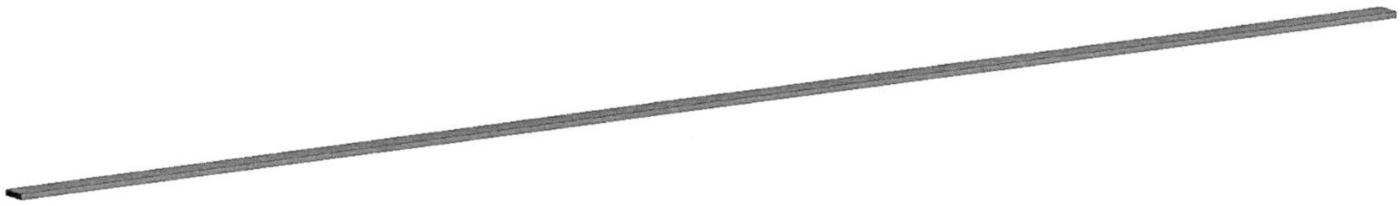

Change Analysis Setting : Damping Controls

Global Damping : ON

Magnitude : 0.0

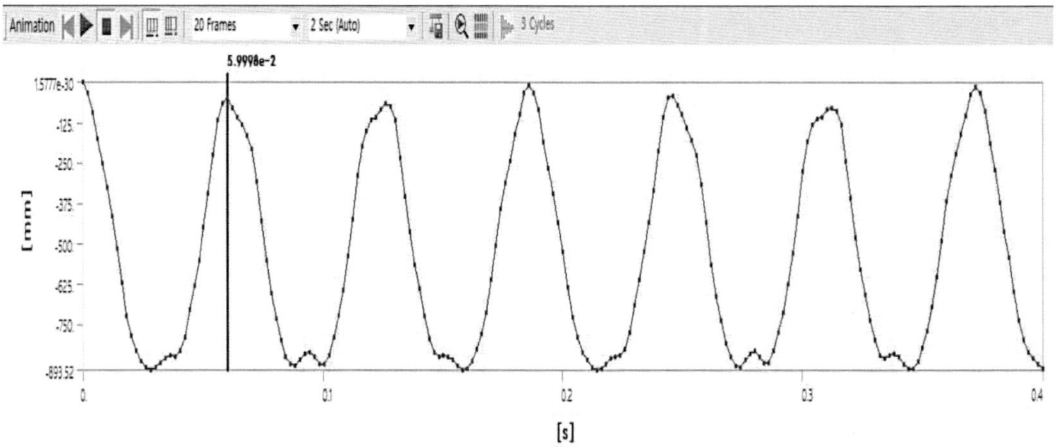

Global Damping : ON

Magnitude : 0.1

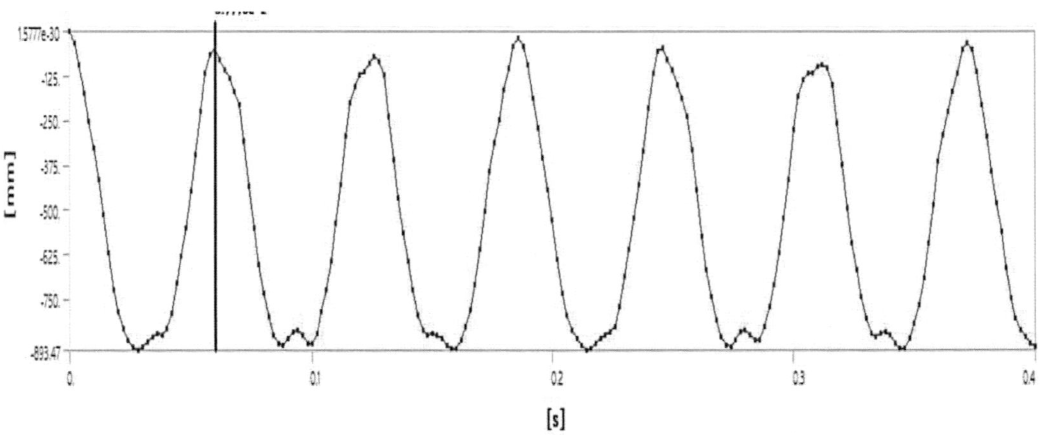

Global Damping : ON

Magnitude : 1

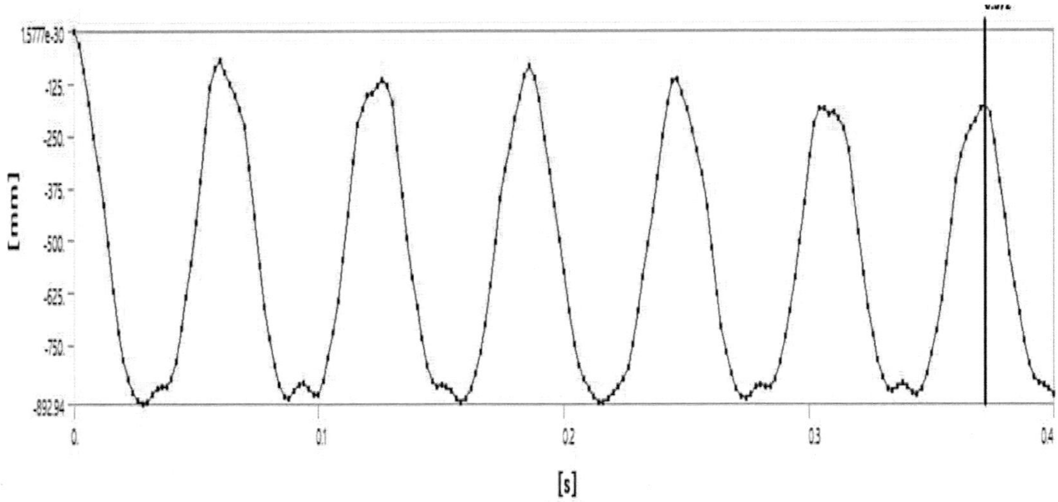

Global Damping : ON

Magnitude : 10

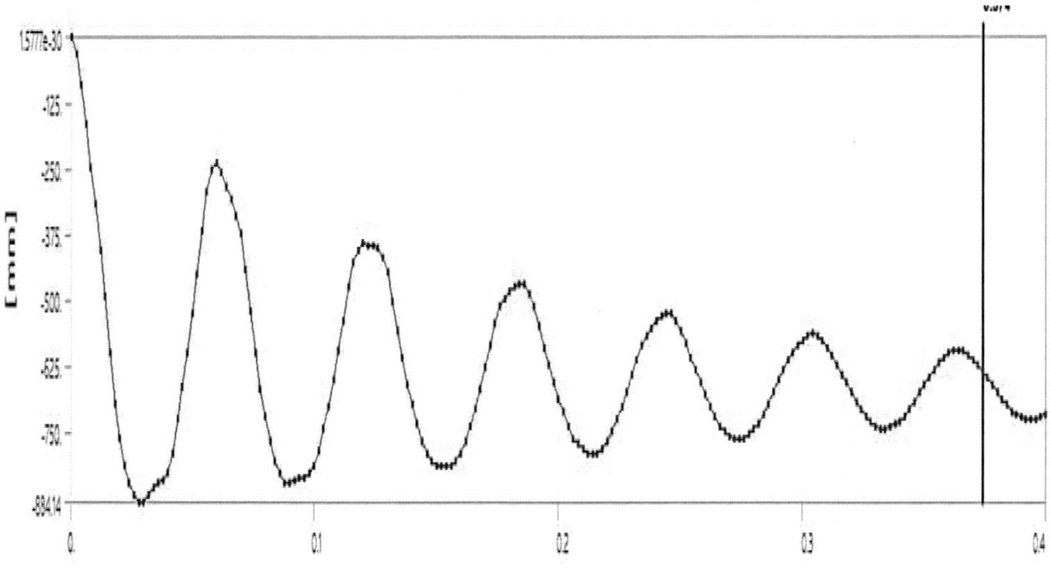

Global Damping : ON

Magnitude : 20

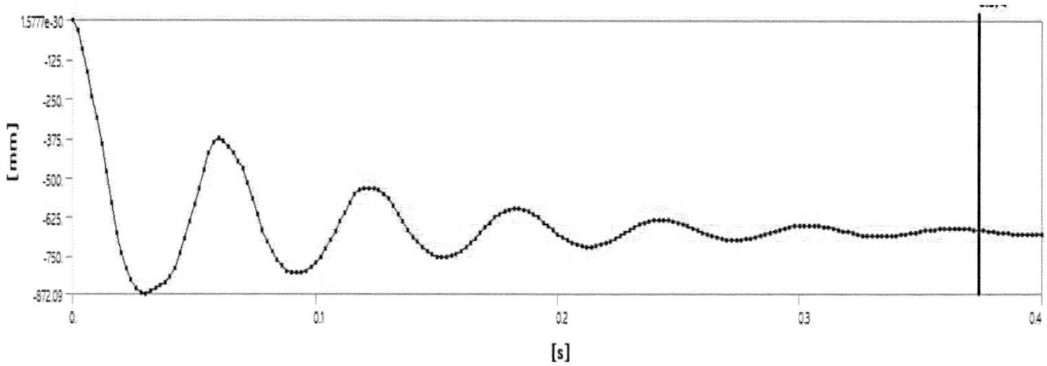

Global Damping : ON

Magnitude : 30

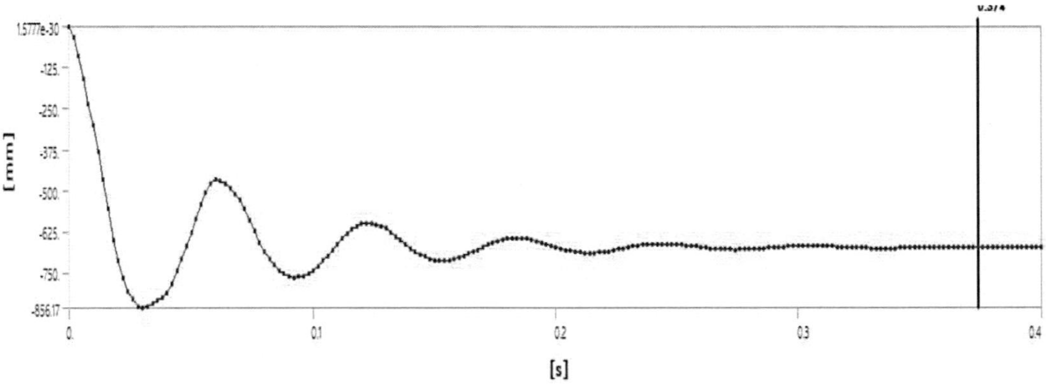

Global Damping : ON

Magnitude : 40

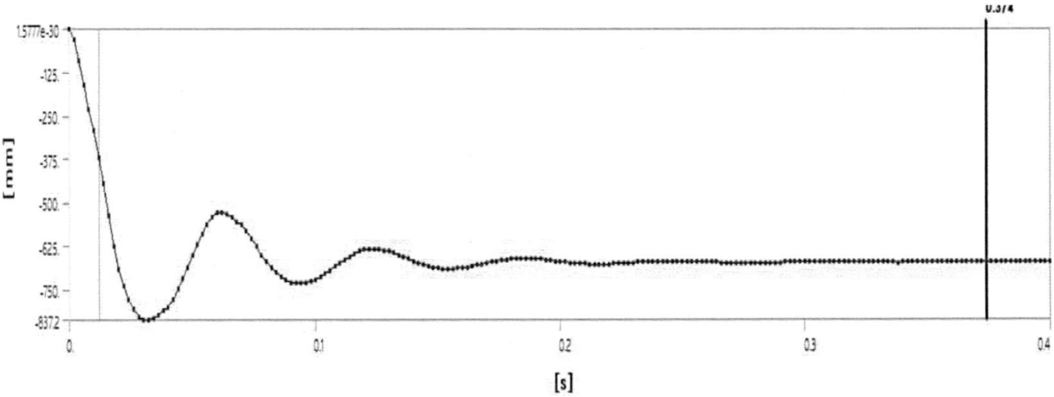

2.2.2 1자유도계 감쇠진동

질량 20kg, 감쇠 50Ns/m, 강성 8000 N/m일 때 감쇠 고유 진동수를 구하시오.
초기조건 x_o일 때 30mm, 초기속도 0 일 때 변위 응답을 구하시오.

(1) 비감쇠 고유진동수 $w_D = \sqrt{k/m} = \sqrt{8000/20} = 20\,rad/s$

감쇠계수 $\zeta = c/\sqrt{4mk} = 50/\sqrt{4\times 20\times 8000}$ = 0.0625

감쇠고유진동수 $w_D = w_n\sqrt{1-\zeta^2} = 20\sqrt{1-0.0625^2} = 19.96\,rad/s$

(2) $x(0) = 30mm,\ x'(0) = 0$

$$x(t) = e^{-\zeta w_n t}\left(x_o \cos w_d t + \frac{v_o + \zeta w_n x_o}{w_d}\sin w_d t\right)$$

$$x(t) = e^{-0.0625(20)t}\left(0.03\cos 19.96t + \frac{0+0.0625(20)0.03}{19.96}\sin 19.96t\right)$$

$$= e^{-1.25t}(0.03\cos 19.96t + 0.0019\sin 19.96t)$$

3 Modal Analysis

3.1 Overview of Modal Analysis

1) 모드 해석(modal analysis) 정의 5)

모드 해석은 무한 개의 자유도를 갖는 연속체(continuous system)를 유한 개의 자유도를 갖는 수학적 모델로 기술하여 실험적 또는 해석적으로 그 동역학계의 고유 진동수, 모드 형상, 고유 벡터, 감쇠비 등을 구하는 방법론을 말한다. 일반적으로 진동 모드 해석은 대상 모델의 고유 진동수와 모드 형상을 구하기 위해 수행한다.

(1) 고유 진동수(natural frequency)

유한개의 자유도를 갖는 특정 시스템은 형상 및 물성에 따른 고유 진동수를 갖고 있다. 자유도에 따라 여러 개의 고유 진동수를 구할 수 있다.

(2) 모드 형상(mode shape)

모드 형상은 각 모드에 해당하는 계의 공간적인 운동 형상을 나타내며 고유 진동수와 항상 묶음(set)로 구해진다. 따라서 모드 형상을 고유 모드 형상이라 부르기도 한다. 일반적으로 계가 어떠한 모드에서 물리적으로 진동하는 모양에 대해서 관심이 있을 때 사용한다.

5) NCS학습모듈 진동/소음해석 페이지 34

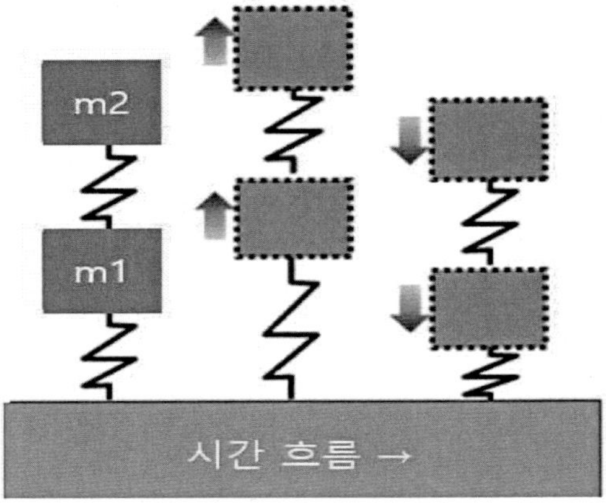

Mode 1

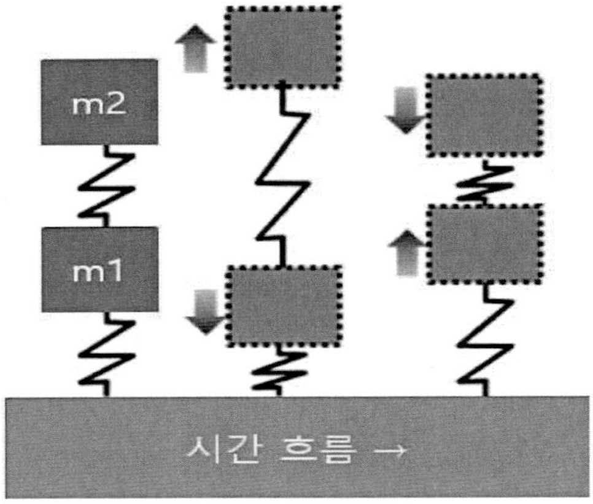

Mode 2

자유도 고유모드 형상

2) 조화 해석(harmonic analysis)

시스템에 일정 주파수를 갖는 조화 가진(harmonic excitation) 이 입력될 경우, 충분한 시간이 지나 정상 상태(steady state)에 도달한 이후의 입출력 관계를 분석할 수 있다. 일반적으로 주파수별 전달 함수를 측정하거나 계산할 수 있으며, 이를 주파수 응답 함수(FRF: frequency response fuction)라고 한다.
후조화 가진이 고유진동의 영향에 따른 대상 모델 입출력 비교.
예) 시간이 충분히 지났을 때, 측정 부위의 진폭의 변화를 확인하고 싶을 경우
예) 질량-스프링으로 구성된 시스템의 전단율(transmissiblity) 확인하고 싶은 경우.
* 전달율값은은 시스템의 고유 진동수의 영향을 받는다.

3) 과도 해석(transient analysis)

시스템의 동특성 해석 시 정상 상태(steady state)에 도달한 이후의 입력 및 출력 관계를 분석하는 정상 상태 해석(steady state analysis)에 대하여, 정상 상태 이전의 입력 및 출력 관계를 분석하는 작업을 과도 해석이라 한다. 정상 상태에서 계의 출력은 외력과 계 자체 특성이 지배적으로 나타나지만 과동 상태에서는 자체의 특성뿐만 아니라 초기 조건에 의한 영향이 함께 나타난다.
충격(impulse)에 따른 반응 확인과 같이, 가진에 따른 짧은 시간 후의 측정 부위 진

폭의 변화를 확인하고 싶은 경우 출력 결과는 입력 함수 종류에 따른 영향이 크다.

4) 진동 해석 수행 절차

본 학습에서는 모드 해석과 조화 해석에 대한 수행 절차를 설명한다. [그림 2-7]에 나타난 해석 수행 절차는 두 가지 해석 수행의 기본 절차 및 결과물을 도식적으로 나타낸 것이다.

[그림 2-7] 진동 해석 수행 절차

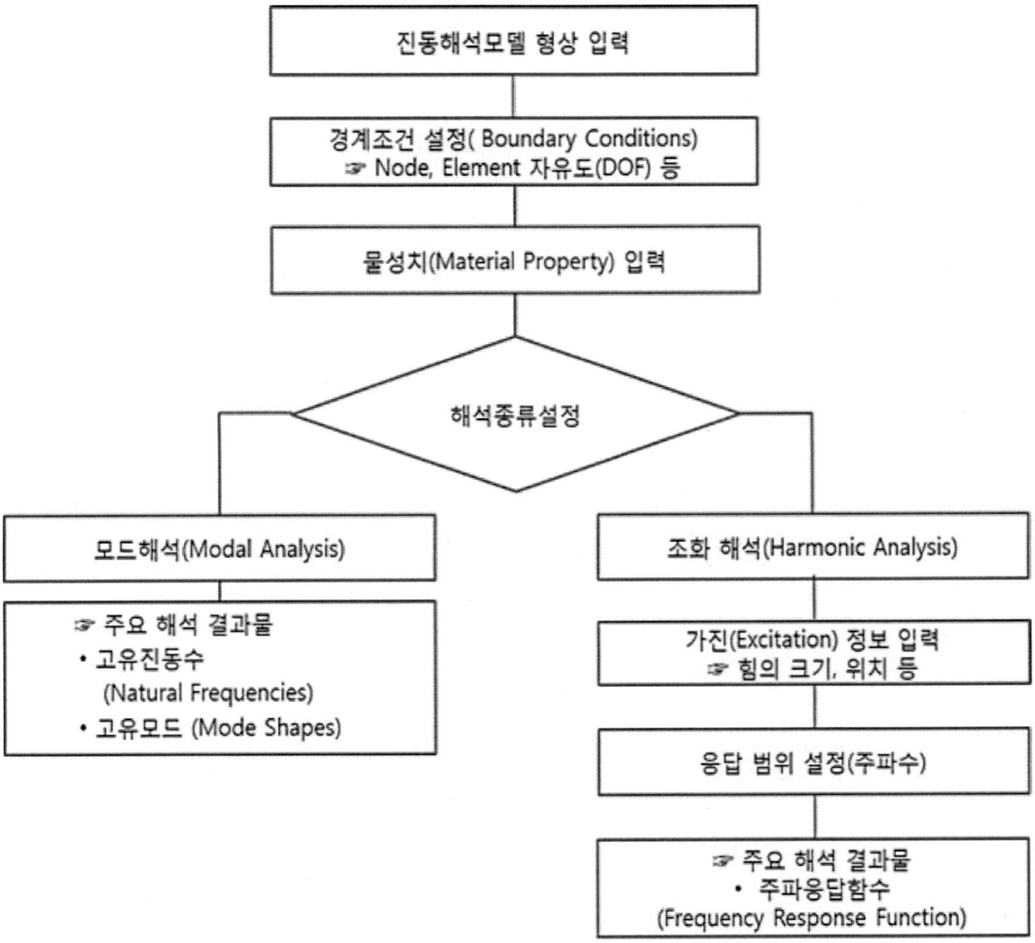

3.2 Examples of Modal Analysis

3.2.1 Lamel frame natural frequency

한 변의 길이가 220mm인 되어 있는 정사각형 골조의 라멘구조의 강성(k)을 구하시오. 보의 무게는 2000kg이고 기둥의 탄성계수 E는 200GPa이다.

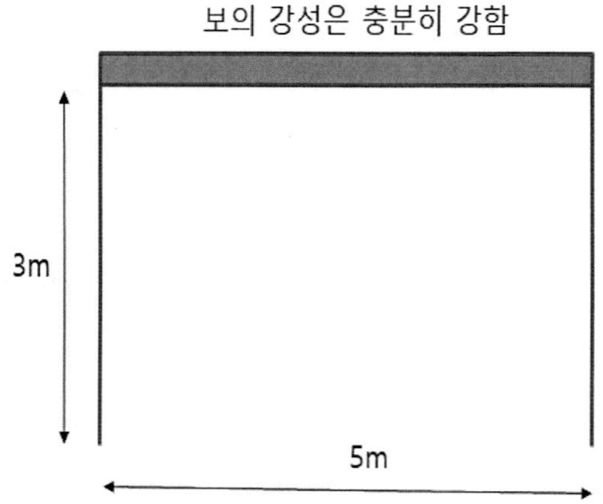

A. Workbench 해석

A) 구조해석

(1) 모델을 불러오고 Static structural로 진입한다.

모델은 Line body로 모델링한다.

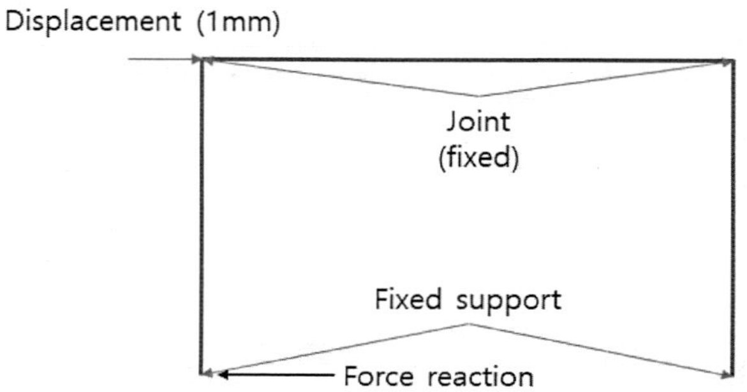

(2) 재질 선택

Structural steel을 복사하여 rigid를 만들고 탄성계수를 크게 하고 밀도는 작게 한다.

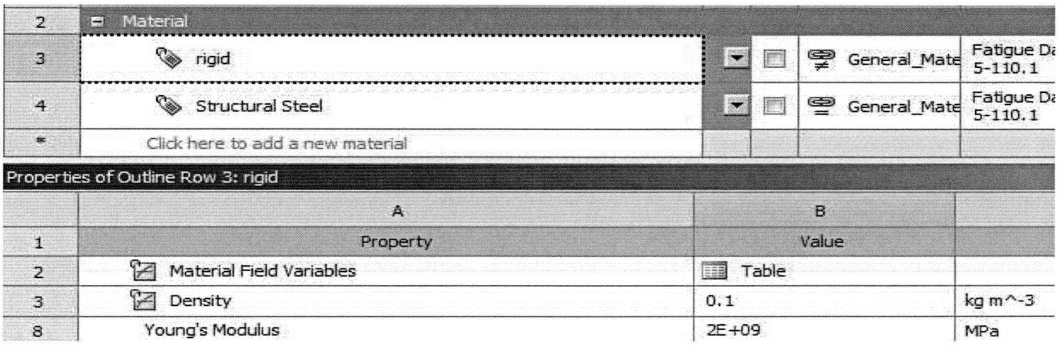

(2) 모델 이름변경과 재질 설정

column1, column2 는 structural steel로 설정하고, beam은 rigid로 설정한다.

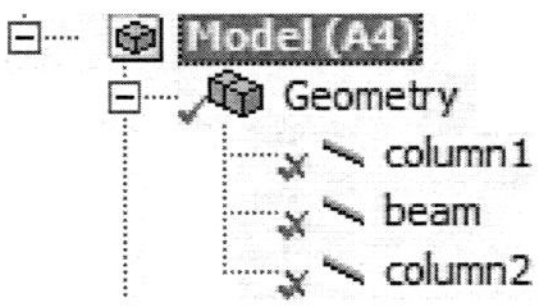

(3) Connection

column과 beam 사이에 Fixed Joint로 연결한다.

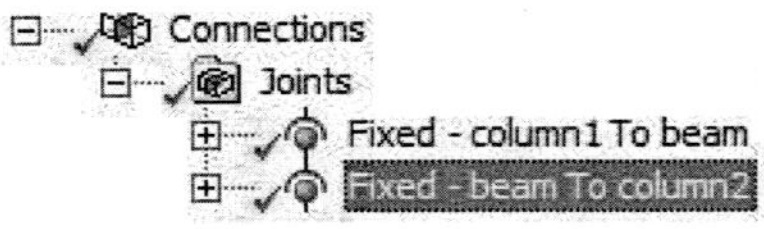

Details of "Fixed - beam To column2"

Definition	
Connection Type	Body-Body
Type	Fixed
Solver Element Type	Program Controlled
Suppressed	No
Element APDL Name	
Reference	
Scoping Method	Geometry Selection
Applied By	Remote Attachment
Scope	1 Vertex
Body	beam
Coordinate System	Reference Coordinate System
Pinball Region	All
Mobile	
Scoping Method	Geometry Selection
Applied By	Remote Attachment
Scope	1 Vertex
Body	column2
Initial Position	Unchanged

(4) 경계조건

① Fixed support로 column의 하단을 고정한다.

② Displacement를 column과 beam의 부분에 설정한다.

단위 변위 1mm가 변할 때 구조물에 걸리는 하중이 등가 스프링 상수가 된다.

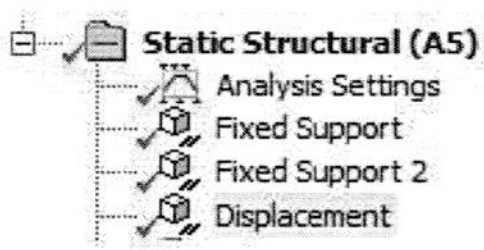

Details of "Displacement"

Scope	
Scoping Method	Geometry Selection
Geometry	1 Vertex
Definition	
Type	Displacement
Define By	Components
Coordinate System	Global Coordinate System
X Component	1. mm (ramped)
Y Component	0. mm (ramped)
Z Component	0. mm (ramped)
Suppressed	No

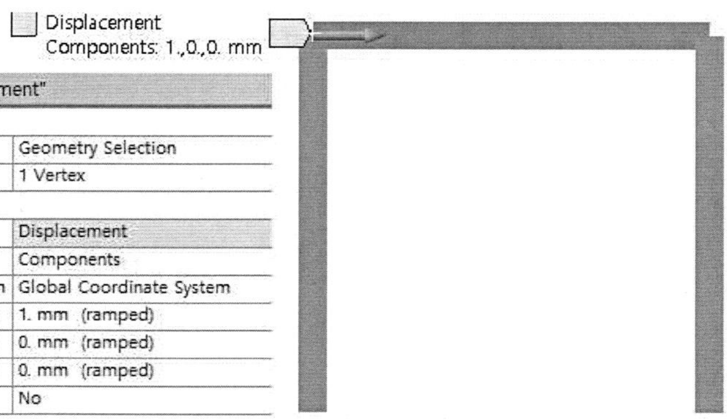

(5) 결과 확인

Fixed support의 Reaction force가 단위 길이 증가할 때의 하중이므로 스프링상수가 된다.

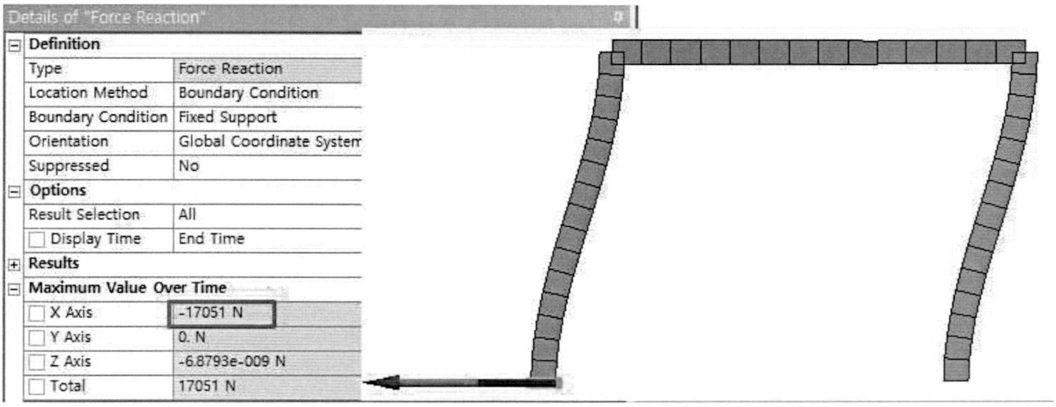

따라서 전체 구조물의 강성은 2x17051 = 34102 N/mm 이다.

(6) 고찰

이론 34704.5 N/mm 이므로 1.7% 차이가 있다.

beam의 강성이 structural steel로 설정되면 아래와 같이 변위가 발생하므로 구조물의 강성이 변하기 된다.

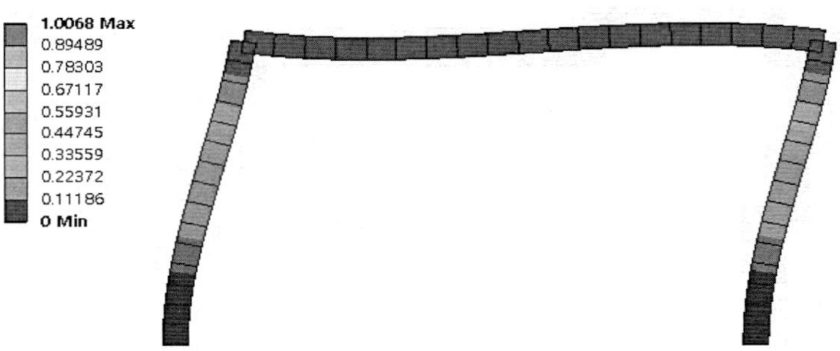

B. Modal 해석

(1) Modal 해석 도구

① workbench에서 menu의 modal을 Drag하여 Static structural에 올려놓는다.

② Modal의 Setup을 더블클릭하여 Modal 해석도구를 불러온다.

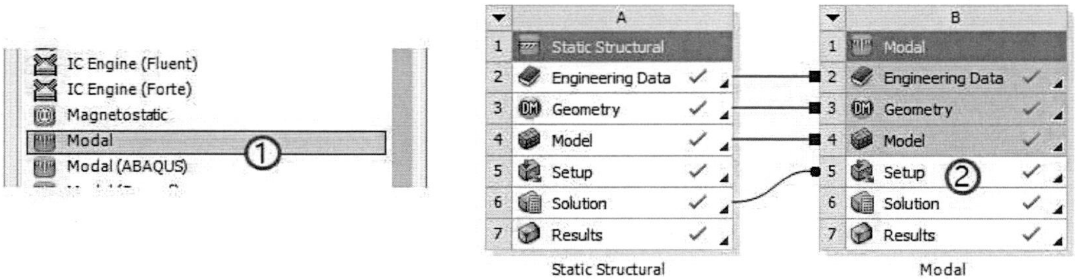

(2) Point Mass 설정

① point Mass를 실행한다.

② beam을 선택하고 질량을 입력한다.

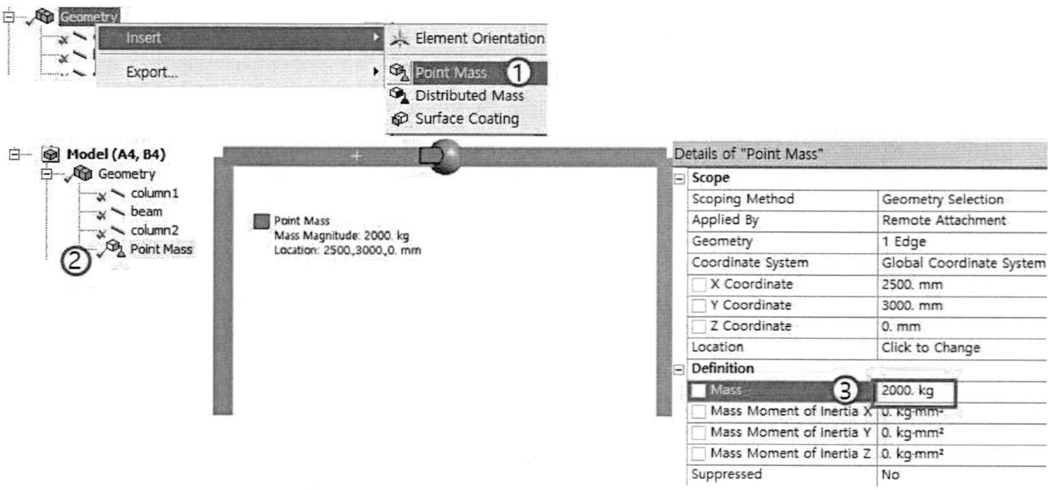

(3) Total deformation을 설정한다.

Total deformation을 삽입하고, mode를 설정한다.

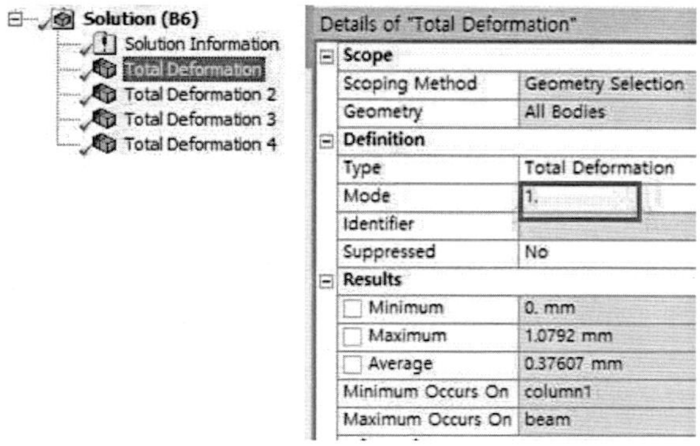

(4) 모드해석결과

① 1차 주기는 18.387Hz에서 발생한다.

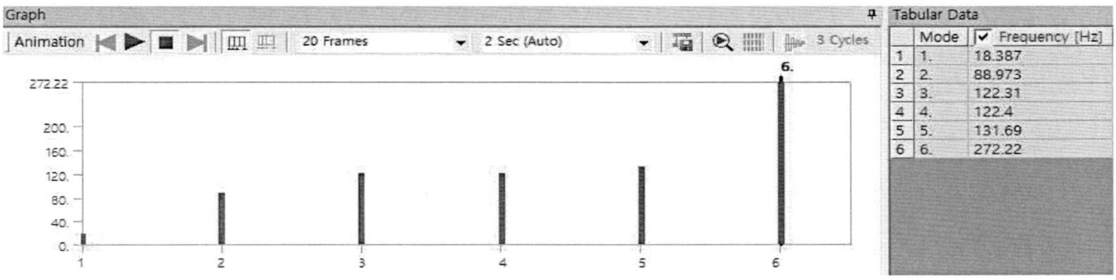

② 모드형상은 다음과 같다.

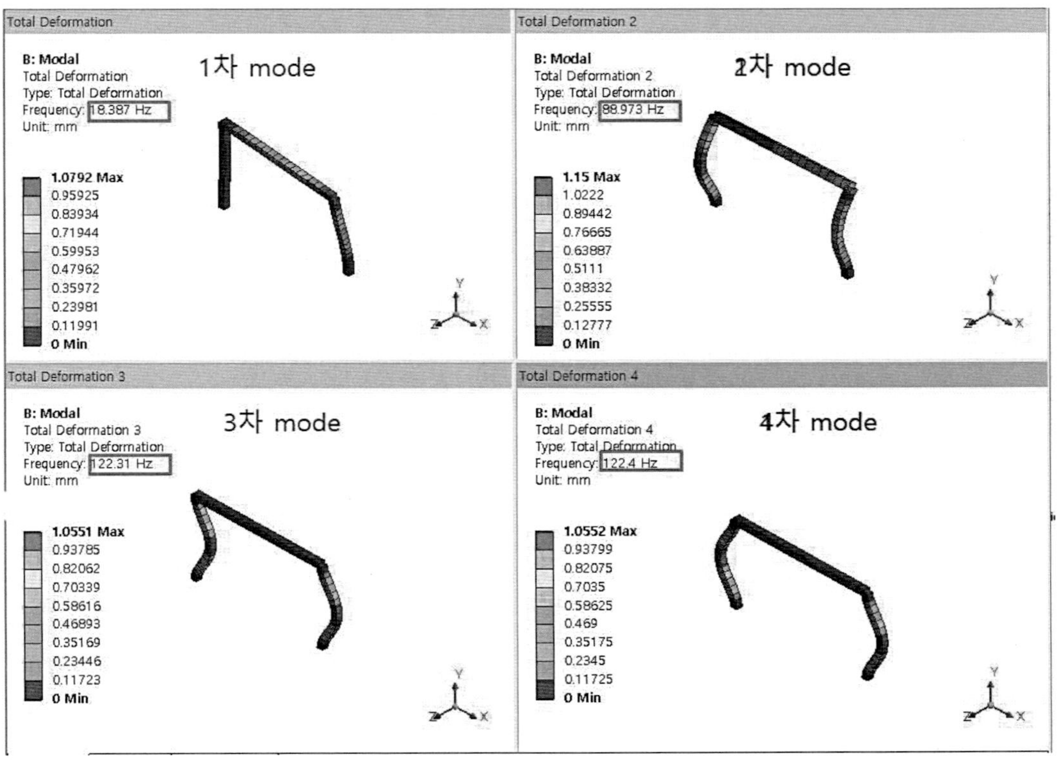

C. 이론적 계산

구조물 1개의 강성 k=12EI/L^3 = $\frac{12(200000)(1.95213\times10^8)}{3000^3} = 17352.3\,N/mm$

구조물 전체의 강성 $k_e = 2k = 34704.5N/mm$

구조물의 고유 진동수 $f = \frac{1}{2\pi}\sqrt{\frac{k_e}{M}} = \frac{1}{2\pi}\sqrt{\frac{34704.5\times10^3}{2000}} = 20.9652\,Hz$

3.2.2 Natural frequency of single-open explosion-proof door

Single Blast Door의 고유진동수를 계산하고자 한다. Single Blast Door의 힌지와 장금장치에 적확한 경계조건 부여하여 구하시오. 장금 장지는 문이 열리지 않도록 힌지를 중심으로 문이 회전하는 것을 방지한다. 다음 조건에 대하여 고유진동수를 구하시오,

(1) 재질이 Structural steel 일 때 (2) 재질이 Concrete일 때

1. 원형모델

2. 해석결과

고유진동수 비교

Mode	(1) Steel	(2) Concrete
1	122	88
2	168	118
3	262	190
4	268	197
5	300	213
6	324	234

모드 형상은 재질에 따라 변화가 없지만, 고유진동수는 콘크리트가 28% 낮아진 것을

확인할 수 있다.

(1) 재질이 Structural Steel인 경우

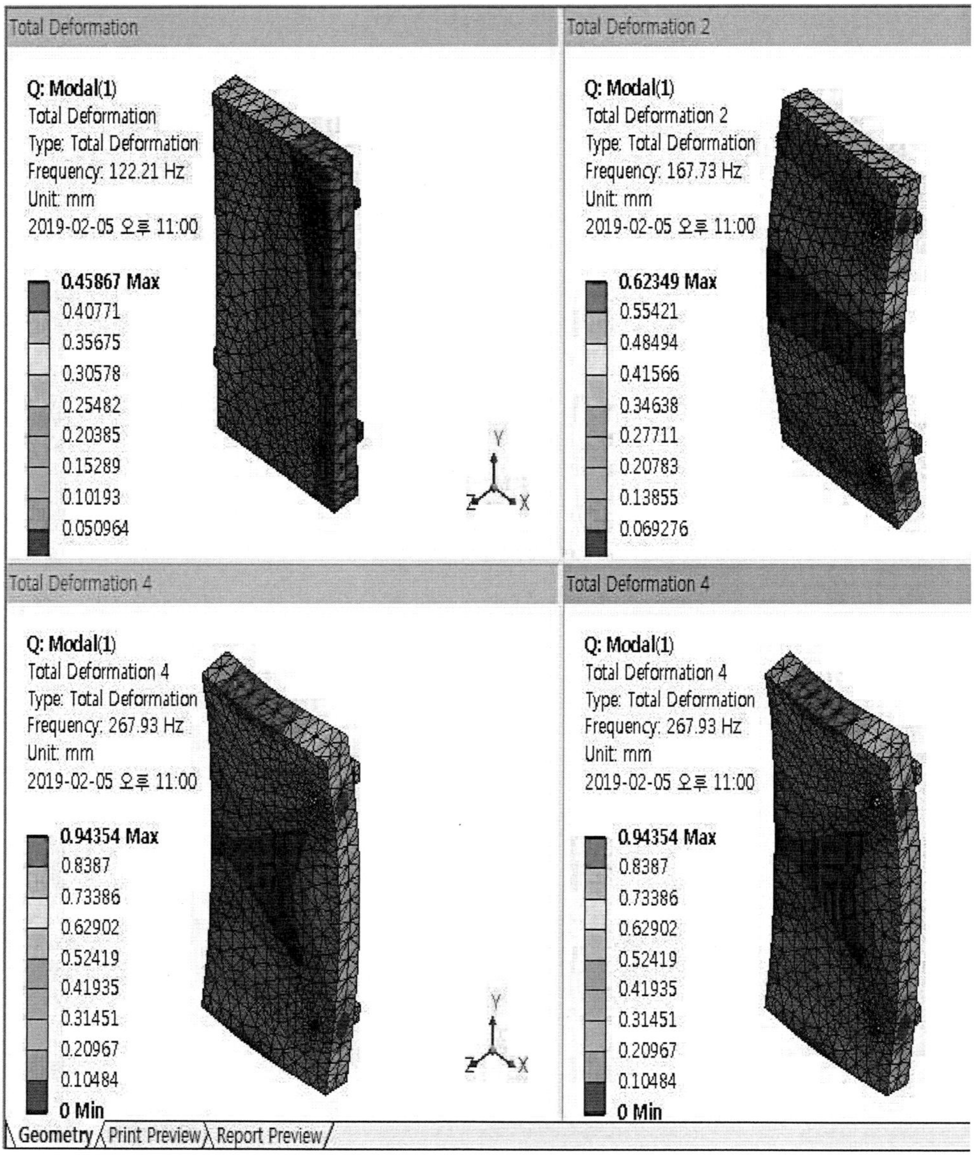

(2) 재질이 Concrete인 경우

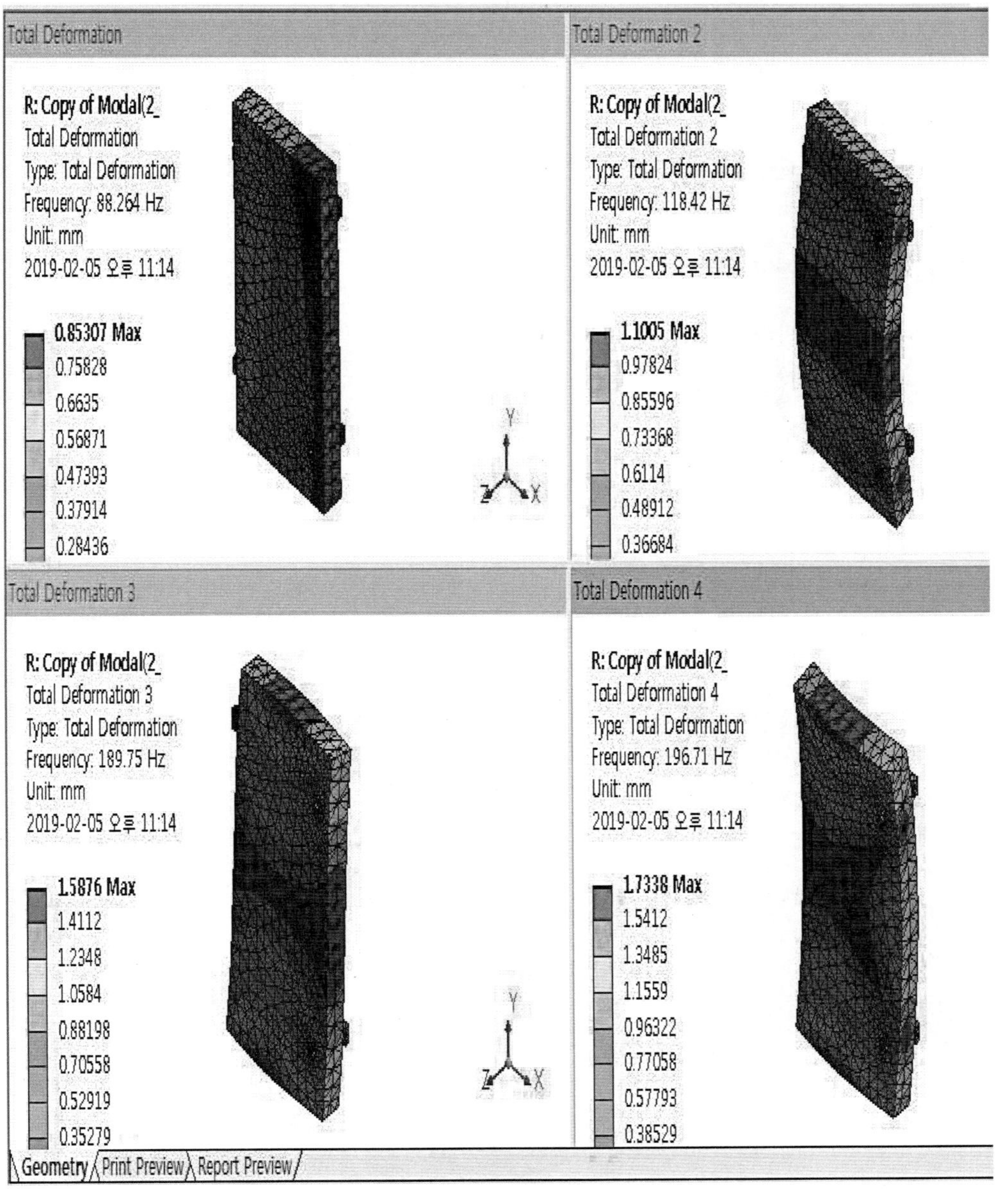

3.2.3 Natural frequency of each floor

다음과 같이 철골구조물이 강접점 되어 있다. 구조물의 주기를 계산하시오.

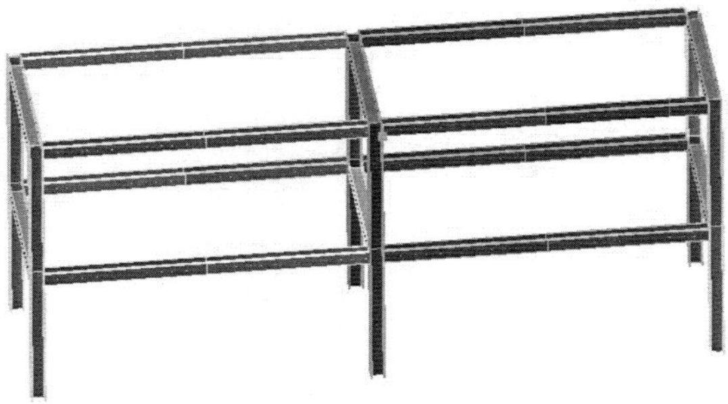

(1) 모델을 불러오고 Static structural로 진입한다.

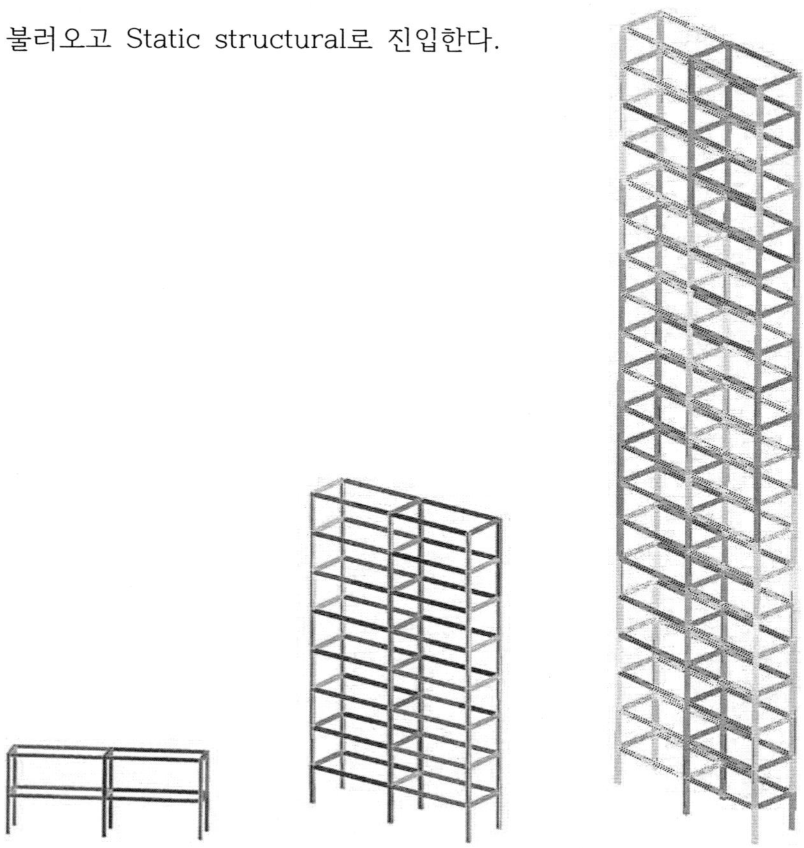

원형 모델

(2) Model의 재질은 기본설정(Structural steel)로 한다.

(3) 메시는 기본설정으로 한다.
(4) 접촉조건은 기본설정으로 한다.(Bonded)

(5) 경계조건
① 구조물 하단의 6면을 Fixed support로 고정한다.

(6) Total deformation으로 모드분석을 한다.

층수가 높을수록 주기가 길어진다.

	Frequency(Hz)			Period(sec)		
Mode	2층	8층	20층	2층	8층	20층
1	4.624	0.890	0.324	**0.216**	**1.123**	**3.083**
2	4.706	1.096	0.368	0.213	0.912	2.715
3	5.623	1.246	0.432	0.178	0.803	2.315
4	8.139	2.980	1.004	0.123	0.336	0.996
5	8.183	3.358	1.181	0.122	0.298	0.847
6	13.500	3.871	1.361	0.074	0.258	0.735

(7) 모드형상
① 2층 모드형상

1차 모드 2차 모드 3차 모드 4차 모드

② 8층 모드형상

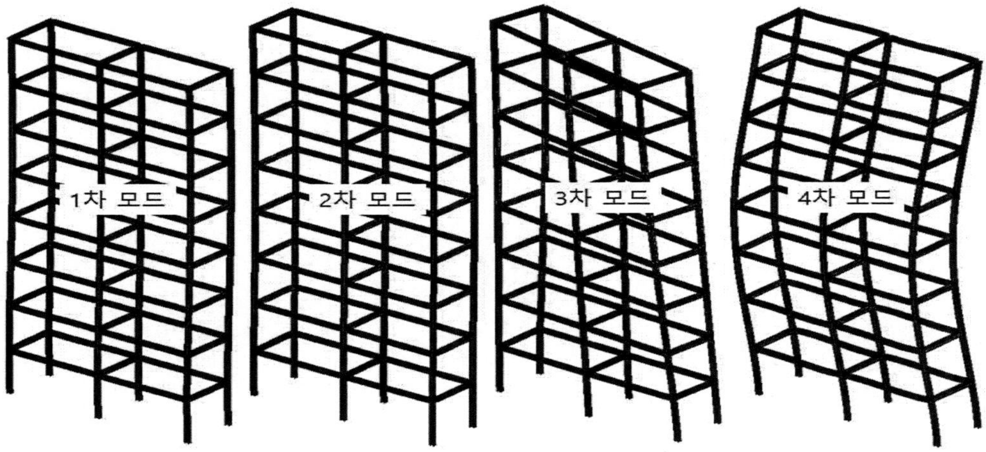

③ 20층 모드형상

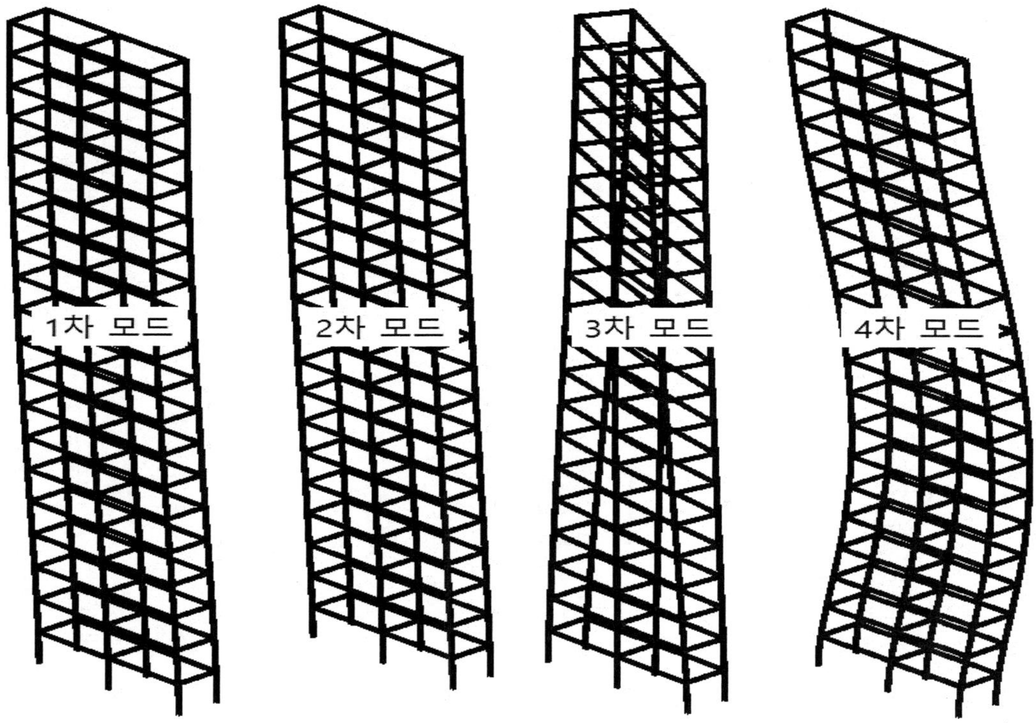

3.2.4 Cantilever natural frequency

그림과 같은 외팔보는 직사각형으로 폭 40mm, 높이 40mm 이며 길이가 1000 m 이다. 이 보의 한쪽 면에 집중하중 100 kN이 작용하고 있다.

재질은 Structural Steel 이며 탄성계수는 200,000 MPa, 푸아송 비 0.3 이다.

① 외팔보의 고유 진동수를 구하시오.

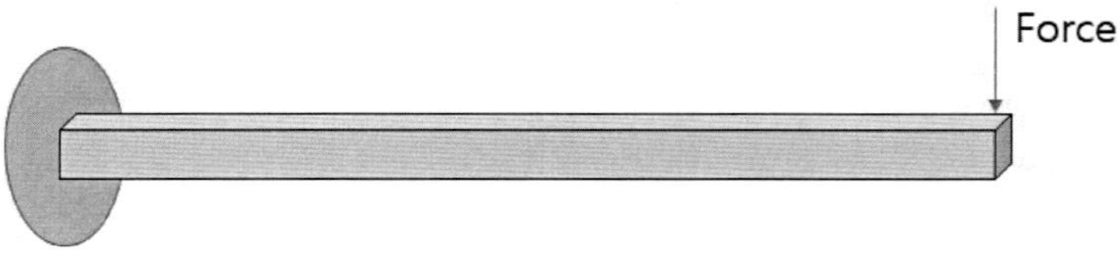

A. Workbench 해석

(1) 해석대상을 분석하고 자유물체도를 작성한다.

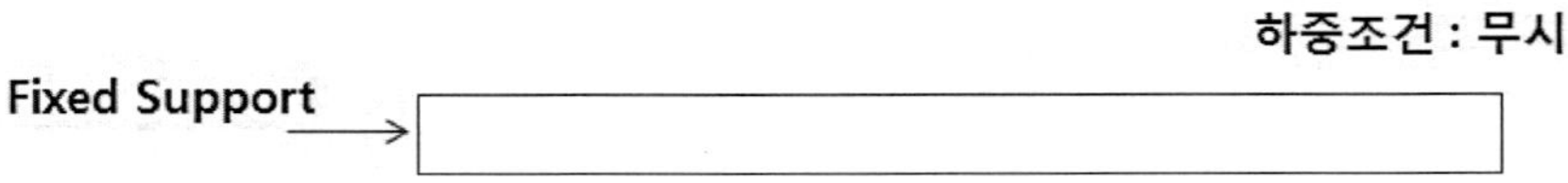

자유물체도

(2) 해석 시스템을 생성한다.(Modal)

① Workbench의 Tool Box에서 "Modal"을 Project Schematic에 추가한다.

(더블클릭 또는 Drag함)

② Project 이름 변경

(3) 재료의 물성을 정의한다. (Engineering Data)

(4) 해석 모델을 불러들이거나 모델링을 수행한다. (Geometry)

① 데이터 공유 : Static Structural의 Engineering Data와 Geometry를 드래그 하여 Modal의 Engineering Data와 Geometry에 놀려 놓는다.

② Mechanical 창에서 Units menu를 클릭하고, 아래의 단위로 설정한다.

- Metric (mm, kg, N, s, mV, mA)

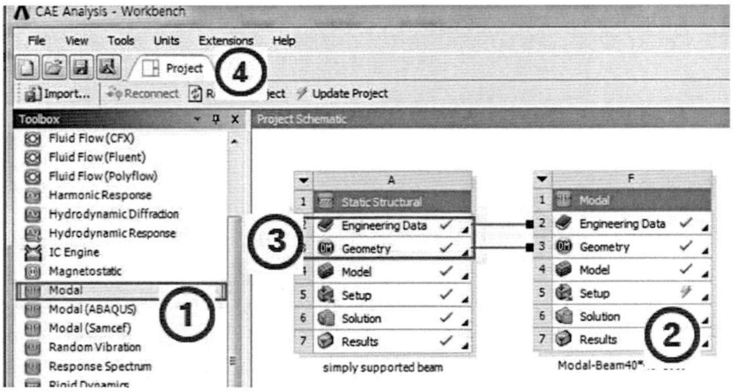

(5) 해석 모델의 환경을 설정한다. (Model)

① Modal 활성화 : Project Schematic > Modal> Model 더블클릭

② 모델 확인 : Outline > Model > Geometry > Solid

③ Solid의 이름 변경 : Outline > Model > Geometry > Solid> RMB > Rename

이름 : " Rectangular-Beam "

④ Solid 재질 변경 : Model > Geometry > Solid > Details > Material > Assignment

Assignment : Structural Steel

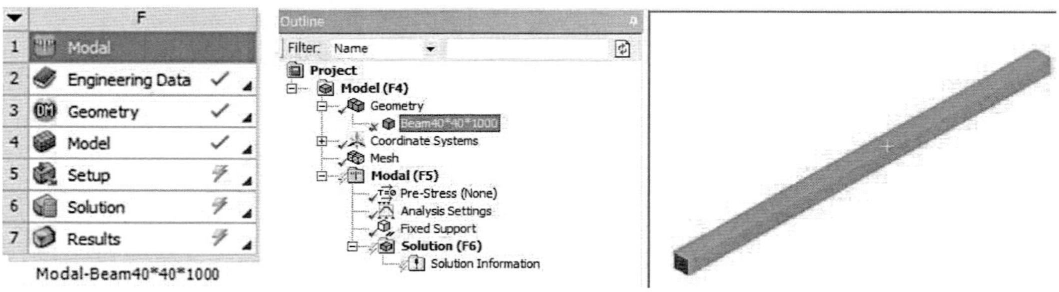

(6) 좌표계 설정 (Coordinate Systems) : 변경내용 없음(Global Coordinate)

(7) 연결 관계 정의(Connections) : Geometry에 모델이 하나이므로 활성화 안 됨.

(8) 격자 모델 생성 (Mesh)

① 격자 사이즈 결정 :

Outline > Model > Mesh > Details > Sizing > Element Size

Element Size : 10mm

② 격자 Update : Outline > Model > Mesh > RMB > Update

Graphic화면에서 모델에 mesh가 생성된 것 을 확인할 수 있다.

③ 격자 데이터 확인 : Detail > Statistics (Nodes, Elements)

(9) 해석의 설정 정의(Analysis Settings) : 지정된 값을 사용한다.

(10) 초기 조건 정의 : 고려하지 않는다. (중력, 가속도 영향 무시)

(11) 구속조건 정의

ⓐ 고정 지점 설정

① Support 항목설정 : Fixed Support 적용

Outline > Static structure > RMB > Insert > Fixed Support

② Geometry 입력 : Graphic window에서 대상 선정 (Beam의 측면 선택) > Detail > Geometry > Apply

(12) 하중 조건 정의 : Modal 해석에서 하중(Load)은 활성화되지 않는다.

(13) 해석 수행

① Modal의 Analysis setting

추출할 모드의 개수를 지정한다. (기본값 : 6)

주파수 검색 범위를 필요에 따라 선택 할 수 있다. (기본값 : 0Hz ~ 1e+08Hz)

- Note: Damped modal analysis은 고급 교육에서 소개된다.

결과 출력 항목은 필요에 따라 활성화/비활성화 된다.

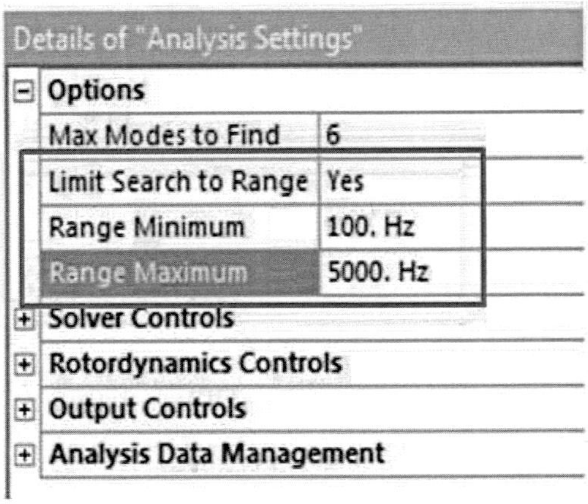

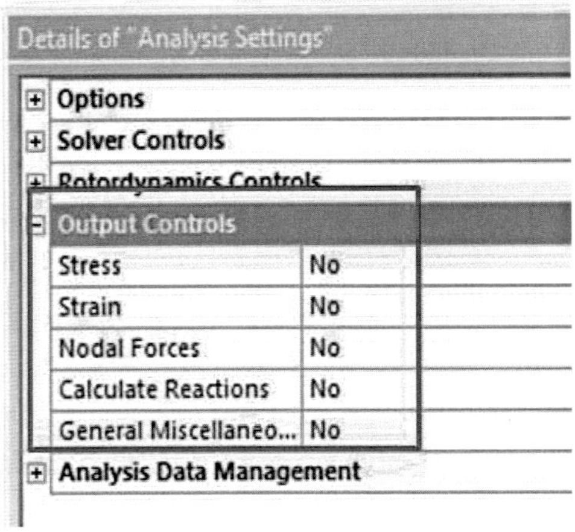

☞ 해석이 완료된 후, solution 항목을 활성화(클릭)하면 chart와 table 형태로 주파수와 모드 수 출력한다. RMB로 출력할 모드를 일부 또는 전부를 선택할 수 있다. 각각의 Mode shape을 동영상으로 확인 가능하다.

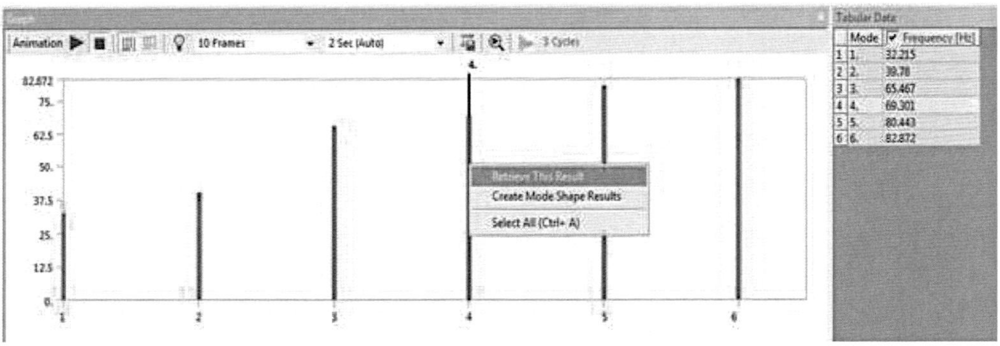

② 해석 실행 : Tool bar > Solve (또는 Outline > Model > RMB > Solve)

(14) 결과 확인

(a) Deformation(변형)

① 항목 선택 : Outline > Solution >RMB >Insert >Deformation >Total

② Mode 설정 : 1

(b) Deformation(변형) 추가 (3개를 추가 한다)

① 항목 선택 : Outline > Solution > Total Deformation > RMB > Duplication

② Mode 설정 : 2

③ 결과 호출 : Outline > Solution >RMB > Evaluate All Results

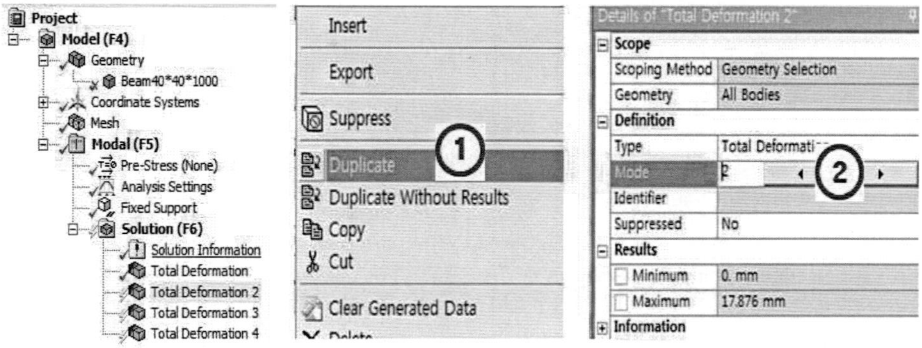

(b) Deformation (변형 결과) : 구조물의 고유진동수를 확인한다.

① 항목 선택 : Outline > Solution > Total Deformation (Mode 1의 결과)

② Graphic 실행 : Graphic > Animation > play

③ Mode 값 확인 : Graphic > Tabular Data

(c) Deformation (변형 결과) : 4개의 Mode의 형태 비교

① Four Viewports 선택 : Tool Bar > Viewports > Four Viewports

② Graphic 화면 선택 : Graphic > Animation > play

③ 항목선택 : Total Deformation2

* Mode3, Mode4에 대해서도 같은 작업을 반복한다.

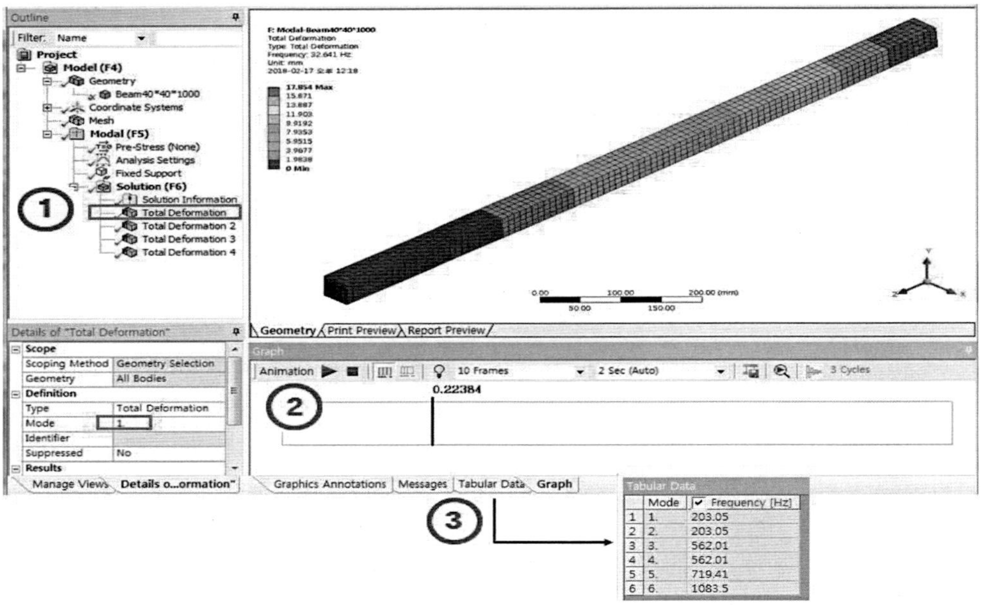

(15) 결론 및 고찰

이론식으로 구한 고유진동수 f_1=32.631 f_2 = 204.4581 이다.

모드	주파수
1	32.641
2	32.641
3	203.05
4	203.05
5	562.01
6	562.01

CAE해석으로 구한 고유진동수는 모드1, 2 와 모드3, 4 모드5, 6은 같은 값으로 계산되었는데 이것은 변위가 x 축과 y 축 방향만 다르다. 방향을 제외하고 모드의 크기를 비교하면 이론과 같은 결과를 보여주고 있다. 모드1에 대한 오차는 0.029%, 모드2에 관한 오차는 0.683%를 산정된다. 하나의 보 요소에서 구조해석의 결과는 모드1의 결과가 모드 2보다 정확히 계산되는 것을 볼 수 있다. 모드2를 더 정확히 계산하려면 더 많은 요소가 필요하다.

①
One Viewport
Horizontal Viewports
Vertical Viewports
Four Viewports

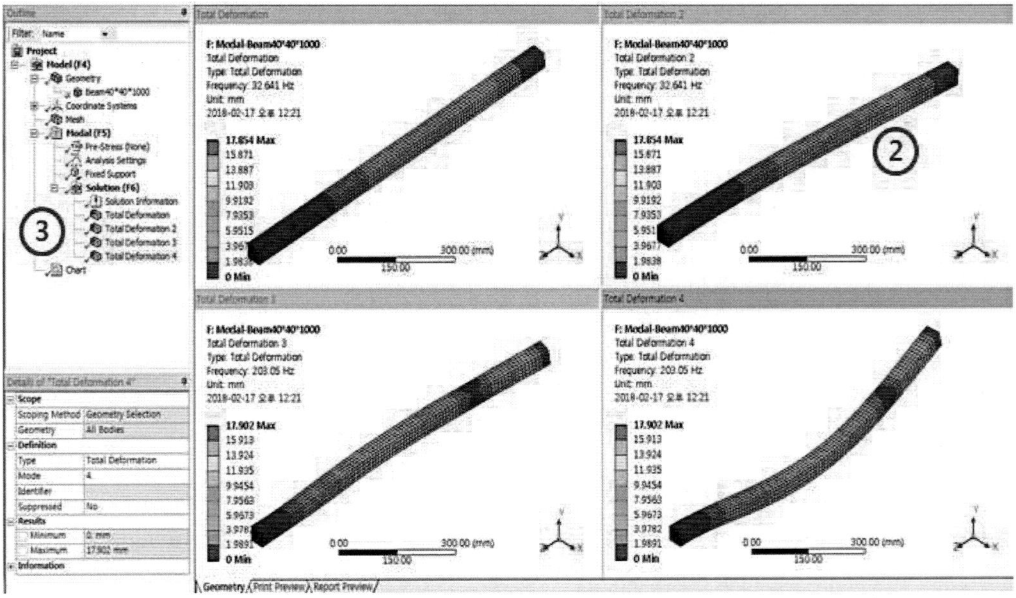
②
③
F: Modal-Beam40*40*1000
Total Deformation
Type: Total Deformation
Frequency: 32.641 Hz
Unit: mm
17.854 Max
0 Min
Total Deformation 2
Total Deformation 3
Frequency: 203.05 Hz
17.902 Max
Total Deformation 4
Geometry
Print Preview
Report Preview

B. 이론적 계산

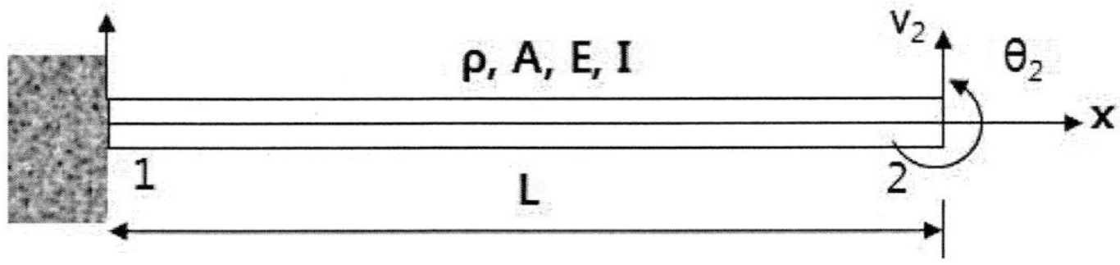

자유진동(고유치 문제)의 경우 운동방정식은 다음과 같다

$$[K-\omega^2 M]\begin{Bmatrix} v_2 \\ \theta_2 \end{Bmatrix} = \begin{Bmatrix} 0 \\ 0 \end{Bmatrix} \text{ 여기서 } K = \frac{EI}{L^3}\begin{pmatrix} 12 & -6L \\ -6L & 4L^2 \end{pmatrix} \quad M = \frac{\rho AL}{420}\begin{pmatrix} 156 & -22L \\ -22L & 4L^2 \end{pmatrix}$$

고유진동수를 구하기 위한 식은 다음과 같다.

$$\begin{vmatrix} 12-156\lambda & -6L+22L\lambda \\ -6L+22L\lambda & 4L^2-4L^2\lambda \end{vmatrix} = 0 \quad \text{여기서 } \lambda = \omega^2 \rho A L^4 / 420EI$$

그러므로 고유진동수는 다음과 같다.

$$\omega_1 = 3.533\,(\frac{EI}{\rho AL^4})^{1/2}, \quad \begin{Bmatrix} v_2 \\ \theta_2 \end{Bmatrix} = \begin{Bmatrix} 1 \\ 1.38/L \end{Bmatrix}$$

$$\omega_2 = 34.81\,(\frac{EI}{\rho AL^4})^{1/2}, \quad \begin{Bmatrix} v_2 \\ \theta_2 \end{Bmatrix} = \begin{Bmatrix} 1 \\ 7.62/L \end{Bmatrix}$$

이 문제에 대한 처음 1차, 2차 고유진동수는 다음과 같다.

$$\omega_1 = 3.516\,(\frac{EI}{\rho AL^4})^{1/2} = 3.516\,(\frac{2e11*2.1e-7}{7850*0.0016*1^4})^{1/2} = 204.926 \qquad f = \frac{w_n}{2\pi} = 32.631$$

$$\omega_2 = 22.03\,(\frac{EI}{\rho AL^4})^{1/2} = 22.03\,(\frac{2e11*2.1e-7}{7850*0.0016*1^4})^{1/2} = 1283.997 \qquad f = \frac{w_n}{2\pi} = 204.458$$

3.2.5 Hinge and fixed point column structure

1. 구조해석 정의 6)

아래 구조물의 수평진동에 대한 아래 물음에 답하시오.
[단, 기둥의 단면2차모멘트 Ic=51,840cm^4, 탄성계수 E=200,000 MPa
W=196kN(보, 바닥, 기둥의 절반 무게를 합산한 것임), 보 및 바닥은 무한강성체로 가정할 것]

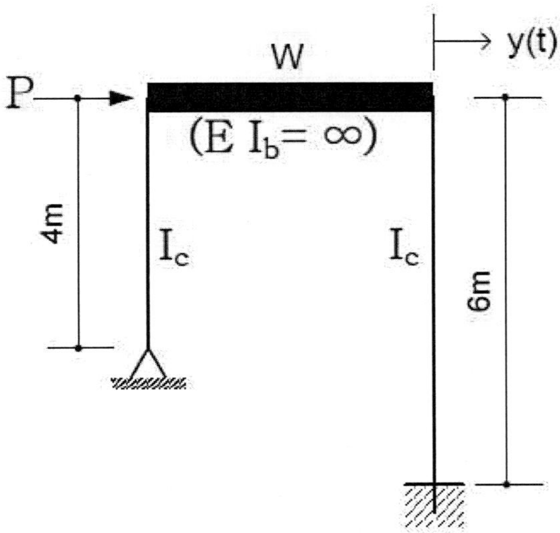

그림1. 구조도

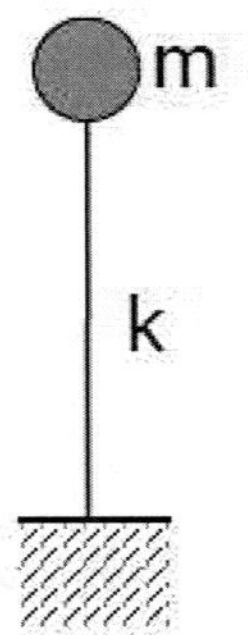

그림2. 1질점계 치환모델

(1) 1질점계 치환모델에 대한 강성 k, 질량 m을 구하고 자유진동에 대한 평형 미분 방정식을 세우시오.
(단, 감쇠는 없는 것으로 하고, 중력가속도 g=980cm/sec^{2}으로 할 것)
(2) 고유주기 T를 구하시오.
(3) P=70kN을 서서히 가력 했다가 순간적으로 제거했을 경우 자유진동에 대한 해 y(t)를 구하시오.

6) 건축구조기술사 제94회 제2교시 5

2. 구조해석 목적

- Surface model을 사용하고, rigid body를 사용한다.
- 파이프에 속도를 부여한다.
- Failure에 대한 이해 및 적용
- 소성 변형 파손(Plastic strain failure) 적용
- 알루미늄의 재질에 Plastic Strain Failure를 적용하고, Maximum Equivalent Plastic Strain EPS을 변경하면서 파손 형태를 파악한다.
- 알루미늄의 재질에 Tangent Modulus를 변경하면서 파손의 형태를 파악한다.

(1) Engineering Data

Engineering Data

Engineering Sources에서 Structural Steel을 복사하여 Structural-Rigid로 이름을변경하고, Density를 1, Young's Modulus를 2e+8MPa로 변경한다.

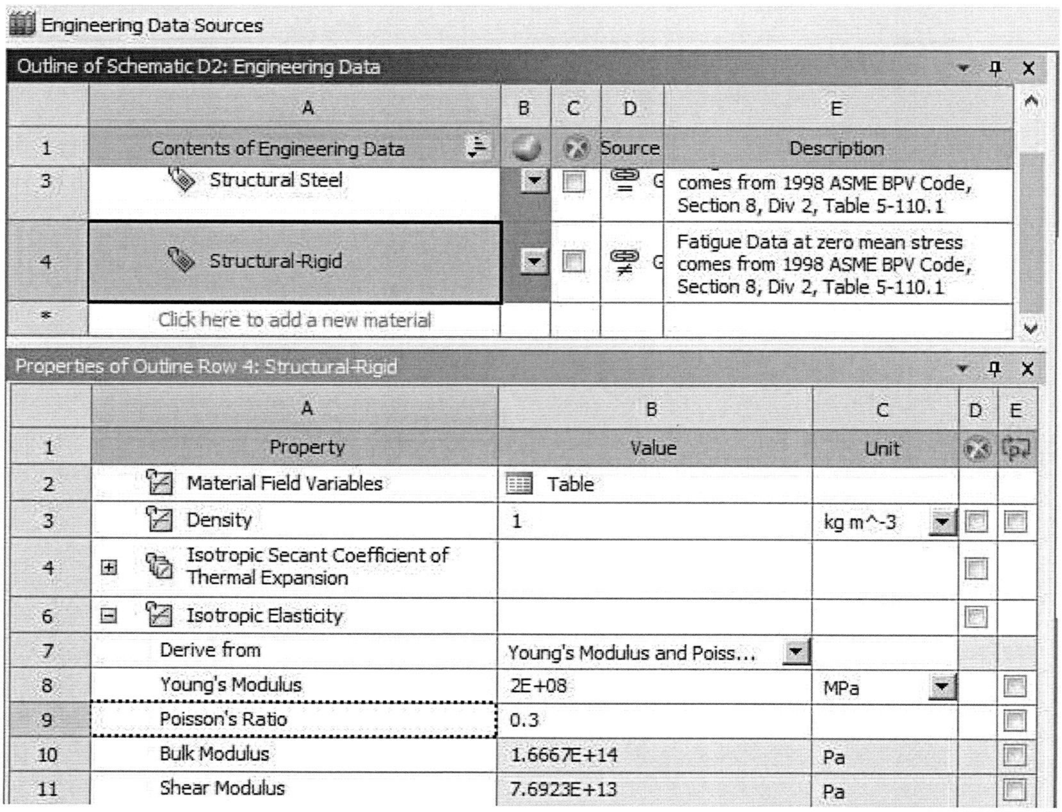

(1) 모델링

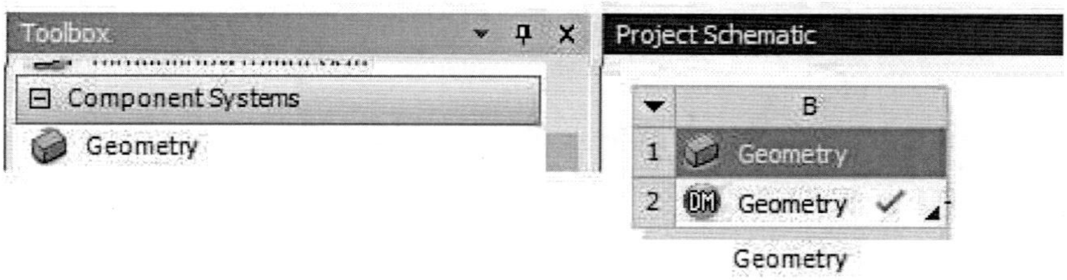

① Geometry > Import Geometry에서 파일을 가져온다.

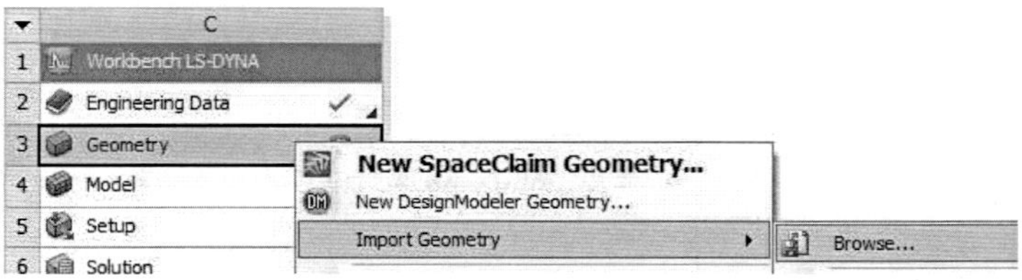

(2) Case 2:

이번 구조해석에서는 DesingModeler를 사용하여 디자인한다.

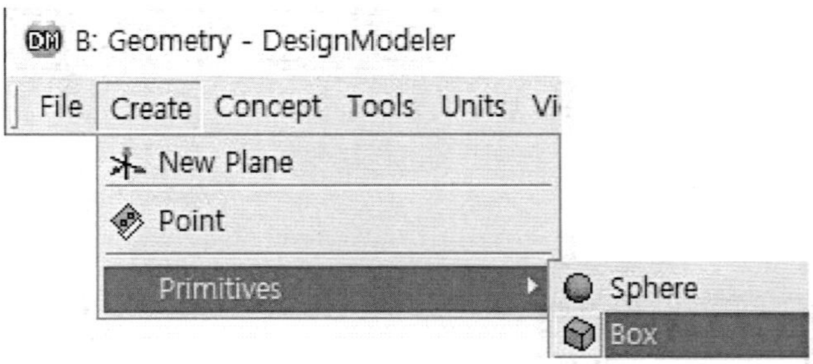

Details View	
Details of Box1	
Box	Box1
Base Plane	XYPlane
Operation	Add Material
Box Type	From One Poin
Point 1 Definition	Coordinates
FD3, Point 1 X Coordinate	0 mm
FD4, Point 1 Y Coordinate	0 mm
FD5, Point 1 Z Coordinate	0 mm
Diagonal Definition	Components
FD6, Diagonal X Compon...	230 mm
FD7, Diagonal Y Compon...	-4000 mm
FD8, Diagonal Z Compon...	300 mm
As Thin/Surface?	No

Details View	
Details of Box2	
Box	Box2
Base Plane	XYPlane
Operation	Add Frozen
Box Type	From One Po
Point 1 Definition	Coordinates
FD3, Point 1 X Coordinate	0 mm
FD4, Point 1 Y Coordinate	0 mm
FD5, Point 1 Z Coordinate	-2000 mm
Diagonal Definition	Components
FD6, Diagonal X Component	230 mm
FD7, Diagonal Y Component	-6000 mm
FD8, Diagonal Z Component	300 mm
As Thin/Surface?	No

Details View	
Details of Box3	
Box	Box3
Base Plane	XYPlane
Operation	Add Frozen
Box Type	From One Po
Point 1 Definition	Coordinates
FD3, Point 1 X Coordinate	-400 mm
FD4, Point 1 Y Coordinate	0 mm
FD5, Point 1 Z Coordinate	300 mm
Diagonal Definition	Components
FD6, Diagonal X Component	1000 mm
FD7, Diagonal Y Component	500 mm
FD8, Diagonal Z Component	-2300 mm
As Thin/Surface?	No

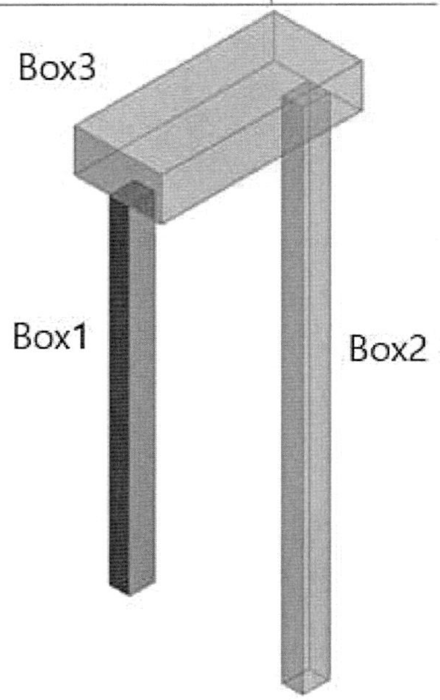

3. 구조해석 절차

1) 프로젝트 설정

① Modal을 클릭하여 Project Schematic에 놓는다.

② Geometry를 연결하여 동일한 모델을 사용한다.

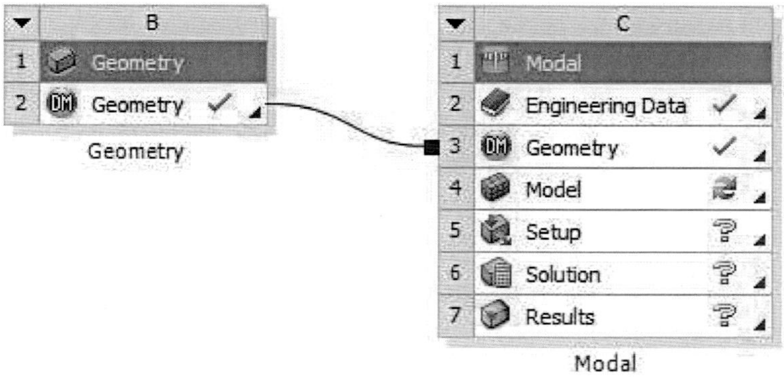

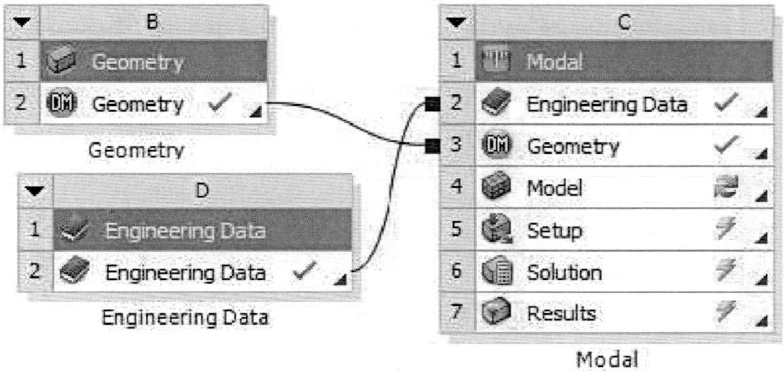

2) 엔지니어링 데이터 정의 : Engineering Data를 연결하여 사용한다.

3) 형상 부착 모델 데이터 불러오기(또는 모델 만들기) : 이전 모델 설정을 사용한다.

4) 부품 동작 정의

(1) 구조해석을 하기 위하여 Mechanical 창을 활성화한다.

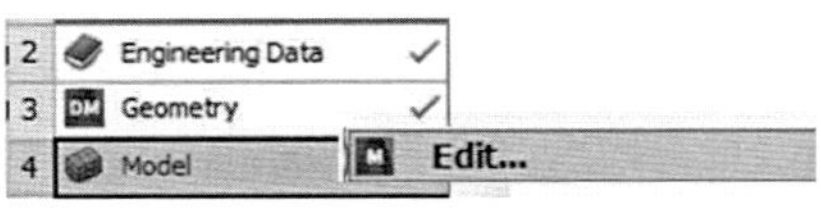

※ 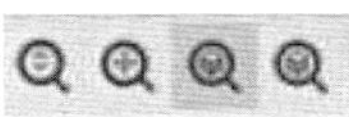 F7를 클릭하여 모델을 화면에 나타낸다.

(2) 부품 동작 정의에서 부품 동작에 대한 정보를 정의한다.
Box1, Box2는 structural steel, Box3는 Strucutral-Rigid로 설정한다.

5) 좌표계 정의 : 시스템에서 설정한 Global 좌표계를 사용한다.

6) 연결 정의 : 기본설정을 사용한다.

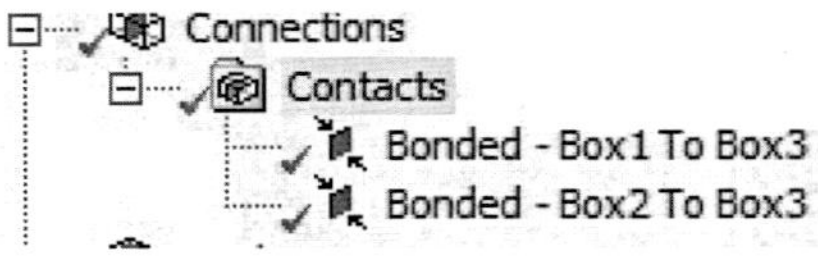

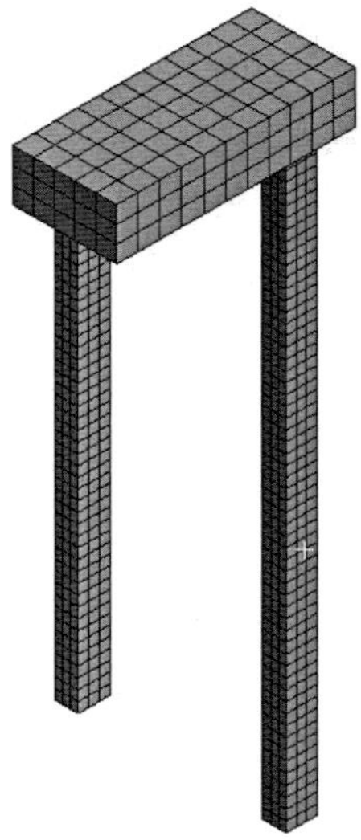

7) 메쉬 설정 정의 : 기본 설정을 적용한다.

8) 분석 설정 정의 :
Box1, Box2의 메쉬 크기는 100mm
Box3의 메쉬 크기는 기본설정으로 한다.

9) 구조해석 초기 조건 정의 : 설정 내용 없음.

10) 구조해석 경계 조건 정의
(1) 하중 조건 설정

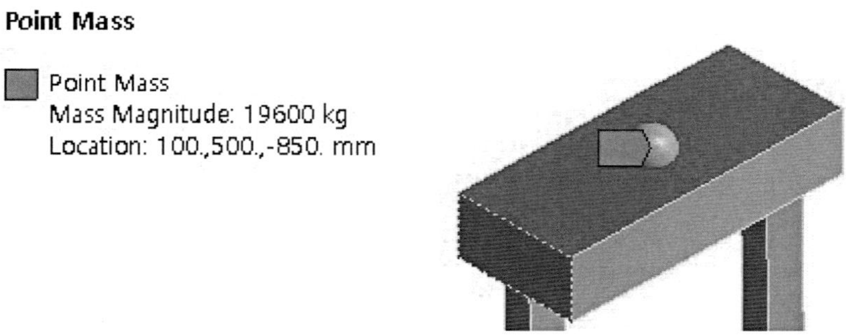

(2) 경계 조건
① Remote Displacement support

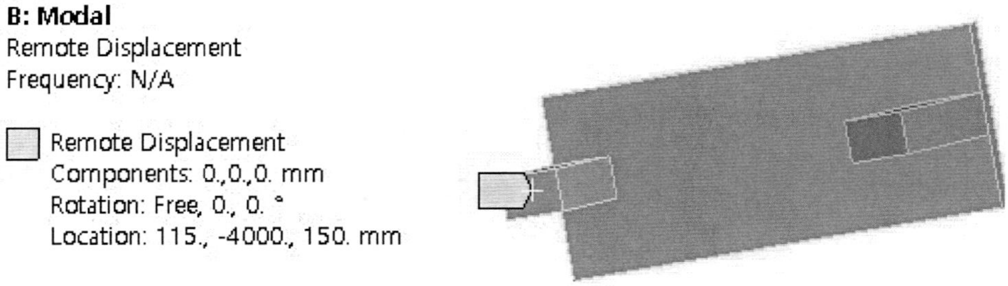

② Fixed Support

11) 구조해석 수행하기

Total CPU time for main thread : 3.5 seconds
Total CPU time summed for all threads : 4.0 seconds

12) 구조해석 결과 확인

(1) Total Deformation

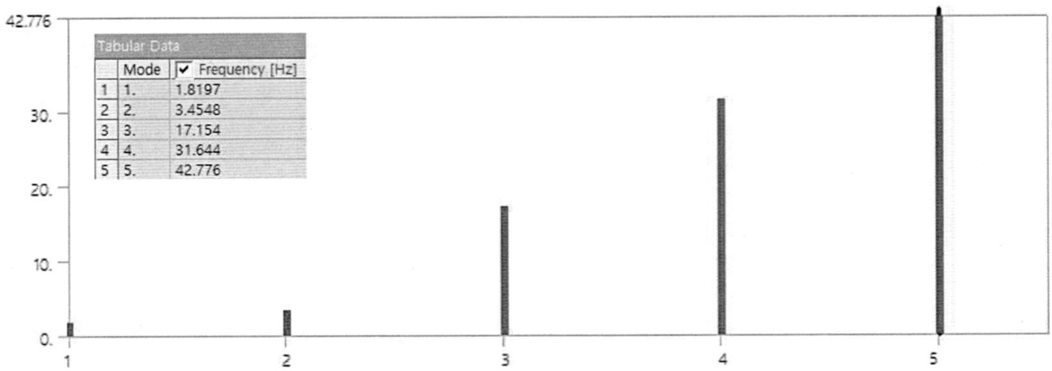

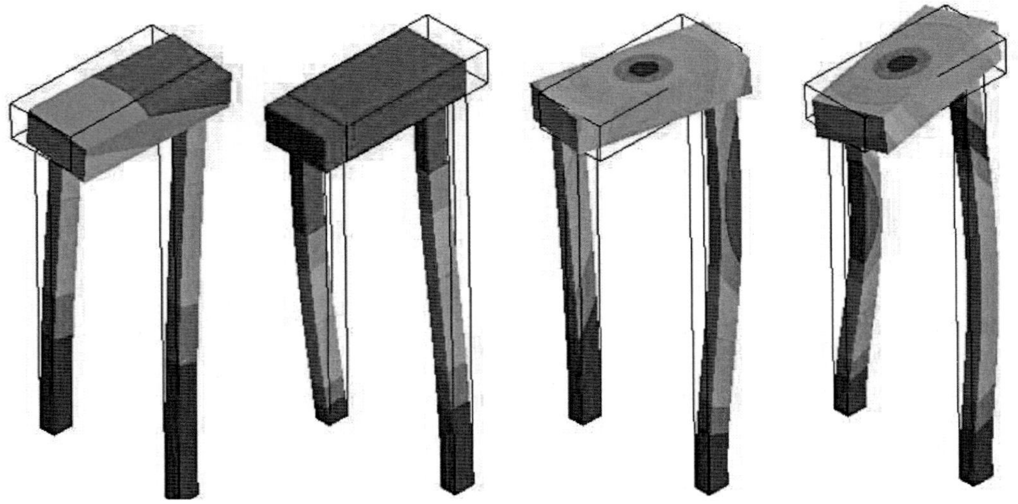

Mode I　　Mode II　　Mode III　　Mode IV

3.2.6 Hinge and hinge point pillar structure

1. 구조해석 정의 [7)]

그림의 강재 뼈대구조가 거더층에서 수평력 $F(t)=900\sin(\theta t)$ (N)을 발생시키는 회전기계를 지지하고 있다. 감쇠를 임계감쇠의 5%로 가정하고 다음을 구하시오.

(단, 거더는 무한강성(Rigid)으로 가정한다.)

(조건)

θ = 40(rad/sec), t 의 단위 : sec

기둥 : E = 200,000 MPa , 넓이 40x40mm, I = 213333 mm^4 ,

Z =278,600 mm^3 , 중력가속도 g = 9.8 m/sec^2

(1) 정상 진동의 진폭

(2) 기둥의 최대 동적 응력

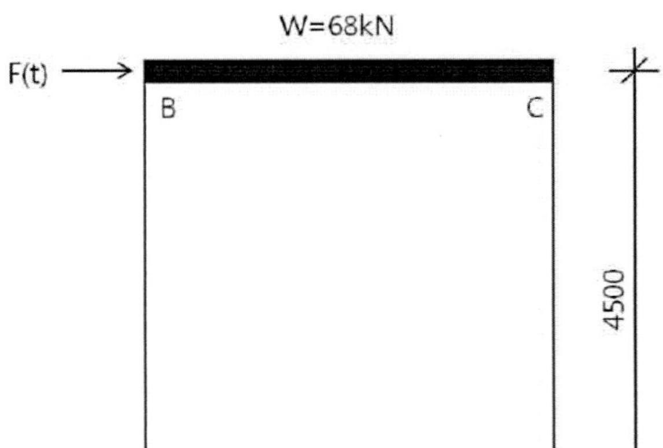

2. 구조해석 목적

- 기둥과 슬래브의 거동을 모델링 한다.
- 슬래브에 작용하는 하중을 적용한다.
  (중력을 사용하지 않으므로 부재의 무게 영향은 고려하지 않는다.)
- 기둥과 슬래브의 연결은 Bonded(완전 고정)로 설정하고, 기둥은 회전할 수 있게

7) 건축구조기술사 제97회 제4교시 3

설정한다.

- 슬래브에 900sin(40t)의 하중이 작용한다.

(1) Engineering Data

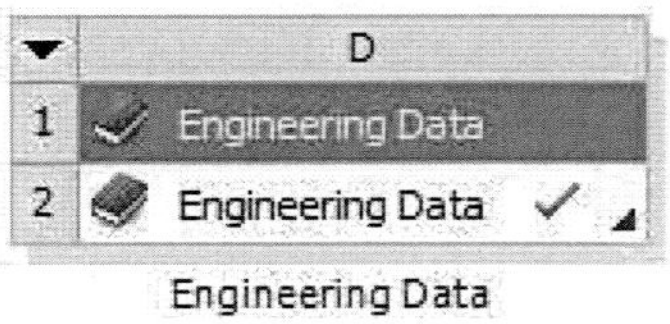

Engineering Sources에서 Structural Steel을 복사하여 Structural-Rigid로 이름을변경하고, Density를 1, Young's Modulus를 2e+8MPa로 변경한다.

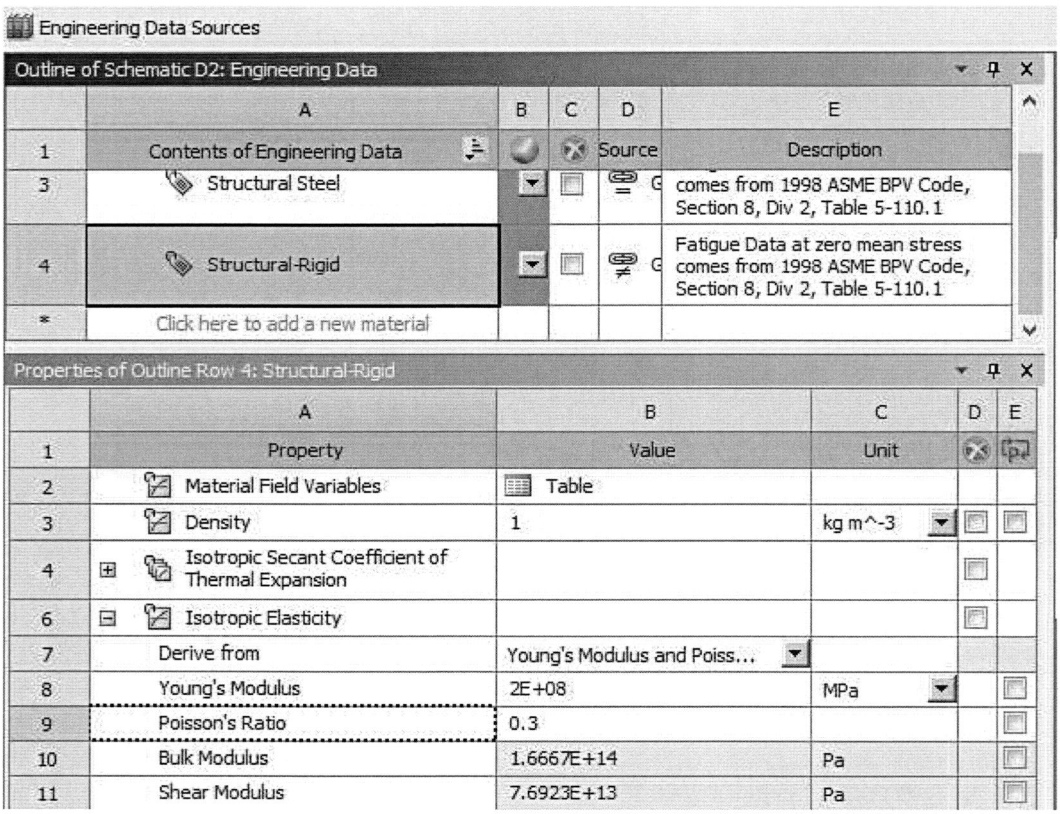

	A	B	C	D	E
1	Contents of Engineering Data			Source	Description
3	Structural Steel			G	comes from 1998 ASME BPV Code, Section 8, Div 2, Table 5-110.1
4	Structural-Rigid			G	Fatigue Data at zero mean stress comes from 1998 ASME BPV Code, Section 8, Div 2, Table 5-110.1
*	Click here to add a new material				

	A	B	C	D	E
1	Property	Value	Unit		
2	Material Field Variables	Table			
3	Density	1	kg m^-3		
4	Isotropic Secant Coefficient of Thermal Expansion				
6	Isotropic Elasticity				
7	Derive from	Young's Modulus and Poiss...			
8	Young's Modulus	2E+08	MPa		
9	Poisson's Ratio	0.3			
10	Bulk Modulus	1.6667E+14	Pa		
11	Shear Modulus	7.6923E+13	Pa		

(1) 모델링

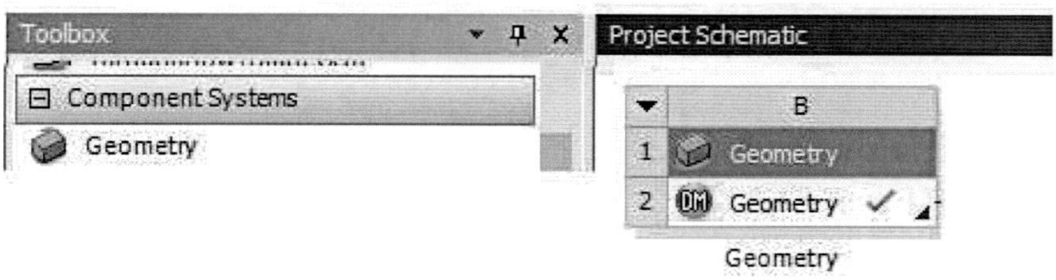

해석 모델은 SpaceClaim, DesingModeler를 사용하여 디자인한다.

또는 다른 소프트웨어서 디자인한 모델을 stp, IGES 등의 파일 형식으로 Import Geometry를 사용하여 가져온다.

① Geometry > Import Geometry에서 파일을 가져온다.

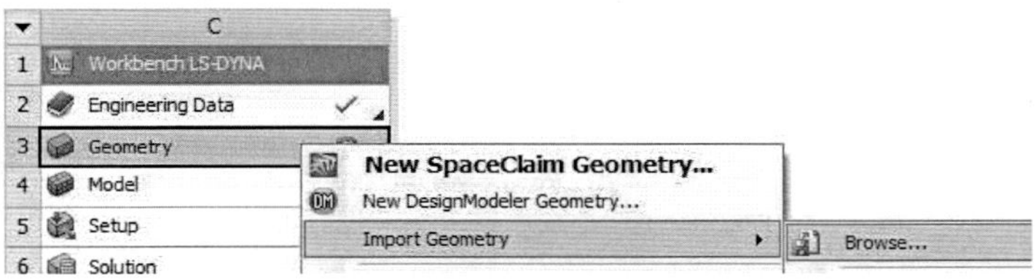

(2) Case 2:

이번 구조해석에서는 DesingModeler를 사용하여 디자인한다.

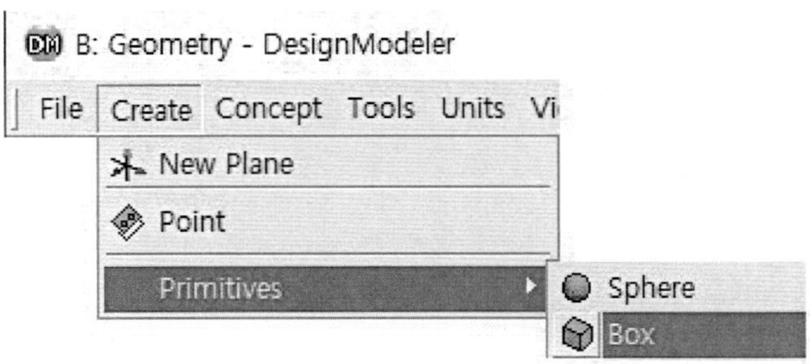

Details View

Details of Box1	
Box	Box1
Base Plane	XYPlane
Operation	Add Material
Box Type	From One Point ...
Point 1 Definition	Coordinates
FD3, Point 1 X Coordinate	0 mm
FD4, Point 1 Y Coordinate	0 mm
FD5, Point 1 Z Coordinate	0 mm
Diagonal Definition	Components
FD6, Diagonal X Component	230 mm
FD7, Diagonal Y Component	-4500 mm
FD8, Diagonal Z Component	300 mm
As Thin/Surface?	No

Details View

Details of Box2	
Box	Box2
Base Plane	XYPlane
Operation	Add Frozen
Box Type	From One Point
Point 1 Definition	Coordinates
FD3, Point 1 X Coordinate	0 mm
FD4, Point 1 Y Coordinate	0 mm
FD5, Point 1 Z Coordinate	-2000 mm
Diagonal Definition	Components
FD6, Diagonal X Component	230 mm
FD7, Diagonal Y Component	-4500 mm
FD8, Diagonal Z Component	300 mm
As Thin/Surface?	No

Details View

Details of Box3	
Box	Box3
Base Plane	XYPlane
Operation	Add Frozen
Box Type	From One Point ...
Point 1 Definition	Coordinates
FD3, Point 1 X Coordinate	-400 mm
FD4, Point 1 Y Coordinate	0 mm
FD5, Point 1 Z Coordinate	300 mm
Diagonal Definition	Components
FD6, Diagonal X Component	1000 mm
FD7, Diagonal Y Component	500 mm
FD8, Diagonal Z Component	-2300 mm
As Thin/Surface?	No

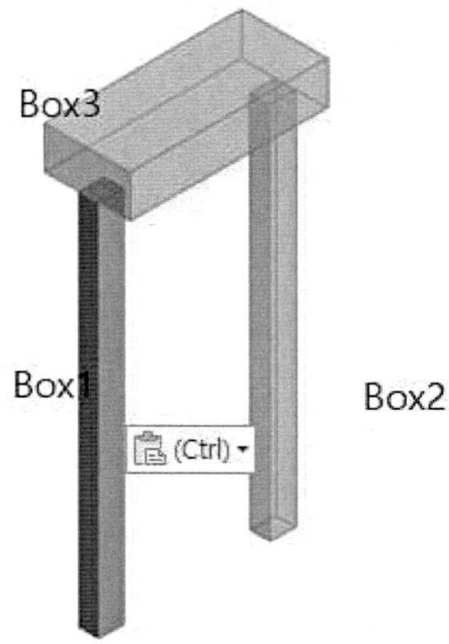

3. 구조해석 절차

1) 프로젝트 설정

① Modal을 클릭하여 Project Schematic에 놓는다.

② Geometry를 연결하여 동일한 모델을 사용한다.

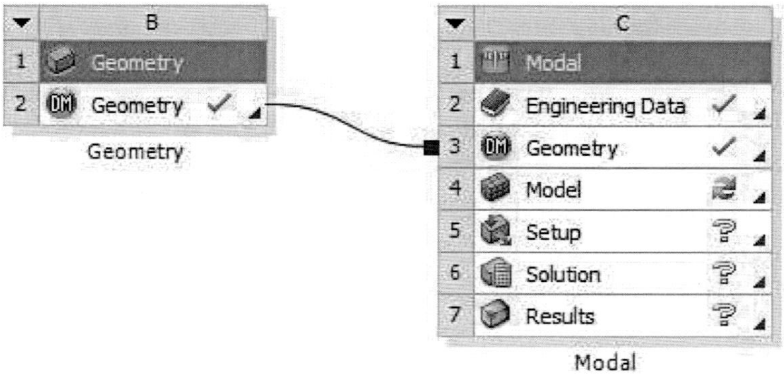

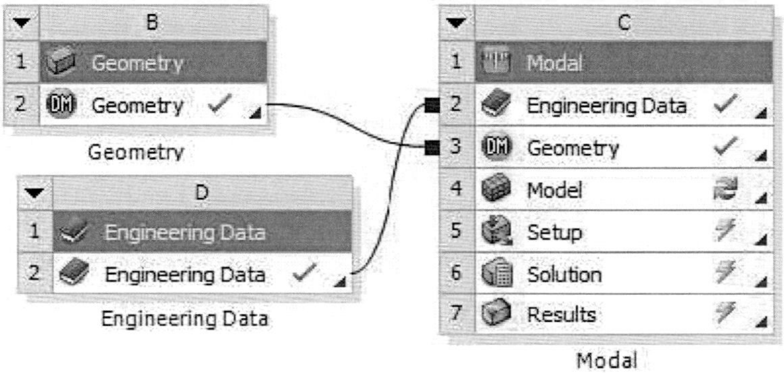

2) 엔지니어링 데이터 정의 : Engineering Data를 연결하여 사용한다.

3) 형상 부착 모델 데이터 불러오기(또는 모델 만들기) : 이전 모델 설정을 사용한다.

4) 부품 동작 정의

(1) 구조해석을 하기 위하여 Mechanical 창을 활성화한다.

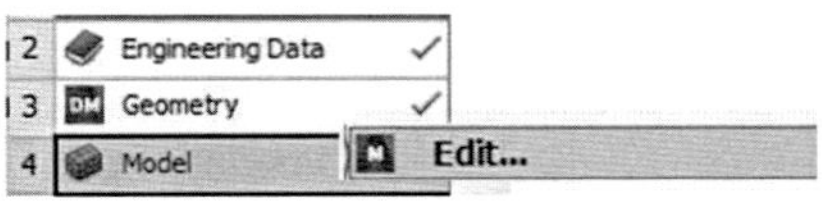

※  F7를 클릭하여 모델을 화면에 나타낸다.

(2) 부품 동작 정의에서 부품 동작에 대한 정보를 정의한다.

Box1, Box2는 structural steel, Box3는 Strucutral-Rigid로 설정한다.

5) 좌표계 정의 : 시스템에서 설정한 Global 좌표계를 사용한다.

6) 연결 정의 : 기본설정을 사용한다.

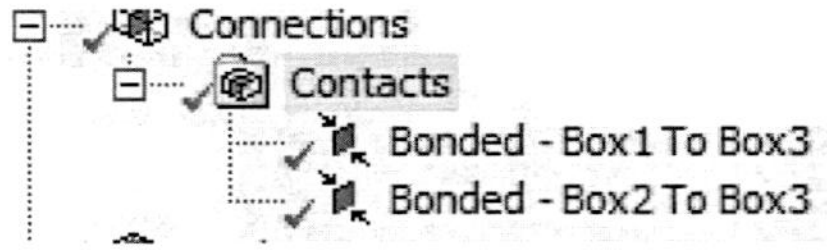

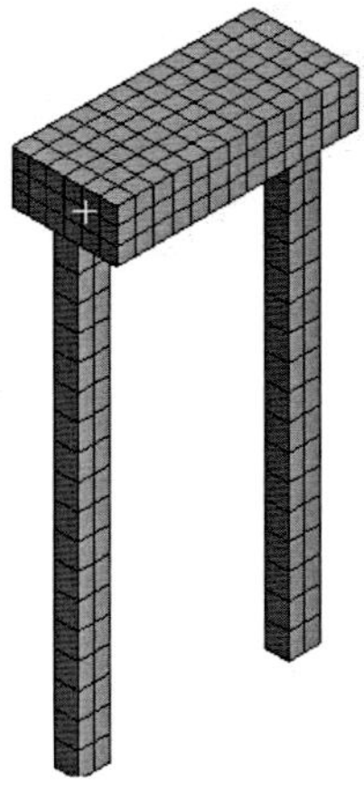

7) 메쉬 설정 정의 : 기본 설정을 적용한다.

8) 분석 설정 정의 : 기본 설정을 적용한다.

9) 구조해석 초기 조건 정의 : 설정 내용 없음.

10) 구조해석 경계 조건 정의

(1) 하중 조건 설정

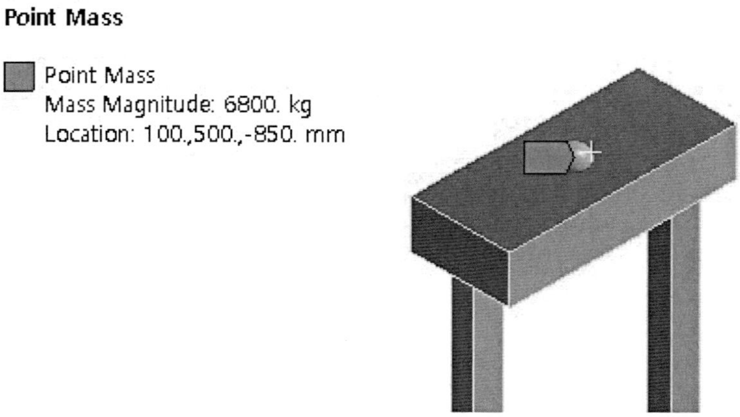

(2) 경계 조건

① Remote Displacement support

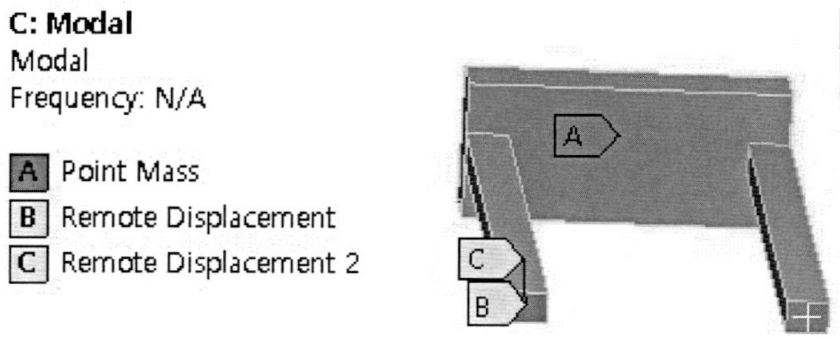

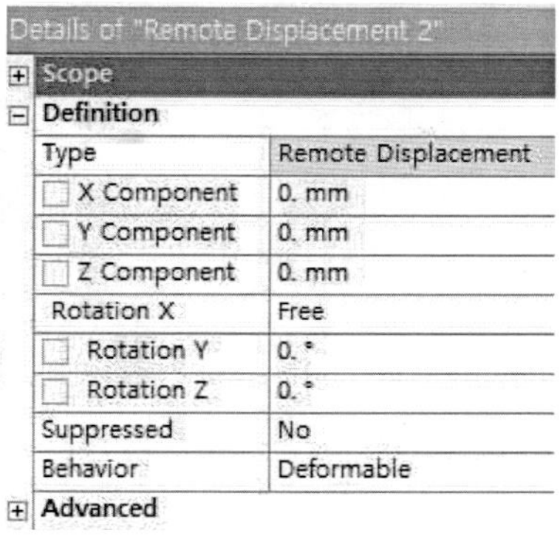

Details of "Remote Displacement 2"

Scope	
Definition	
Type	Remote Displacement
X Component	0. mm
Y Component	0. mm
Z Component	0. mm
Rotation X	Free
Rotation Y	0. °
Rotation Z	0. °
Suppressed	No
Behavior	Deformable
Advanced	

11) 구조해석 수행하기

Total CPU time for main thread : 1.6 seconds

Total CPU time summed for all threads : 2.3 seconds

12) 구조해석 결과 확인

(1) Total Deformation

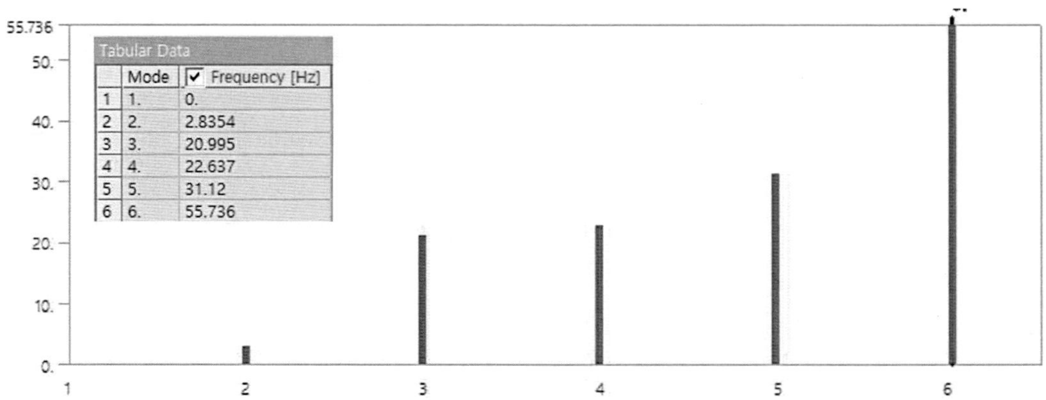

Tabular Data

	Mode	Frequency [Hz]
1	1.	0.
2	2.	2.8354
3	3.	20.995
4	4.	22.637
5	5.	31.12
6	6.	55.736

Mode I Mode II Mode III Mode IV

3.2.7 Slave with three column structures : Modal Analysis

1. 구조해석 정의

구조물을 그림과 같이 무게가 없는 탄성기둥과 무게가 있는 강체거더로 모델링하였다.

이 구조물의 동특성을 산정하기 위하여 강체거더에 유압잭을 이용하여 수평방향으로 변위를 가한 후 놓아서 자유진동이 발생하도록 하였다. 이때 유압잭으로 발생시킨 변위(u1)는 20mm이고 3cycle 후 최대변위(u4)는 16mm이였다. 다음을 구하시오. (단, 지점B는 힌지단, 지점A 및 C는 고정단이며, 내부힌지는 마찰이 없고, 강체거더와 기둥은 강결로 이루어져 있고, 강체거더의 무게(W)는 500kN, 모든 기둥의 단면2차모멘트(I)는 25.8×106 mm4, 탄성계수(E)는 200GPa로 한다.)

(1) 구조물의 강성

(2) 감쇠비

(3) 고유진동수 및 감쇠고유진동수

(4) 임계감쇠 및 감쇠계수

(5) 10 cycle 후 최대변위(u11)

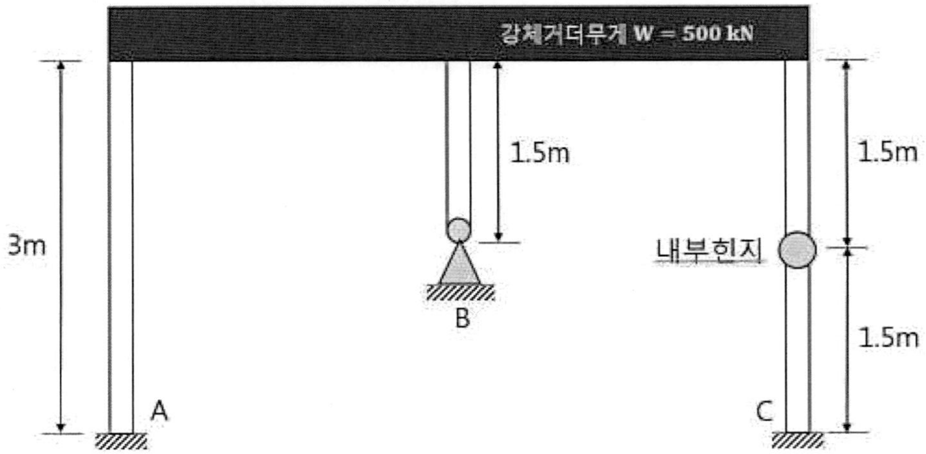

구조물의 재질은 Structural steel로 탄성계수는 200GPa 이다. $E=2x10^{11}Pa$

구조물 H 300x300x10x15, 길이는 1200mm이다. $I = 0.00015m^4$

2. 구조해석 목적

- 외팔보의 고유진동수와 고유모드를 산정한다.

(1) 모델링

해석 모델은 SpaceClaim, DesingModeler를 사용하여 디자인한다.

또는 다른 소프트웨어서 디자인한 모델을 stp, IGES 등의 파일 형식으로 Import Geometry를 사용하여 가져온다.

(1) Case 1:

① Geometry > Import Geometry에서 파일을 가져온다.

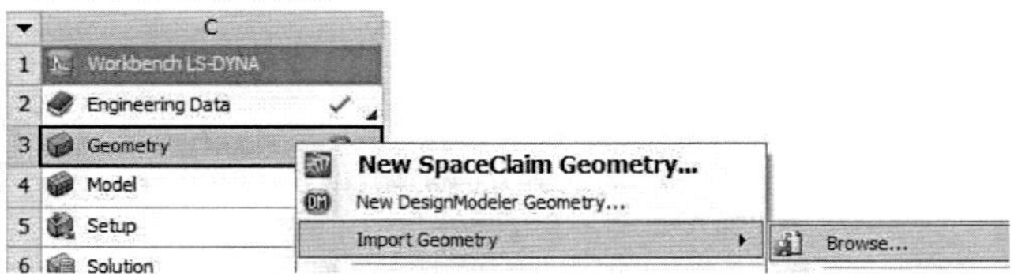

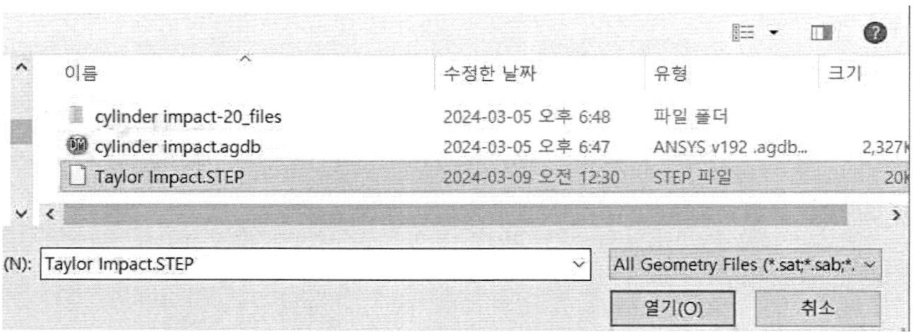

(2) Case 2:

이번 구조해석에서는 DesingModeler를 사용하여 디자인한다.

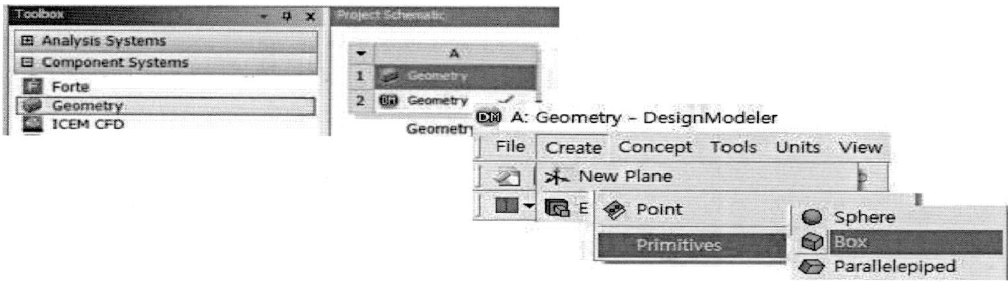

① Geometry에서 New DesignModeler를 불러온다.

② DesignModeler에서 Primitives로 3D 모델링을 한다.

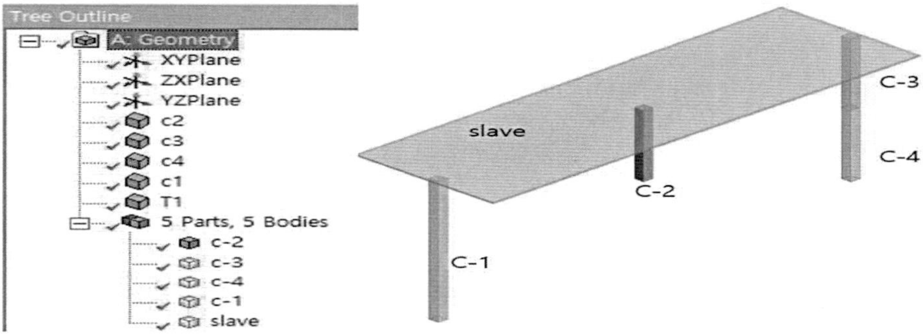

Details View

Details of c2	
Box	c2
Base Plane	XYPlane
Operation	Add Material
Box Type	From One Point and Diagonal
Point 1 Definition	Coordinates
FD3, Point 1 X Coordinate	0 mm
FD4, Point 1 Y Coordinate	0 mm
FD5, Point 1 Z Coordinate	0 mm
Diagonal Definition	Components
FD6, Diagonal X Component	134 mm
FD7, Diagonal Y Component	-1500 mm
FD8, Diagonal Z Component	134 mm
As Thin/Surface?	No

Details View

Details of c3	
Box	c3
Base Plane	XYPlane
Operation	Add Frozen
Box Type	From One Point and Diagonal
Point 1 Definition	Coordinates
FD3, Point 1 X Coordinate	0 mm
FD4, Point 1 Y Coordinate	0 mm
FD5, Point 1 Z Coordinate	-3000 mm
Diagonal Definition	Components
FD6, Diagonal X Component	134 mm
FD7, Diagonal Y Component	-1500 mm
FD8, Diagonal Z Component	134 mm
As Thin/Surface?	No

Details View

Details of c4	
Box	c4
Base Plane	XYPlane
Operation	Add Frozen
Box Type	From One Point and Diagonal
Point 1 Definition	Coordinates
FD3, Point 1 X Coordinate	0 mm
FD4, Point 1 Y Coordinate	-1500 mm
FD5, Point 1 Z Coordinate	-3000 mm
Diagonal Definition	Components
FD6, Diagonal X Component	134 mm
FD7, Diagonal Y Component	-1500 mm
FD8, Diagonal Z Component	134 mm
As Thin/Surface?	No

Details View

Details of c1	
Box	c1
Base Plane	XYPlane
Operation	Add Frozen
Box Type	From One Point and Diagonal
Point 1 Definition	Coordinates
FD3, Point 1 X Coordinate	0 mm
FD4, Point 1 Y Coordinate	0 mm
FD5, Point 1 Z Coordinate	3000 mm
Diagonal Definition	Components
FD6, Diagonal X Component	134 mm
FD7, Diagonal Y Component	-3000 mm
FD8, Diagonal Z Component	134 mm
As Thin/Surface?	No

Details View

Details of T1	
Box	T1
Base Plane	XYPlane
Operation	Add Frozen
Box Type	From One Point and Diagonal
Point 1 Definition	Coordinates
FD3, Point 1 X Coordinate	-1000 mm
FD4, Point 1 Y Coordinate	0 mm
FD5, Point 1 Z Coordinate	-3000 mm
Diagonal Definition	Components
FD6, Diagonal X Component	2000 mm
FD7, Diagonal Y Component	30 mm
FD8, Diagonal Z Component	6200 mm
As Thin/Surface?	No

(2) 엔지니어링 데이터 정의

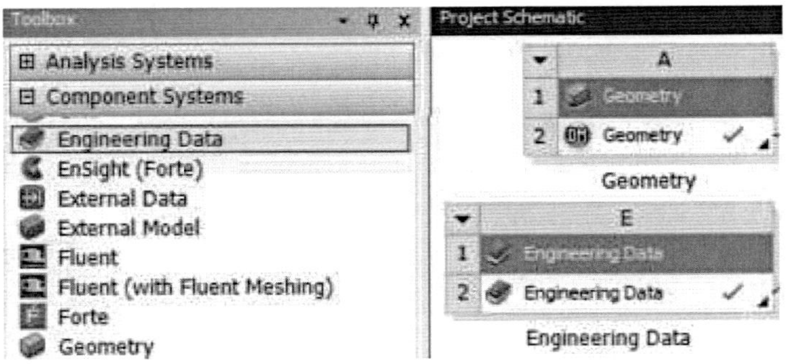

Engineering Data Sources에서 Structural steel을 복사하여 slave-material로 이름을 변경한다. 문제에서 Slave의 강성이 무한대이므로 slave-material의 탄성계수를 $2x10^{16}$Pa 로 변경하고, 질량을 고려하지 않기 위하여 Density를 1로 변경한다.

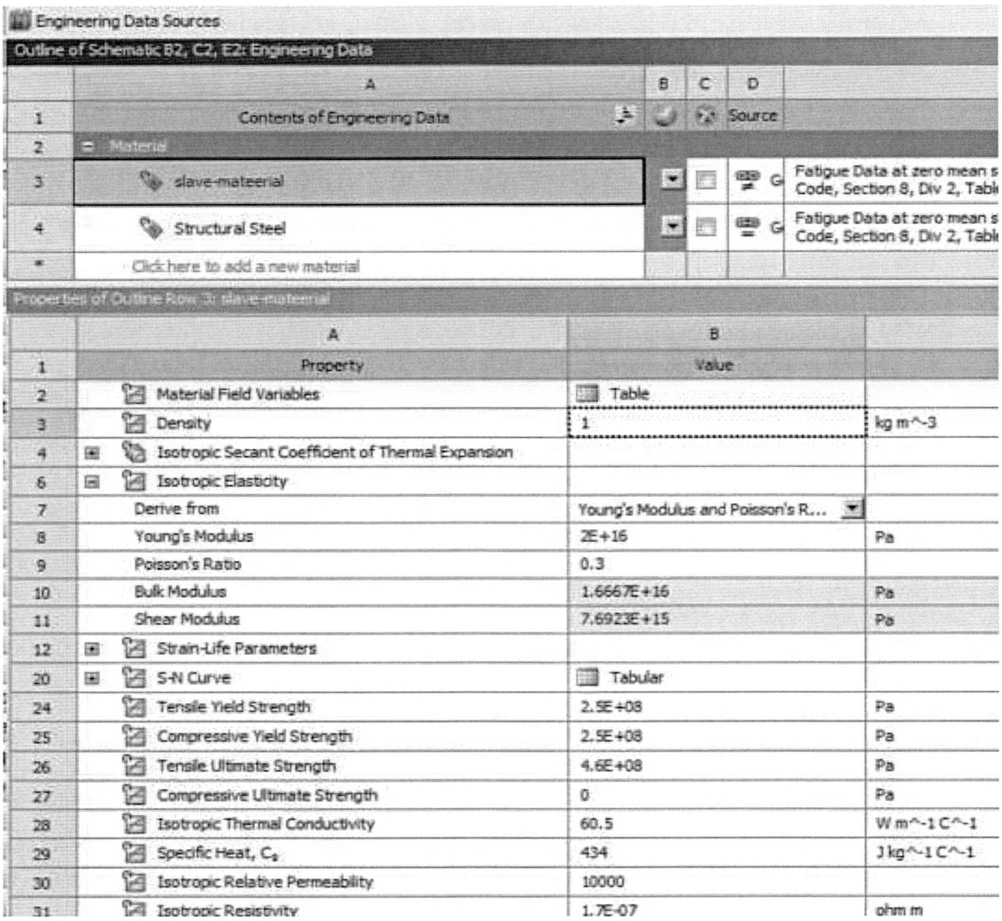

	A	B	C	D
1	Contents of Engineering Data			Source
2	Material			
3	slave-mateerial			Fatigue Data at zero mean s Code, Section 8, Div 2, Tabl
4	Structural Steel			Fatigue Data at zero mean s Code, Section 8, Div 2, Tabl
*	Click here to add a new material			

Properties of Outline Row 3: slave-mateerial

	A	B	
1	Property	Value	
2	Material Field Variables	Table	
3	Density	1	kg m^-3
4	Isotropic Secant Coefficient of Thermal Expansion		
6	Isotropic Elasticity		
7	Derive from	Young's Modulus and Poisson's R...	
8	Young's Modulus	2E+16	Pa
9	Poisson's Ratio	0.3	
10	Bulk Modulus	1.6667E+16	Pa
11	Shear Modulus	7.6923E+15	Pa
12	Strain-Life Parameters		
20	S-N Curve	Tabular	
24	Tensile Yield Strength	2.5E+08	Pa
25	Compressive Yield Strength	2.5E+08	Pa
26	Tensile Ultimate Strength	4.6E+08	Pa
27	Compressive Ultimate Strength	0	Pa
28	Isotropic Thermal Conductivity	60.5	W m^-1 C^-1
29	Specific Heat, C_p	434	J kg^-1 C^-1
30	Isotropic Relative Permeability	10000	
31	Isotropic Resistivity	1.7E-07	ohm m

3. 구조해석 절차

1) 프로젝트 설정

① Modal을 클릭하여 Project Schematic에 놓는다.

② Geometry를 연결하여 동일한 모델을 사용한다.

2) 엔지니어링 데이터 정의

Engineering Data source를 연결한다.

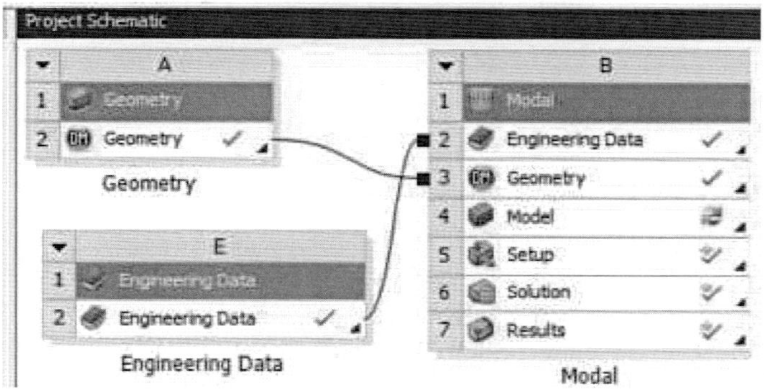

3) 형상 부착 모델 데이터 불러오기

Geometry를 연결한다.

4) 부품 동작 정의

(1) 구조해석을 하기 위하여 Mechanical 창을 활성화한다.

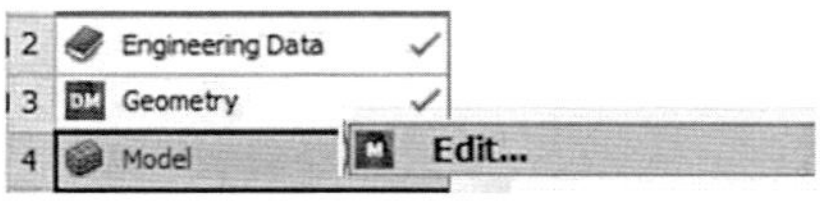

(2) 부품 동작 정의에서 부품 동작에 대한 정보를 정의한다.

① 기둥의 Stiffness Behavior를 flexible, 재질은 Structural steel 기본 설정한다.

② slave의 Stiffness Behavior를 flexible, 재질은 slave-material로 변경한다.

5) 좌표계 정의 : 일반설정 적용

6) 연결 정의

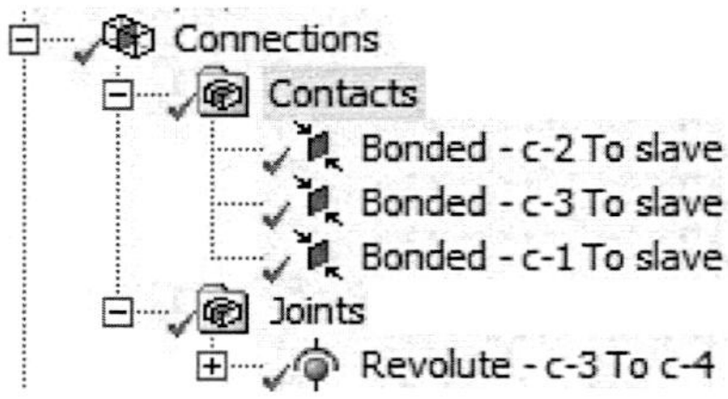

Connection의 이름을 Rename Based On Defintion을 사용하여 이름을 변경한다.

Bonded-C3 To C-4를 삭제한다.

Revolution c-3 To c-4를 생성한다.

아래와 같이 c-3과 c-4의 사이에 조인트를 연결한다.

조인트 연결 시, Revolute로 선언해야 하고, Reference Coordinate System에서 회전축이 Z출이 되도록 설정을 변경해야 한다.

Details of "Revolute - c-3 To c-4"

Definition	
Connection Type	Body-Body
Type	Revolute
Torsional Stiffness	0. N·mm/°
Torsional Damping	0. N·mm·s/°
Suppressed	No
Element APDL Name	
Reference	
Scoping Method	Geometry Selection
Applied By	Remote Attachment
Scope	1 Face
Body	c-3
Coordinate System	Reference Coordinate System
Behavior	Rigid
Pinball Region	All
Mobile	
Scoping Method	Geometry Selection
Applied By	Remote Attachment
Scope	1 Face
Body	c-4
Initial Position	Unchanged
Behavior	Rigid
Pinball Region	All

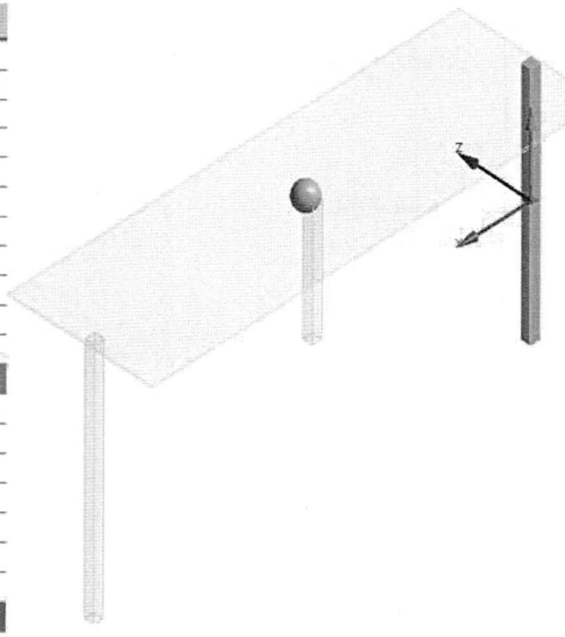

좌표설정의 변경은 Z축을 선택하고 Z축의 회전방향이 되어야하는 기존 축을 선택하면 두 축이 서로 변경된다.

7) 메쉬 설정 정의 :

① 기본 설정을 사용한다.

② 기둥의 메시 크기를 50mm로 설정한다.

8) 분석 설정 정의 : 일반설정 적용

9) 구조해석 초기 조건 정의 : 설정 없음.

10) 구조해석 경계 조건 정의

(1) 하중 조건 설정 :

① Slave에 Point Mass를 적용한다.

Details of "Point Mass"	
⊞ Scope	
⊟ Definition	
Mass	51020.4
Mass Moment of Inertia X	0. kg·mm²
Mass Moment of Inertia Y	0. kg·mm²
Mass Moment of Inertia Z	0. kg·mm²
Suppressed	No
Behavior	Deformable
Pinball Region	All

② 중력가속도 설정

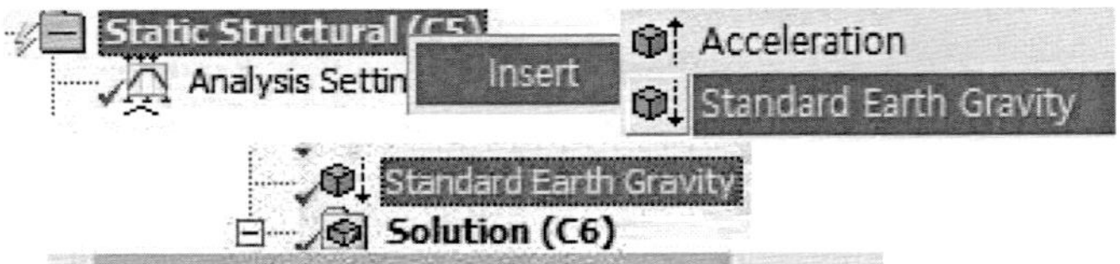

Details of "Standard Earth Gravity"

Scope	
Geometry	All Bodies
Definition	
Coordinate System	Global Coordinate System
X Component	0. m/s² (ramped)
Y Component	-9.8066 m/s² (ramped)
Z Component	0. m/s² (ramped)
Suppressed	No
Direction	-Y Direction

(2) 구조물의 변위 구속조건 설정

① Fixed support : 기둥 c-1과 기둥 c-4의 바닥을 설정한다.

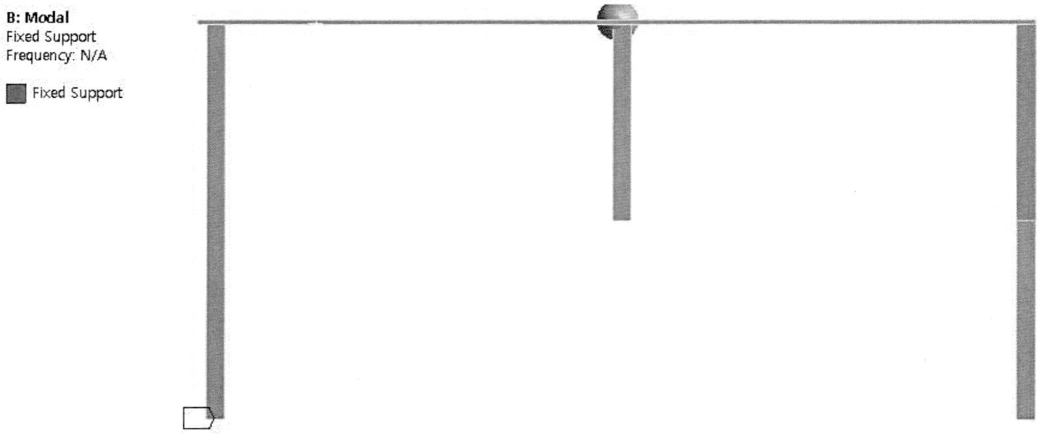

② Remote Displacement : 기둥 c-2의 하부가 x축을 중심으로 회전할 수 있도록 x축을 Free로 설정한다.

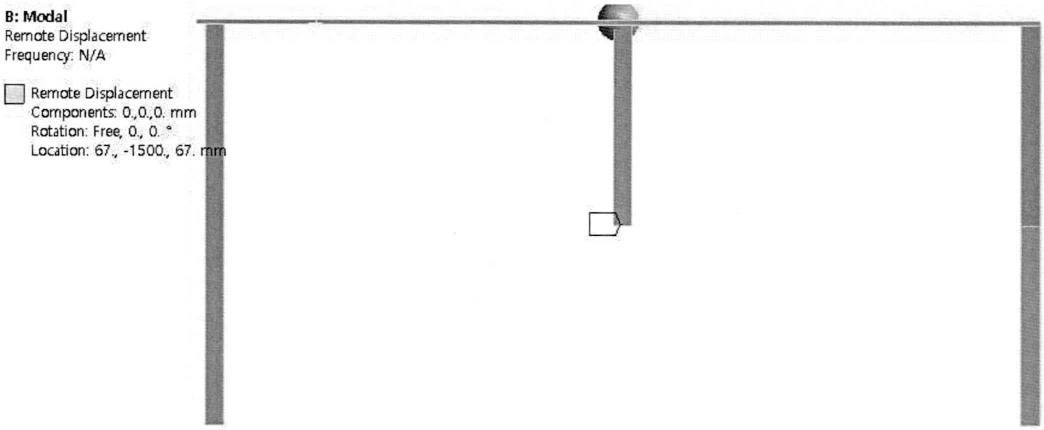

③ Displacement : 슬래브 측면이 x축 방향으로 이동하지 않도록 설정한다.

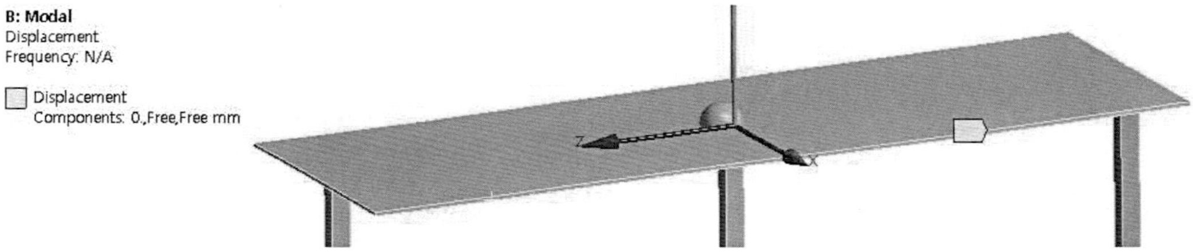

10) 구조해석 수행하기

11) 구조해석 결과에 확인

(1) Total Deformation

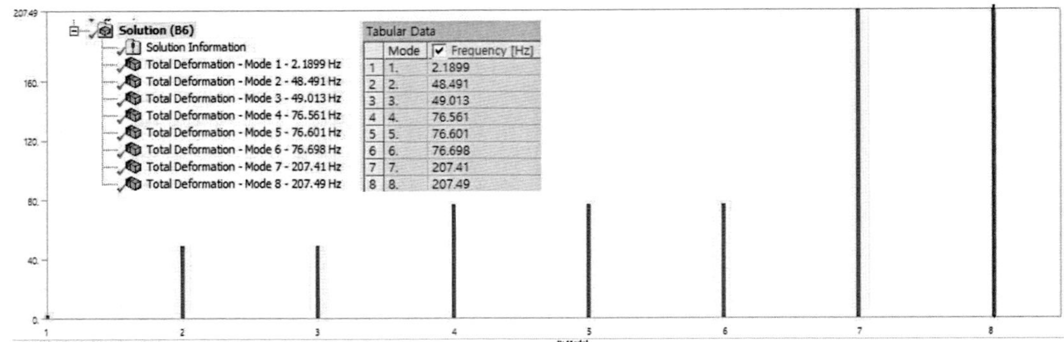
Solution (B6)
Solution Information
Total Deformation - Mode 1 - 2.1899 Hz
Total Deformation - Mode 2 - 48.491 Hz
Total Deformation - Mode 3 - 49.013 Hz
Total Deformation - Mode 4 - 76.561 Hz
Total Deformation - Mode 5 - 76.601 Hz
Total Deformation - Mode 6 - 76.698 Hz
Total Deformation - Mode 7 - 207.41 Hz
Total Deformation - Mode 8 - 207.49 Hz
Tabular Data
Mode | Frequency [Hz]
1 | 1. | 2.1899
2 | 2. | 48.491
3 | 3. | 49.013
4 | 4. | 76.561
5 | 5. | 76.601
6 | 6. | 76.698
7 | 7. | 207.41
8 | 8. | 207.49

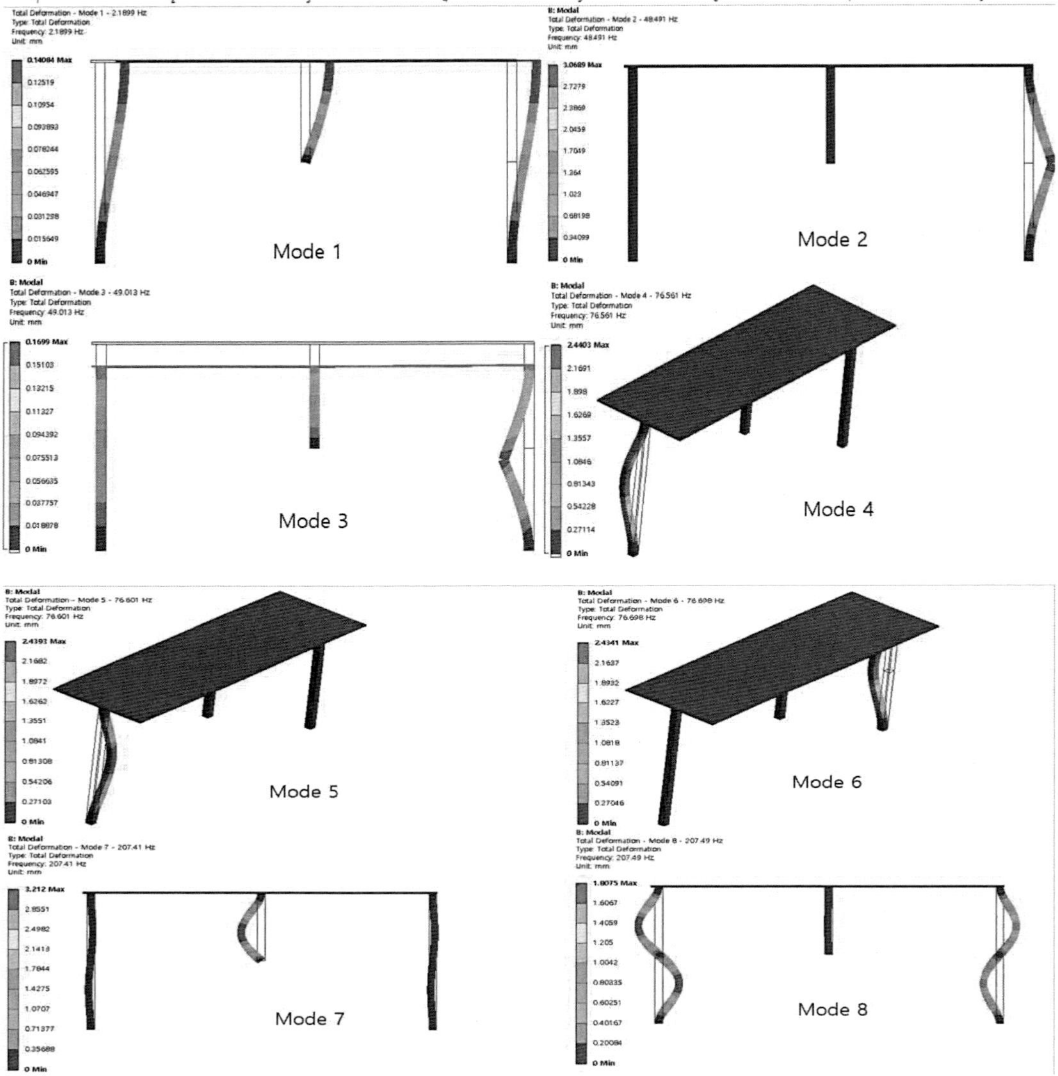
Mode 1
Mode 2
Mode 3
Mode 4
Mode 5
Mode 6
Mode 7
Mode 8

Point Mass 변경에 따라 고유주기 영향 정도

Point Mass의 하중을 51020.4kg에서 1kg으로 변경할 때

Tabular Data

	Mode	Frequency [Hz]
1	1.	2.168
2	2.	48.477
3	3.	48.537
4	4.	76.561
5	5.	76.599
6	6.	76.698
7	7.	207.41
8	8.	207.49

(a) Point Mass : 51020.4kg

Tabular Data

	Mode	Frequency [Hz]
1	1.	23.268
2	2.	52.838
3	3.	76.561
4	4.	76.698
5	5.	87.12
6	6.	207.44
7	7.	207.49
8	8.	207.5

(b) Point Mass : 51020.4kg

3.2.8 Slave with three column structures : Static Structural

1. 구조해석 절차

1) 프로젝트 설정

2) 엔지니어링 데이터 정의 : Modal 해석에서 연결한다.

3) 형상 부착 모델 데이터 불러오기 : Modal 해석에서 연결한다.

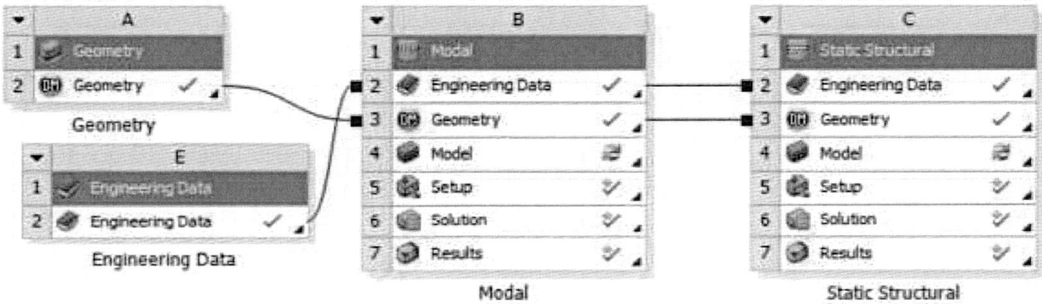

4) 부품 동작 정의

(1) 구조해석을 하기 위하여 Mechanical 창을 활성화한다.

※ 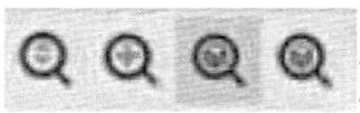 F7를 클릭하여 모델을 화면에 나타낸다.

(2) 부품 동작 정의에서 부품 동작에 대한 정보를 정의한다.

① 기둥의 Stiffness Behavior를 flexible, 재질은 Structural steel 기본 설정한다.

② slave의 Stiffness Behavior를 flexible, 재질은 slave-material로 변경한다.

5) 좌표계 정의 : 일반설정 적용

6) 연결 정의 : Modal 해석 연결과 같이 설정한다.

7) 메쉬 설정 정의 : Modal 해석 연결과 같이 설정한다.

8) 분석 설정 정의 : 일반설정 적용

9) 구조해석 초기 조건 정의 : 설정 없음

10) 구조해석 경계조건 정의

(1) 하중 조건 설정

① Slave에 Point Mass를 적용한다.

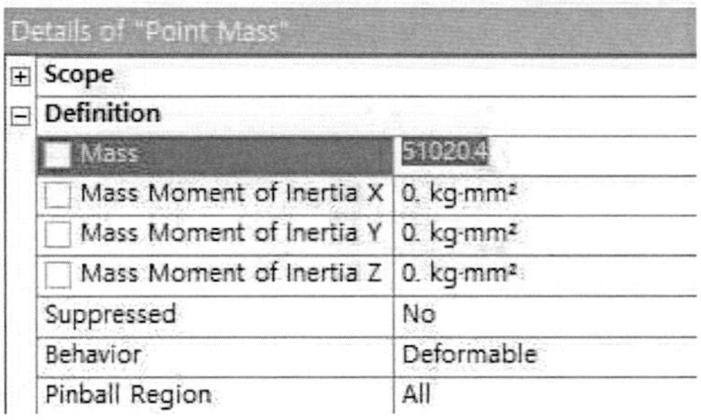

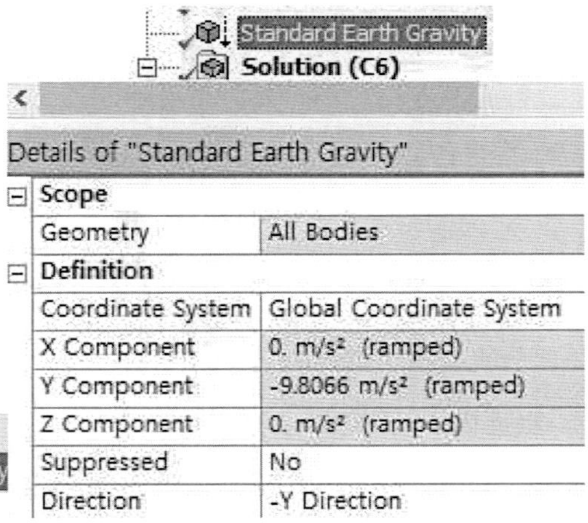

② 중력가속도 설정

③ Force

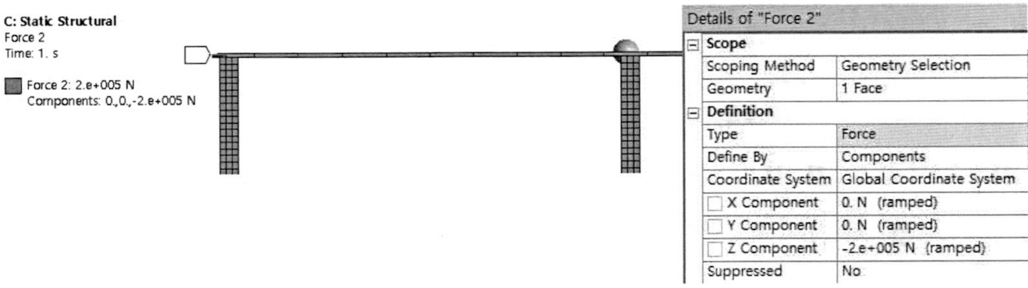

(2) 구조물의 변위 구속조건 설정

① Fixed support :

기둥 c-1과 기둥 c-4의 바닥을 설정한다.

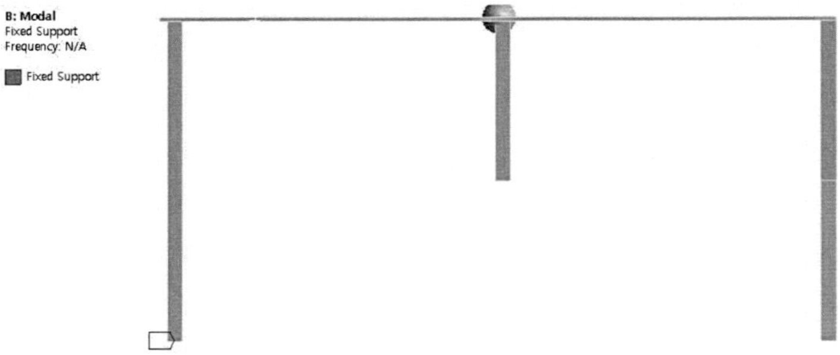

② Remote Displacement :

기둥 c-2의 하부가 x축을 중심으로 회전할 수 있도록 x축을 Free로 설정한다.

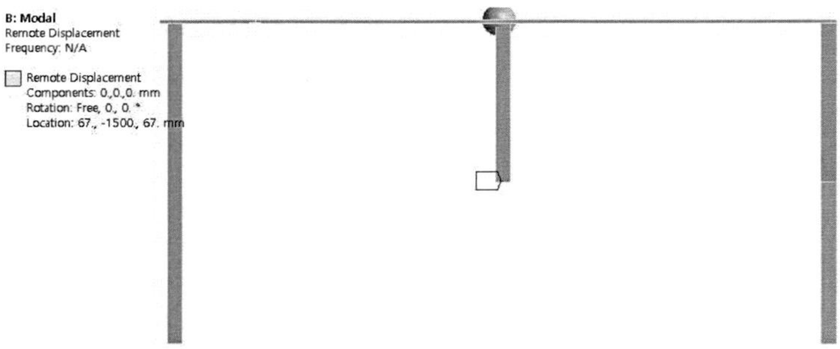

③ Displacement : 슬래브 측면이 x축 방향으로 이동하지 않도록 설정한다.

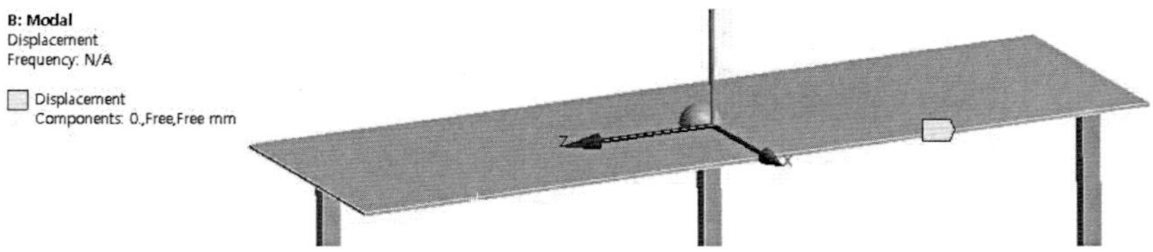

10) 구조해석 수행하기

11) 구조해석 결과에 확인

(1) Total Deformation

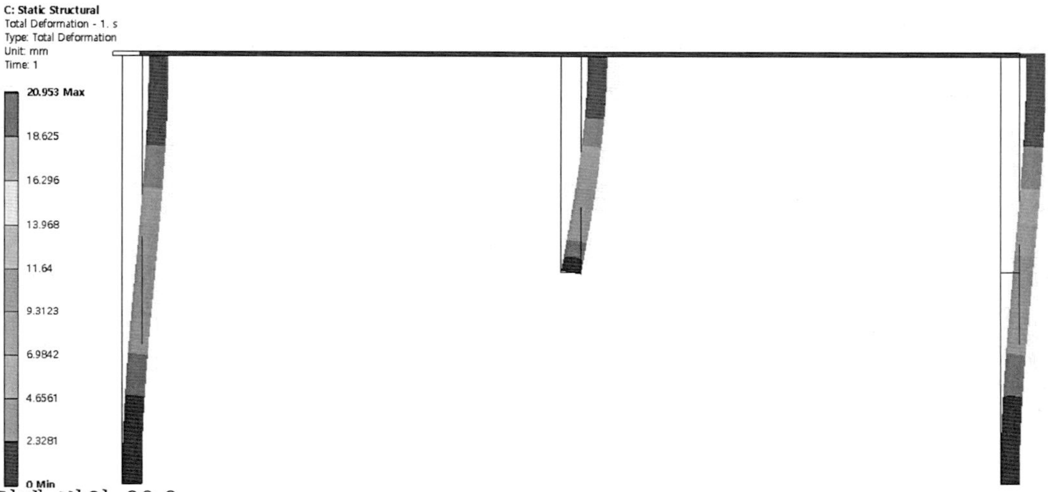

최대 변위 20.9mm

(2) Reaction Force

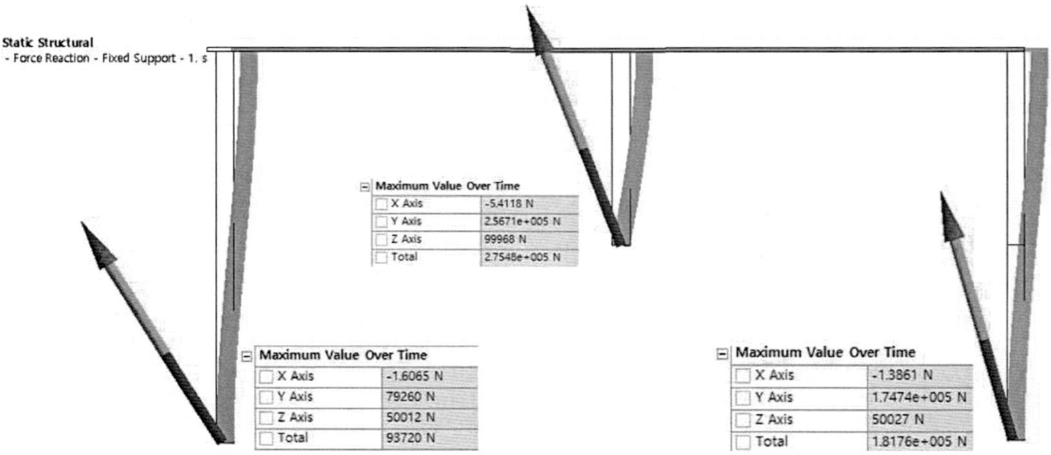

3.3. Multiple degrees of freedom system

1) 해석 모델링

1자유도계가 하나의 운동방정식으로 표현하듯이 이자유도계는 두 개의 운동방정식으로 표현한다. 이자유계의 진동은 두 개의 고유진동수가 존재하며 이에 상응하는 2개의 고유모드가 있다. 시스템의 초기조건이 부여 되면 진동은 2개의 정규모드의 중첩으로 나타낸다.

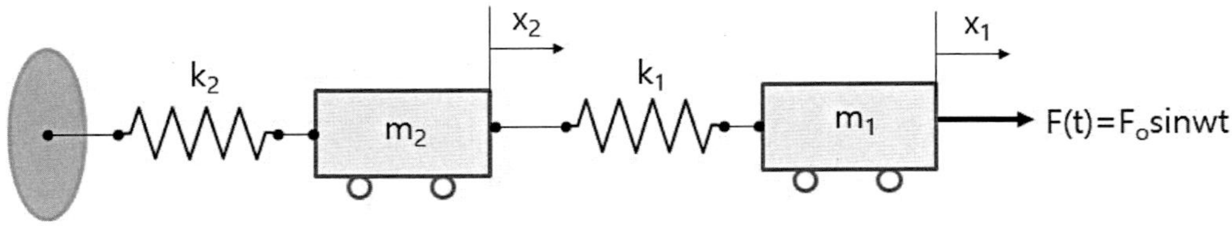

단자유도 모형

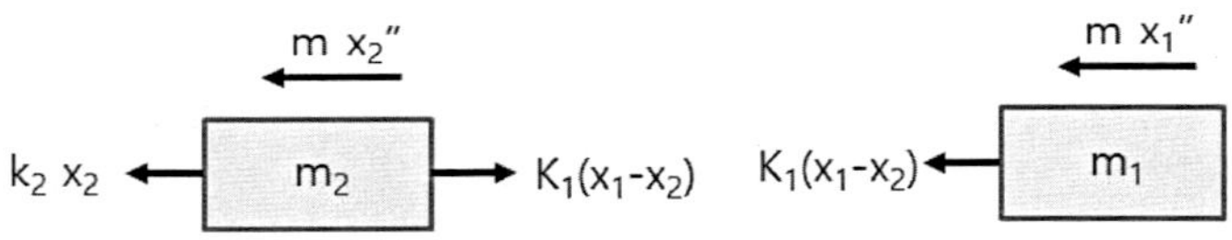

운동방정식

2) 운동방정식

절점1에 대한 운동방정식 $m_1\ddot{x}_1 + k_1(x_1 - x_2) = 0$

절점2에 대한 운동방정식 $m_1\ddot{x}_1 + k_2x_2 - k_1(x_1 - x_2) = 0$

두 방정식을 행렬 방정식으로 나타내면

$$\begin{bmatrix} m_1 & 0 \\ 0 & m_2 \end{bmatrix}\begin{Bmatrix} \ddot{x}_1 \\ \ddot{x}_2 \end{Bmatrix} + \begin{bmatrix} k_1 & -k_1 \\ -k_1 & (k_1+k_2) \end{bmatrix}\begin{Bmatrix} x_1 \\ x_2 \end{Bmatrix} = \begin{Bmatrix} 0 \\ 0 \end{Bmatrix}$$ 이다.

3) 고유진동수 산정

방정식의 해를 다음과 같이 정의하면

$$x_1 = \phi_1 \sin wt \;\rightarrow\; x''_1 = -w^2 x_1$$

$$x_2 = \phi_2 \sin wt \ \rightarrow \ x''_2 = -w^2 x_2$$

$$\begin{bmatrix} m_1 & 0 \\ 0 & m_2 \end{bmatrix} \begin{Bmatrix} -w^2 x_1 \\ -w^2 x_2 \end{Bmatrix} + \begin{bmatrix} k_1 & -k_1 \\ -k_1 & (k_1+k_2) \end{bmatrix} \begin{Bmatrix} x_1 \\ x_2 \end{Bmatrix} = \begin{Bmatrix} 0 \\ 0 \end{Bmatrix}$$

$$\begin{bmatrix} -w^2 m_1 + k & -k_1 \\ -k_1 & -w^2 m_2 + k_1 + k_2 \end{bmatrix} \begin{Bmatrix} x_1 \\ x_2 \end{Bmatrix} = \begin{Bmatrix} 0 \\ 0 \end{Bmatrix}$$

$$\begin{bmatrix} -w^2 m_1 + k & -k_1 \\ -k_1 & -w^2 m_2 + k_1 + k_2 \end{bmatrix} \begin{Bmatrix} \phi_1 \\ \phi_2 \end{Bmatrix} \sin wt = \begin{Bmatrix} 0 \\ 0 \end{Bmatrix}$$

이 식이 해를 갖기 위해서는 Det(A)=0 이므로

$$\begin{vmatrix} -w^2 m_1 + k_1 & -k_1 \\ -k_1 & -w^2 + k_1 + k_2 \end{vmatrix} = 0$$ 여기서 w_1^2 와 w_2^2 를 산정한다.

4) 고유진동 모드행렬 산정

① 첫 번째 고유진동 모드 (w_1^2 대입)

$$\begin{bmatrix} -w_1^2 m_1 + k & -k_1 \\ -k_1 & -w_1^2 m_2 + k_1 + k_2 \end{bmatrix} \begin{Bmatrix} \phi_{11} \\ \phi_{21} \end{Bmatrix} \sin wt = \begin{Bmatrix} 0 \\ 0 \end{Bmatrix}$$

여기서 $\begin{Bmatrix} \dfrac{\phi_{11}}{\phi_{21}} \end{Bmatrix}$를 산정한다.

② 두 번째 고유진동 모드 (w_1^2 대입)

$$\begin{bmatrix} -w_2^2 m_1 + k & -k_1 \\ -k_1 & -w_2^2 m_2 + k_1 + k_2 \end{bmatrix} \begin{Bmatrix} \phi_{12} \\ \phi 2 \end{Bmatrix} \sin wt = \begin{Bmatrix} 0 \\ 0 \end{Bmatrix}$$

여기서 $\left\{\dfrac{\phi_{12}}{\phi_{22}}\right\}$를 산정한다.

③ 고유진동 모 행렬 (형상벡터)은 다음과 같이 쓸 수 있다.

$$\{\phi\}=\begin{Bmatrix}\phi_{11}\,\phi_{12}\\ \phi_{21}\,\phi_{22}\end{Bmatrix}$$

3.3.1 Degree-of-freedom vibration characteristics

다음 그림과 같이 m1은 1.0kNs^2/m, m2는 1.5kNs^2/m이고 스프링 상수 k1는 500kN/m, k2는 1000kN/m 이다. 2자유도 구조시스템의 고유진동수와 모드형상을 산정하시오.

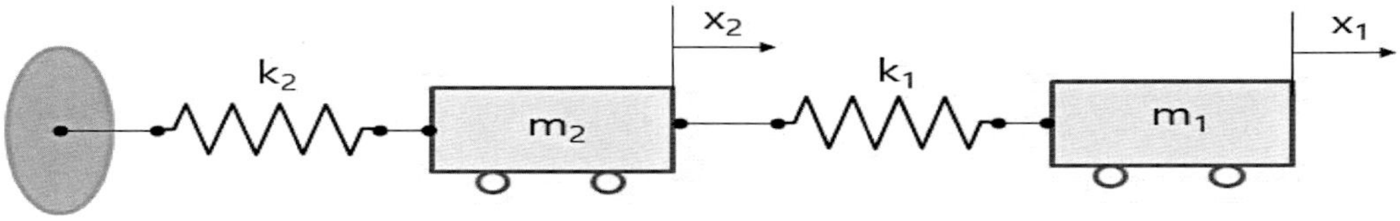

(1) 동적 운동방정식

① 절점1에 대한 운동방정식 $m_1\ddot{x}_1 + k_1(x_1 - x_2) = 0$

② 절점2에 대한 운동방정식 $m_1\ddot{x}_1 + k_2 x_2 - k_1(x_1 - x_2) = 0$

③ $\begin{bmatrix} m_1 & 0 \\ 0 & m_2 \end{bmatrix} \begin{Bmatrix} \ddot{x}_1 \\ \ddot{x}_2 \end{Bmatrix} + \begin{bmatrix} k_1 & -k_1 \\ -k_1 & (k_1+k_2) \end{bmatrix} \begin{Bmatrix} x_1 \\ x_2 \end{Bmatrix} = \begin{Bmatrix} 0 \\ 0 \end{Bmatrix}$

(2) 고유진동수(f) 산정

$$x_1 = \phi_1 \sin wt \rightarrow \ddot{x}_1 = -w^2 x_1, x_2 = \phi_2 \sin wt \rightarrow \ddot{x}_2 = -w^2 x_2$$

$$\begin{bmatrix} m_1 & 0 \\ 0 & m_2 \end{bmatrix} \begin{Bmatrix} -w^2 x_1 \\ -w^2 x_2 \end{Bmatrix} + \begin{bmatrix} k_1 & -k_1 \\ -k_1 & (k_1+k_2) \end{bmatrix} \begin{Bmatrix} x_1 \\ x_2 \end{Bmatrix} = \begin{Bmatrix} 0 \\ 0 \end{Bmatrix}$$

$$\begin{bmatrix} -w^2 m_1 + k & -k_1 \\ -k_1 & -w^2 m_2 + k_1 + k_2 \end{bmatrix} \begin{Bmatrix} x_1 \\ x_2 \end{Bmatrix} = \begin{Bmatrix} 0 \\ 0 \end{Bmatrix}$$

$$\begin{bmatrix} -w^2 m_1 + k & -k_1 \\ -k_1 & -w^2 m_2 + k_1 + k_2 \end{bmatrix} \begin{Bmatrix} \phi_1 \\ \phi_2 \end{Bmatrix} \sin wt = \begin{Bmatrix} 0 \\ 0 \end{Bmatrix}$$

여기서, $m_1 = 1.0$, $m_2 = 1.5$, $k_1 = 500$, $k_2 = 1{,}000$대입하면

$$\begin{bmatrix} -w^2+500 & -500 \\ -500 & -1.5w^2+1500 \end{bmatrix} \begin{Bmatrix} \phi_1 \\ \phi_2 \end{Bmatrix} \sin wt = \begin{Bmatrix} 0 \\ 0 \end{Bmatrix}$$

이 식이 해를 갖기 위해서는 Det(A)=0

$$\begin{vmatrix} -w^2+500 & -500 \\ -500 & -1.5w^2+1,500 \end{vmatrix} = 0$$

$$(-w^2+500)(-1.5w^2+1,500)-500^2=0$$

$$\therefore w_1^2 = 273.3,\ w_2^2 = 1228.7$$

① 첫 번째 모드의 고유진동수

$$w_1^2 = 273.1 \rightarrow w_1 = 16.5 rad/\sec$$

$$\rightarrow f_{n1} = \frac{w_1}{2\pi} = \frac{16.5}{2\pi} = 2.63Hz\left(T_{n1} = \frac{1}{f_{n1}} = 0.38\sec\right)$$

② 두 번째 모드의 고유진동수

$$w_2^2 = 1228.7 \rightarrow w_2 = 35.1 rad/\sec$$

$$\rightarrow f_{n2} = \frac{w_2}{2\pi} = \frac{35.1}{2\pi} = 5.59Hz\left(T_{n2} = \frac{1}{f_{n2}} = 0.18\sec\right)$$

(3) 고유진동 모드 행렬산정

① 첫 번째 고유진동 모드$(w_1^2 = 271.3)$

$$\begin{bmatrix} -271.3+500 & -500 \\ -500 & -1.5\times 271.3+1,500 \end{bmatrix} \begin{Bmatrix} \phi_{11} \\ \phi_{21} \end{Bmatrix} = \begin{Bmatrix} 0 \\ 0 \end{Bmatrix}$$

$$\begin{bmatrix} 228.7 & -500 \\ -500 & 1093.1 \end{bmatrix} \begin{Bmatrix} \phi_{11} \\ \phi_{21} \end{Bmatrix} = \begin{Bmatrix} 0 \\ 0 \end{Bmatrix}$$

$$228.7\phi_{11} - 500\phi_{21} = 0 \qquad \frac{\phi_{22}}{\phi_{12}} = -0.457 \rightarrow \therefore \begin{Bmatrix} \phi_{11} \\ \phi_{21} \end{Bmatrix} = \begin{Bmatrix} 1.0 \\ 0.457 \end{Bmatrix}$$

② 두 번째 고유진동 모드($w_2^2 = 1228.7$)

$$\begin{bmatrix} -1,228.7+500 & -500 \\ -500 & -1.5\times 1,228.7+1,500 \end{bmatrix} \begin{Bmatrix} \phi_{12} \\ \phi_{22} \end{Bmatrix} = \begin{Bmatrix} 0 \\ 0 \end{Bmatrix}$$

$$\begin{bmatrix} -728.7 & -500 \\ -500 & -343.1 \end{bmatrix} \begin{Bmatrix} \phi_{12} \\ \phi_{22} \end{Bmatrix} = \begin{Bmatrix} 0 \\ 0 \end{Bmatrix}$$

$$-728.7\phi_{12} - 500\phi_{22} = 0 \frac{\phi_{22}}{\phi_{12}} = -1.457 \rightarrow \therefore \begin{Bmatrix} \phi_{12} \\ \overline{\phi_{22}} \end{Bmatrix} = \begin{Bmatrix} 1.0 \\ \overline{-1.457} \end{Bmatrix}$$

③ 고유진동 모드 행렬

$$\begin{Bmatrix} \phi_{11}\,\phi_{12} \\ \phi_{21}\,\phi_{22} \end{Bmatrix} = \begin{Bmatrix} 1.0 & 1.0 \\ 0.457 & -0.457 \end{Bmatrix}$$

4 Harmonic Response

4.1 Overview of Harmonic Analysis

1) 정의

특정 주파수로 사인파형의 조화하중이 구조물에 가해질 때 정상상태의 구조물의 응답을 결정하는 기술이다.

(1) 입력값은 힘, 압력, 강제 변위 등 주어진 주파수와 크기의 조화 하중이다.
동일한 주파수로 다수의 하중을 지정할수 있다. 힘과 변위는 In-phase 도는 Out-of Phase 로 지정할 수 있다. 단 Body Load는 위상가 0일 경우에만 계산 가능하다.

(2) 출력값은 모든 자유도에서의 조화변위, 보통 입력하중과 다른 위상각을 가진다.
응력이나 변형률 등 2차로 유도되는 결과값이다.

2) 목적

(1) 조화해석은 다음과 같은 설계를 위해 사용된다.
압축기, 엔진, 펌프, 터보머신 등 회전 장치가 포함된 장비나 고정 장치
터빈 블레이드, 항공기 날개, 교량 등 유 흐름으로 인한 교란을 받게 되는 구조물
(2) 조화해석을 해야하는 이유는 다음과 같다.
구조물이 다양한 주파수의 조화하중을 견딜 수 있는지 확인하기 위해서다.
예를 들면 여러 가지 속도록 엔진이 작동하는 경우이다.
공진 여부를 검토하여 필요할 경우 회피하는 방법을 찾아야 할 때이다. 예를 들면 댐퍼 등을 사용하는 경우이다.

3) 조화해석의 가정과 제한
구조물 전체가 일정하거나 주파수 의존형의 강성, 댐핑, 질량 효과를 갖는다.
비선형성은 허용되지 않는다.
과도(시간)효과는 고려하지 않는다.

모든 하중과 변위가 주어진 주파수에서 조화함수의 형태를 가진다. (동일 위상각일 필요는 없다)
가속도, 베어링 하중 모멘트 하중은 실수 값(In-Phase)으로 가정한다.

4) 비감쇠 단자유도 강제 진동

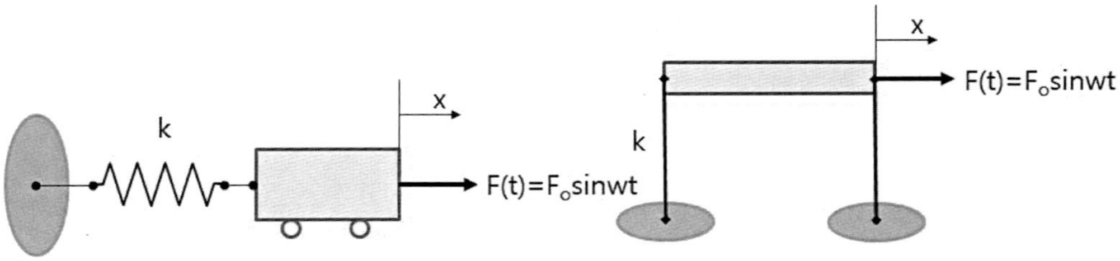

단자유도 모형

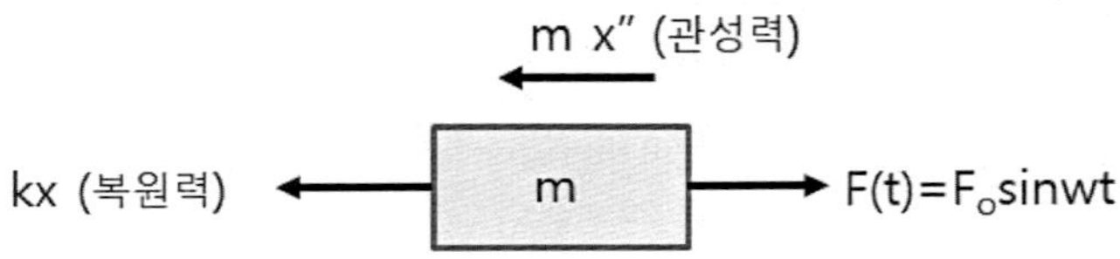

운동방정식

선형 이차 미분방정식은 비제차(non-homogeneous)이므로 일반해 $x(t)$는 재차해 $x_h(t)$와 특이해 $x_p(t)$의 합으로 이루어진다.

즉 $x(t) = x_h(t) + x_p(t)$ 이다.

제차해는 $mx'' + cx' + kx = 0$ 의 해로 감쇠 조건에 따라 시간이 지남에 따라 소멸한다. 따라서 운동방적식의 해는 $x(t) = x_p(t)$ 이다.

시간이 경과 함에 따라 소멸되는 재차해 부분을 과도진동이라 하고, 과동 응답을 무시하고 특이해만 구한 해를 정상상태응답이라 한다.

정상상태의 운동방정식 $mx'' + kx = F_o \cos wt$의 특이한 다음과 같다.

$$x_p(t) = \frac{F_o}{k - mw^2} \cos wt$$

따라서 운동방정식은 $x(t) = A\cos w_n t + B\sin w_n t + \dfrac{F_o}{k - mw^2} \cos wt$ 이 된다.

r은 무차원진동수 w/w_n로 정의한다. $X/(F_o/k) = \dfrac{1}{1-(\dfrac{w}{w_n})^2} = \dfrac{1}{1-r^2}$

정상상태 응답의 크기는 $X = \dfrac{F_o}{k - mw^2}$ 즉 $X/(F_o/k)$은 정적 진폭에 대한 동적 진폭의 비를 나타내며 전달 함수라 한다. 전달함수의 크기를 증폭률이라 한다.

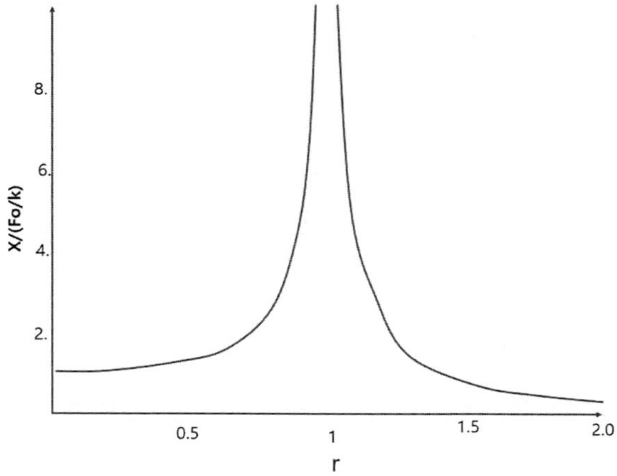

5) 감쇠 단자유도 강제 진동

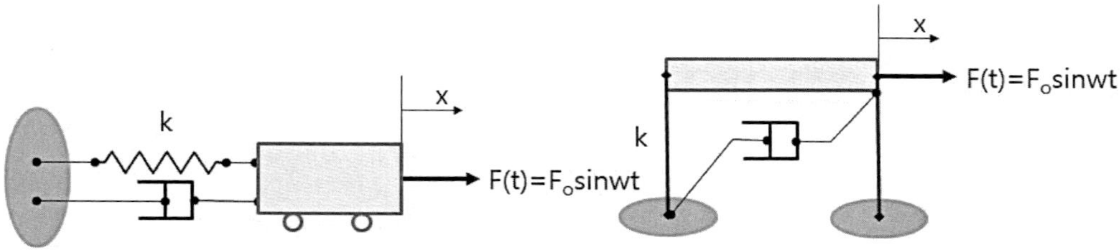

단자유도 모형

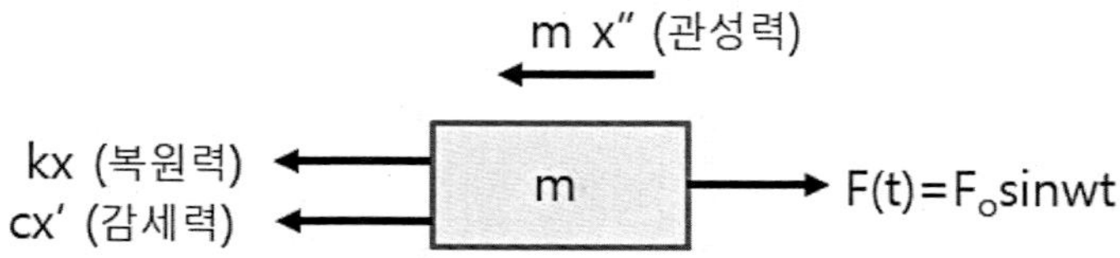

운동방정식

운동방정식은 $mx'' + cx' + kx = F_o \cos wt$ 와 같다.

일정시간 경과 후 재차 성분이 무시될 수 있고 특이해의 성분만 남게 된다.

특이 해는 $x_p(t)=\frac{F_o}{\sqrt{(k-mw^2)^2+(cw)^2}}\cos(wt-\phi)$ 여기서 $\phi=\tan^{-1}(\frac{cw}{k-mw^2})$ 이다.

무차원 진동수비 $r=w/w_n$을 도입하면 $X/(F_o/k)=\frac{1}{\sqrt{(1-r^2)^2+(2\zeta r)^2}}$ 이다.

4.2 Transient Vibration(과도 진동)

스프링-감쇠-질량으로 구성된 1자유도계에 외부 힘 F(t)가 작용할 때의 운동방정식은 다음과 같다.

$$mx''+cx'+kx=F(t)$$

선형 이차 미분방정식은 비제차(non-homogeneous)이므로 일반해 $x(t)$는 재차해 $x_h(t)$와 특이해 $x_p(t)$의 합으로 이루어진다.

즉 $x(t)=x_h(t)+x_p(t)$ 이다.

따라서 운동방정식은

$x(t)=A\cos w_nt+B\sin w_nt+\frac{Fo}{k}\frac{1}{\sqrt{(1-r^2)^2+(2\zeta r)^2}}\cos(wt-\phi)$이 된다.

여기서 $r=w/w_n$

상수 A, B는 구조물의 초기 조건에 의해서 결정된다.

4.2.1 Displacement of cantilever : Modal Analysis

1. 구조해석 정의 8)

다음과 같은 Cantilever에 주어진 하중이 갑작이 작용시킬 때, 그 응답을 구하시오.
감쇠계수가 0 때 계의 응답(Response)을 구하시오.
단 해당 구조물은 비감쇠 1자유도이다.

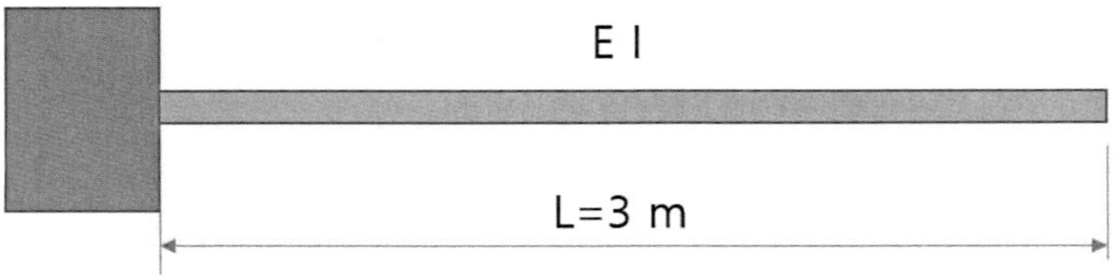

구조물의 재질은 Structural steel로 탄성계수는 200GPa 이다. $E=2x10^{11}Pa$
구조물 H 300x300x10x15, 길이는 1200mm이다. $I = 0.00015m^4$

2. 구조해석 목적

- 외팔보의 고유진동수와 고유모드를 산정한다.

3. 구조해석 절차

1) 프로젝트 설정

① Modal을 클릭하여 Project Schematic에 놓는다.

② Geometry를 연결하여 동일한 모델을 사용한다.

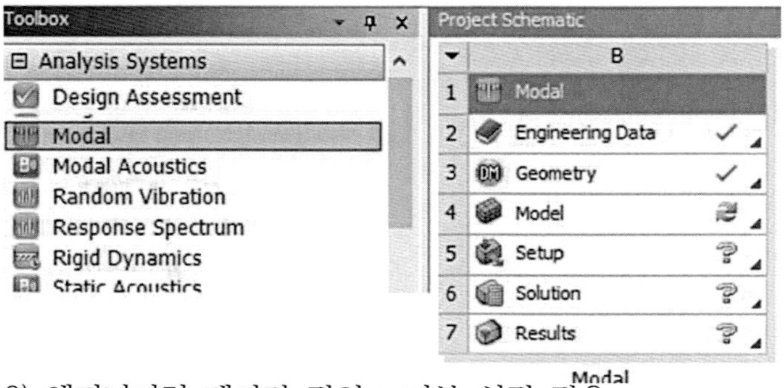

2) 엔지니어링 데이터 정의 : 기본 설정 적용

3) 형상 부착 모델 데이터 불러오기(또는 모델 만들기) : 이전 모델 설정을 사용한다.

4) 부품 동작 정의

---

8) 역학모의고사 배성호 14회 3문

(1) 구조해석을 하기 위하여 Mechanical 창을 활성화한다.

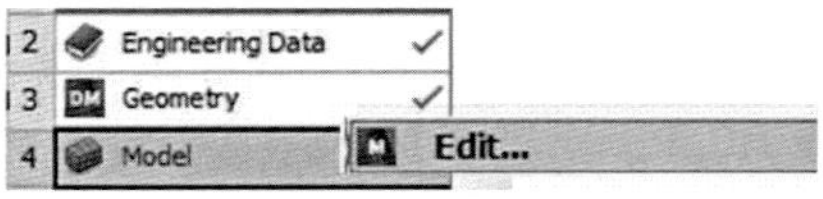

※  F7를 클릭하여 모델을 화면에 나타낸다.

(2) 부품 동작 정의에서 부품 동작에 대한 정보를 정의한다.

Details of "H300x300x10x15-L3000-FreeParts"	
Graphics Properties	
Definition	
Suppressed	No
Stiffness Behavior	Flexible
Coordinate System	Default Coordinate System
Reference Temperature	By Environment
Behavior	None
Material	
Assignment	Structural Steel
Nonlinear Effects	Yes
Thermal Strain Effects	Yes

5) 좌표계 정의 : 시스템에서 설정한 Global 좌표계를 사용한다.

6) 연결 정의 : 설정 없음

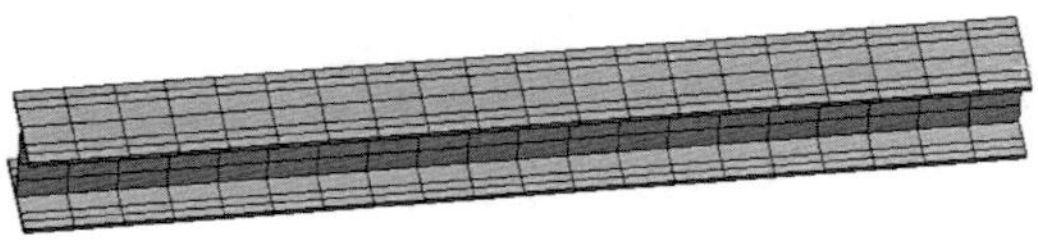

7) 메쉬 설정 정의 : 기본 설정을 적용한다.

8) 분석 설정 정의 : 기본 설정을 적용한다.

9) 구조해석 초기 조건 정의 : 설정 내용 없음.

10) 구조해석 경계 조건 정의
(1) 하중 조건 설정 : 없음

(2) 경계 조건
① Fixed support

11) 구조해석 수행하기

12) 구조해석 결과 확인

(1) Total Deformation

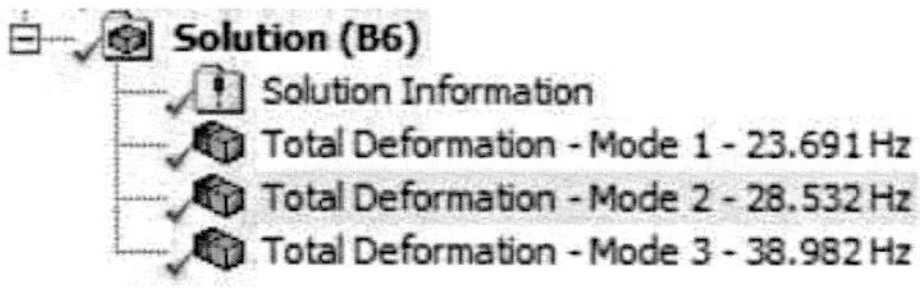

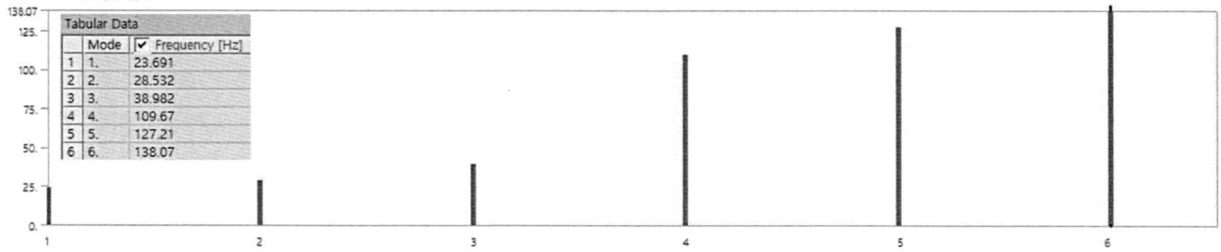

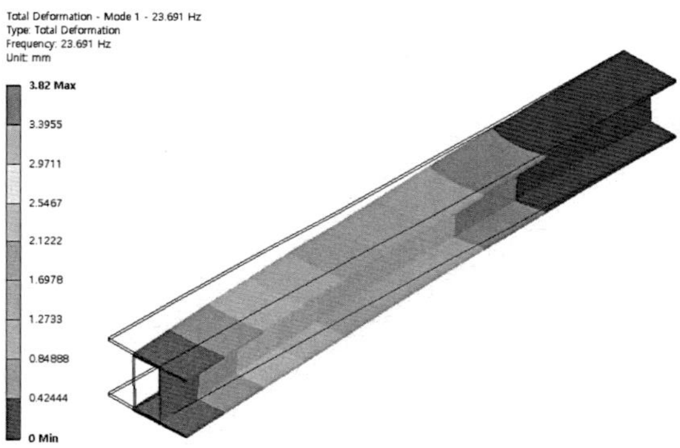

Mode I

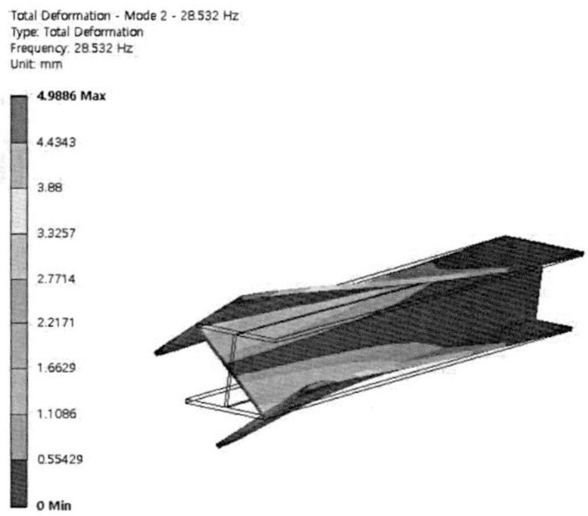

Mode II

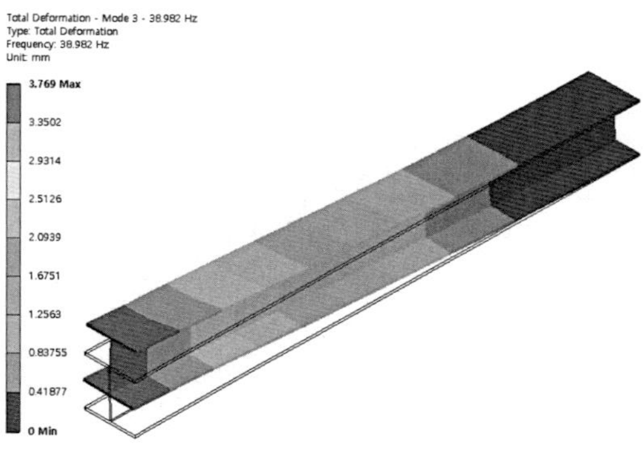

Mode III

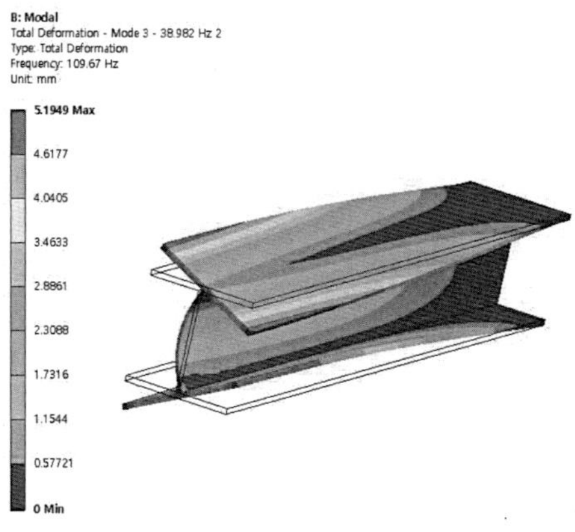

Mode IV

본 해석의 구조체에서는 Mode III와 같이 거동하므로 고유주기를 38.532Hz이다.

4.2.2 Displacement of cantilever : Static Structural

1) 프로젝트 설정

① workbench에서 Static Structural을 드래그(또는 더블클릭) 한다.

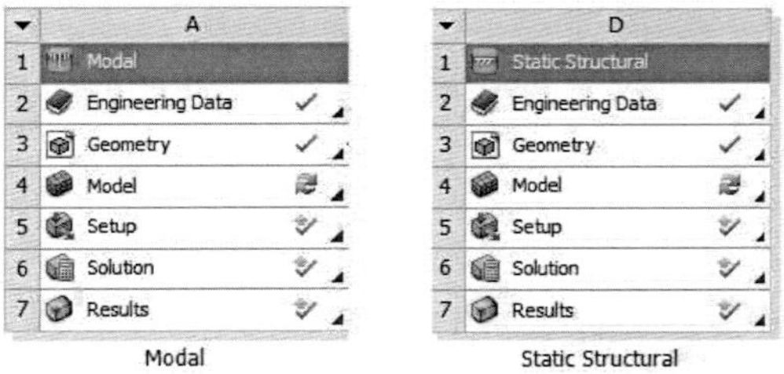

2) 엔지니어링 데이터 정의 : 기본 설정인 Structural steel을 적용한다.

3) 형상 부착 모델 데이터 불러오기(또는 모델 만들기)

① Modal에서 Geometry를 드래그하여 Static Structural에 놓는다.

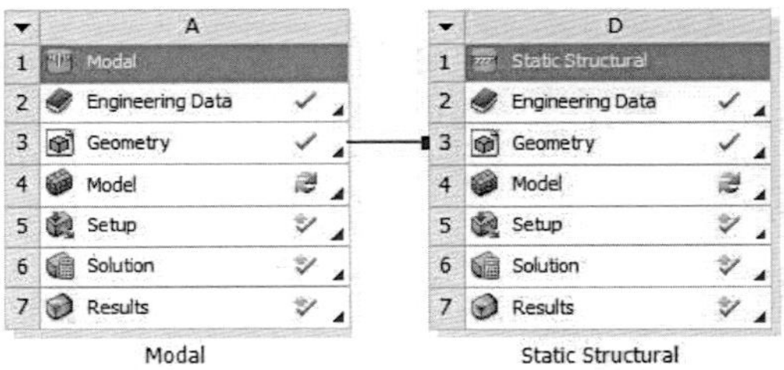

4) 부품 동작 정의

(1) 구조해석을 하기 위하여 Mechanical 창을 활성화한다.

※  F7를 클릭하여 모델을 화면에 나타낸다.

(2) 부품 동작 정의에서 부품 동작에 대한 정보를 정의한다.

① solid는 Stiffness Behavior를 flexible로, 재질은 Structural steel로 설정한다.

5) 좌표계 정의

시스템에서 설정한 Global 좌표계를 사용한다.

6) 연결 정의 : 연결 내용 없음

7) 메쉬 설정 정의

① 메쉬 크기는 자동설정으로 하고 메쉬의 형상을 변경하기 위하여 Method를 사용한다.

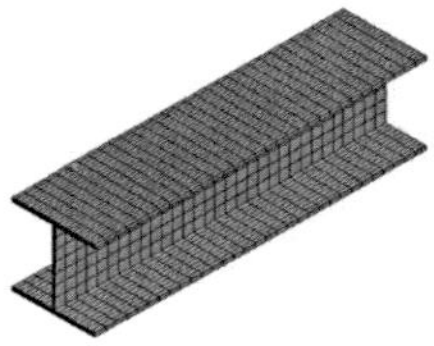

8) 분석 설정 정의 : 기본 설정 적용

9) 구조해석 초기 조건 정의 : 설정값 없음

10) 구조해석 경계조건 정의

(1) 하중 조건 설정

① Force

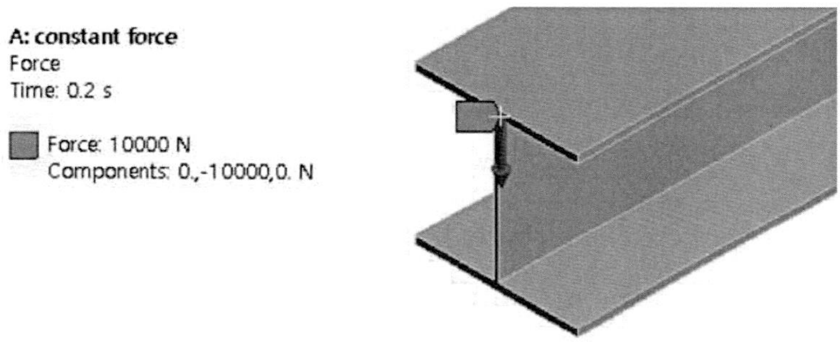

(2) 구조물의 변위 구속조건 설정

① Fixed support

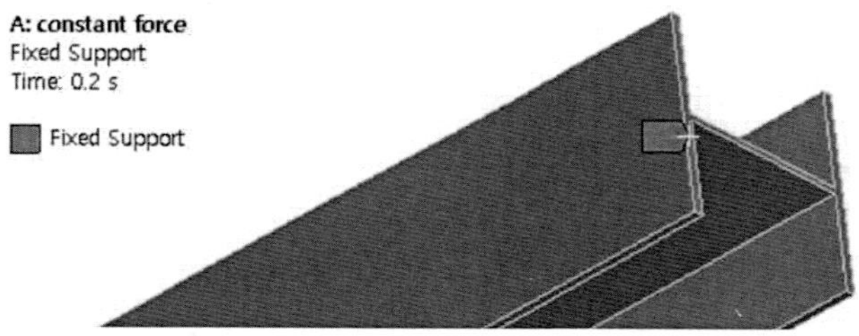

11) 구조해석 수행하기

경계 조건이 설정이 완료되면 구조해석을 수행한다. Solve 클릭하여 해석한다.

12) 구조해석 결과 확인

(1) Total Deformation을 검토한다.

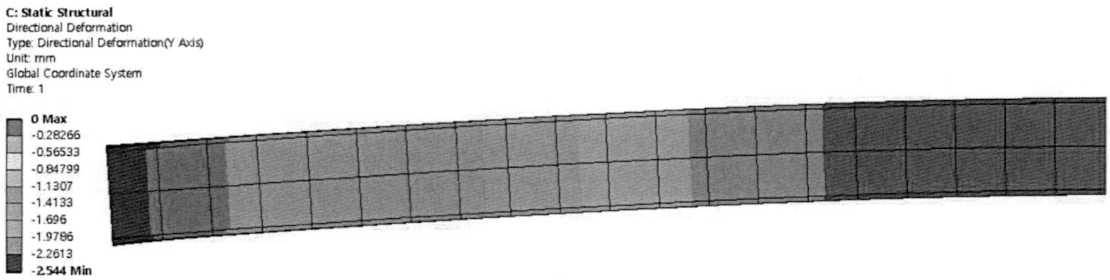

최대정적 처짐 2.544mm

4.2.3 Displacement of cantilever under constant load

1. 구조해석 정의

다음과 같은 Cantilever에 주어진 하중이 갑자기 작용시킬 때, 그 응답을 구하시오. 감쇠계수가 0 때 계의 응답(Response)을 구하시오.
단 해당 구조물은 비감쇠 1자유도이다.

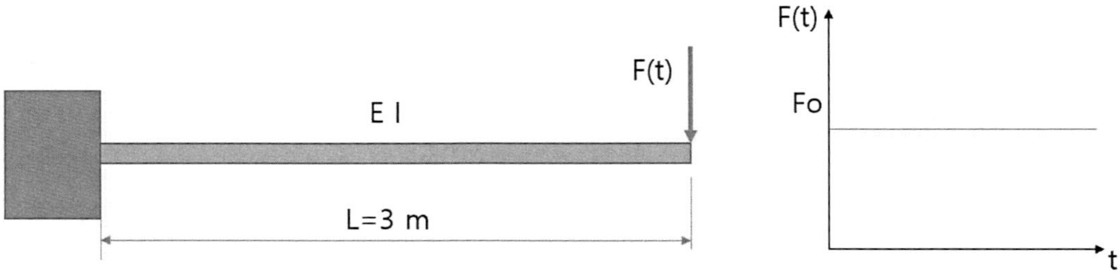

Fo = 10000 N
구조물의 재질은 Structural steel로 탄성계수는 200GPa 이다. $E=2x10^{11}$Pa
구조물 H 300x300x10x15, 길이는 3m이다.

2. 구조해석 목적

- 비감쇠 1자유도계의 진동 변위를 산정한다.
- Beam은 3D Modeling 하여 사용한다.
- 동일 하중이 계속하여 작용한다.
- 진동 주기를 산정한다.

3. 구조해석 절차

1) 프로젝트 설정
① workbench에서 LSDYNA를 사용할 수 있도록 Extensions Manager에서 설정한다.

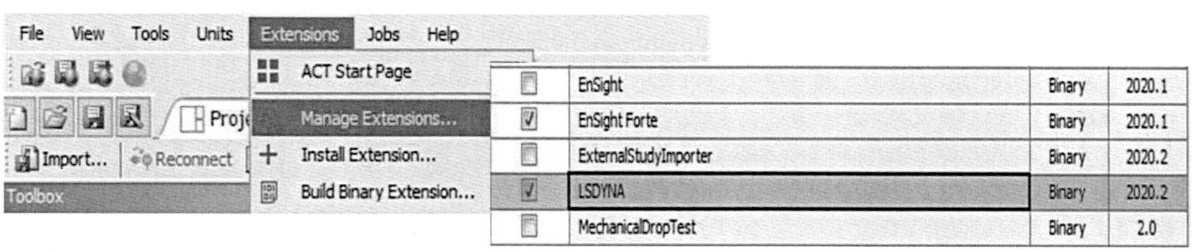

② workbench에서 LS-DYNA를 드래그(또는 더블클릭) 한다.

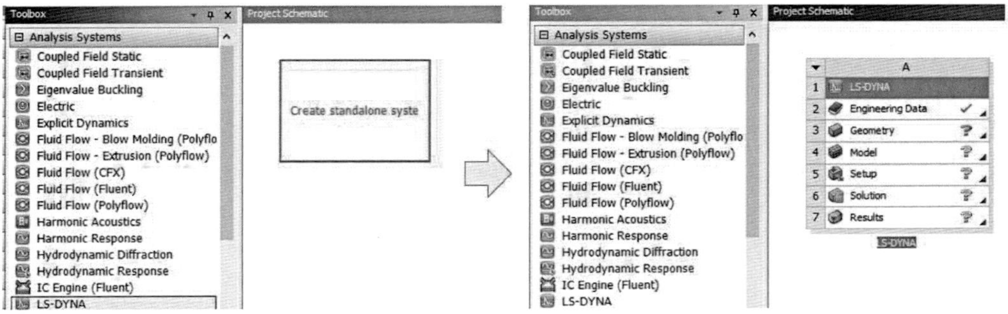

2) 엔지니어링 데이터 정의

기본 설정인 Structural steel을 적용한다.

① Engineering Data Source를 클릭한다.
② Structural steel의 물성을 확인한다.
③ Project schematic으로 돌아간다.

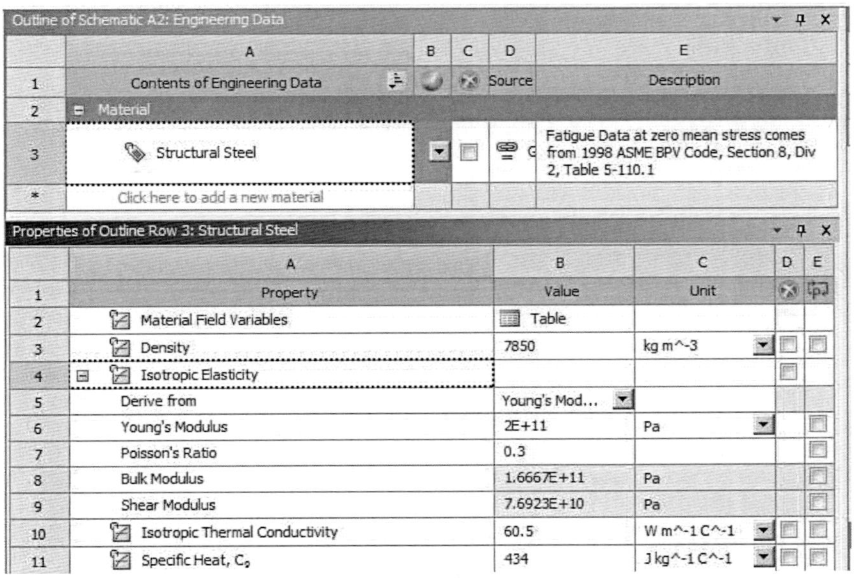

Outline of Schematic A2: Engineering Data

	A	B	C	D	E
1	Contents of Engineering Data			Source	Description
2	Material				
3	Structural Steel			G	Fatigue Data at zero mean stress comes from 1998 ASME BPV Code, Section 8, Div 2, Table 5-110.1
*	Click here to add a new material				

Properties of Outline Row 3: Structural Steel

	A	B	C	D	E
1	Property	Value	Unit		
2	Material Field Variables	Table			
3	Density	7850	kg m^-3		
4	Isotropic Elasticity				
5	Derive from	Young's Mod...			
6	Young's Modulus	2E+11	Pa		
7	Poisson's Ratio	0.3			
8	Bulk Modulus	1.6667E+11	Pa		
9	Shear Modulus	7.6923E+10	Pa		
10	Isotropic Thermal Conductivity	60.5	W m^-1 C^-1		
11	Specific Heat, C_p	434	J kg^-1 C^-1		

※ 탄성계수는 200GPa

3) 형상 부착 모델 데이터 불러오기(또는 모델 만들기)

해석 모델은 SpaceClaim, DesingModeler를 사용하여 디자인한다.

또는 다른 소프트웨어서 디자인한 모델을 stp, IGES 등의 파일 형식으로 Import Geometry를 사용하여 가져온다.

① Geometry를 연결한다.

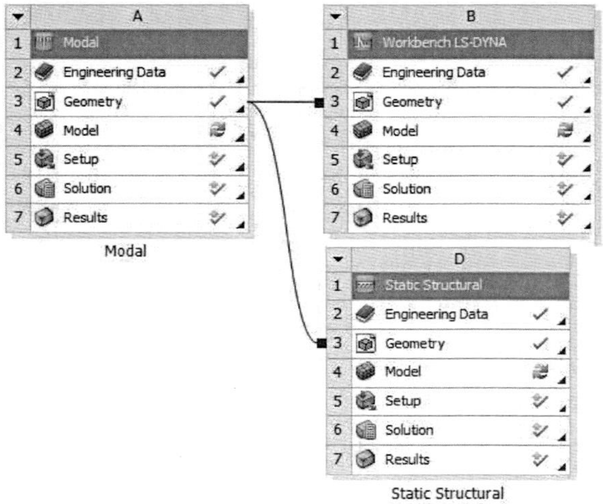

4) 부품 동작 정의

(1) 구조해석을 하기 위하여 Mechanical 창을 활성화한다.

※  F7를 클릭하여 모델을 화면에 나타낸다.

(2) 부품 동작 정의에서 부품 동작에 대한 정보를 정의한다.

① solid는 Stiffness Behavior를 flexible로, 재질은 Structural steel로 설정한다.

5) 좌표계 정의

시스템에서 설정한 Global 좌표계를 사용한다.

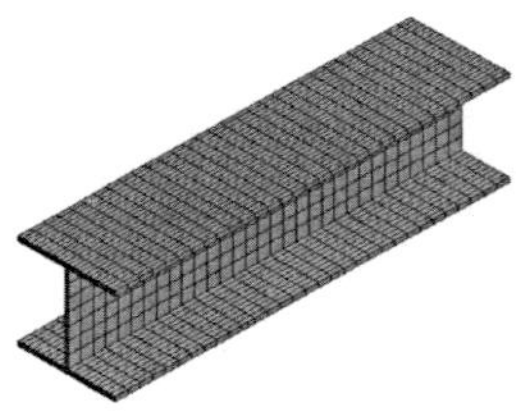

6) 연결 정의 : 연결 내용 없음

7) 메쉬 설정 정의

① 메쉬 크기는 자동설정으로 하고 메쉬의 형상을 변경하기 위하여 Method를 사용한다.

8) LS-DYNA 분석 설정 정의

Analysis Setting에서 분석 설정에 대한 정보를 찾을 수 있습니다.

솔버 제어(Solver Controls)에서 솔버 정밀도(Solver Precision)를 단일 또는 이중(Double)으로 설정하거나 프로그램 제어로 둘 수 있습니다.

① LS-DYNA에서는 End Time만 필수 입력 정보이다. 0.2sec으로 설정한다.

② Hourglass Controls는 기본 설정으로 한다.

③ Output Controls에서는 계산 결과 데이터가 150개 산출되도록 설정한다.

  Calculate Results At : Equally Spaced Points --- Value = 150

9) 구조해석 초기 조건 정의 : 설정값 없음

10) 구조해석 경계조건 정의

(1) 하중 조건 설정

① Force

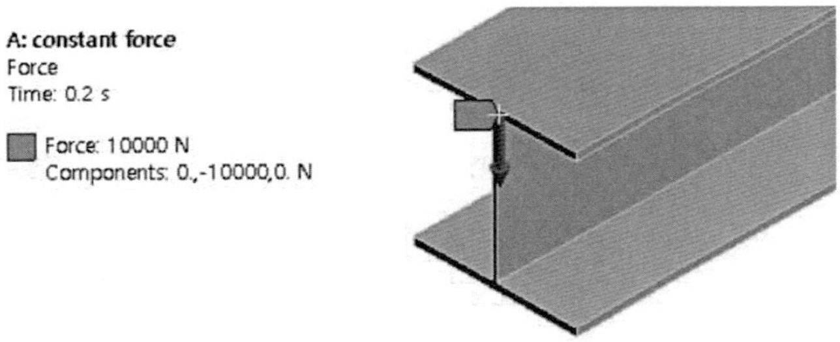

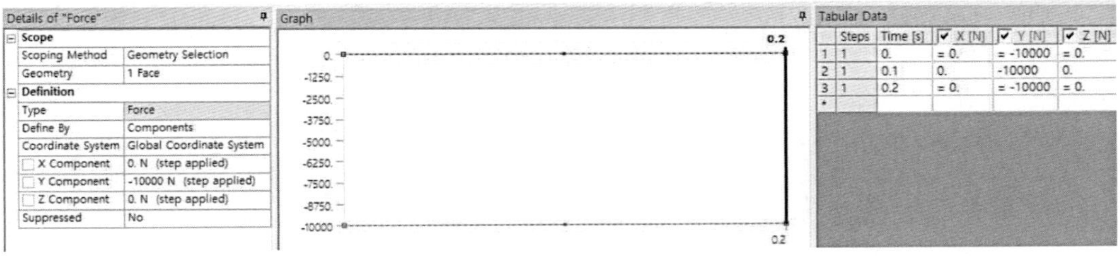

Details of "Force"

Scope	
Scoping Method	Geometry Selection
Geometry	1 Face
Definition	
Type	Force
Define By	Components
Coordinate System	Global Coordinate System
X Component	0. N (step applied)
Y Component	-10000 N (step applied)
Z Component	0. N (step applied)
Suppressed	No

Tabular Data

	Steps	Time [s]	X [N]	Y [N]	Z [N]
1	1	0.	= 0.	= -10000	= 0.
2	1	0.1	0.	-10000	0.
3	1	0.2	= 0.	= -10000	= 0.
*					

(2) 구조물의 변위 구속조건 설정

① Fixed support

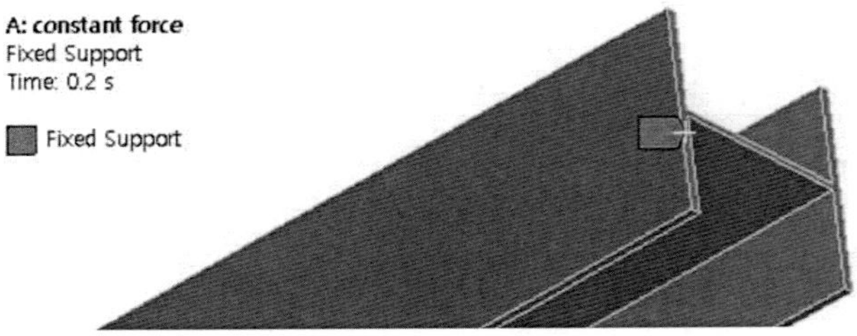

11) 구조해석 수행하기

경계 조건이 설정이 완료되면 구조해석을 수행한다. Solve 클릭하여 해석한다.

(1) 해석 소요 시간

Elapsed time   585 seconds for   498983 cycles using   2 SMP threads
(0 hour   9 minutes 45 seconds)

12) 구조해석 결과 확인

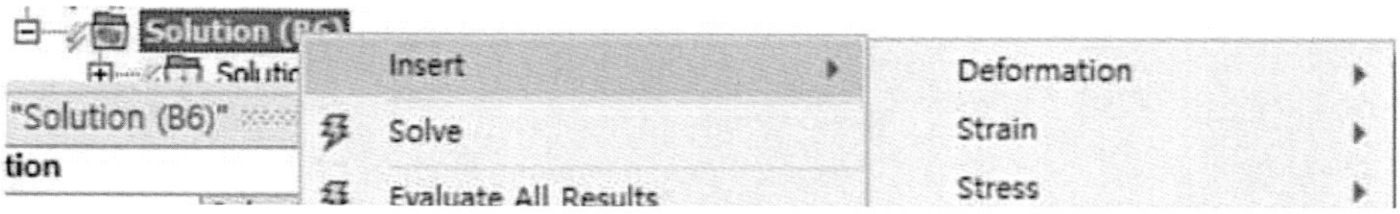

Solution에서 Deformation, Strain, Stress 등의 해석 결과를 불러온다.

(1) Total Deformation을 검토한다.

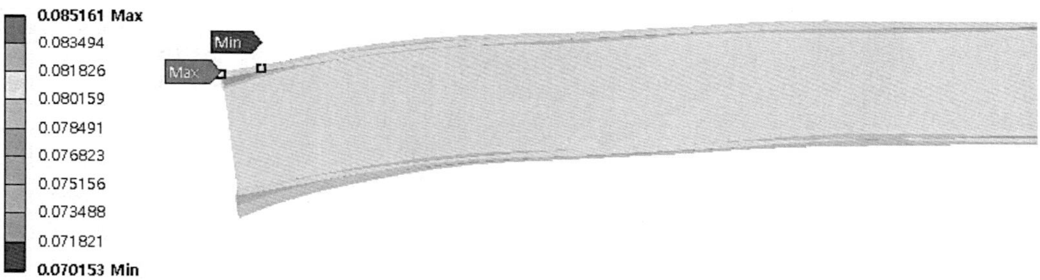

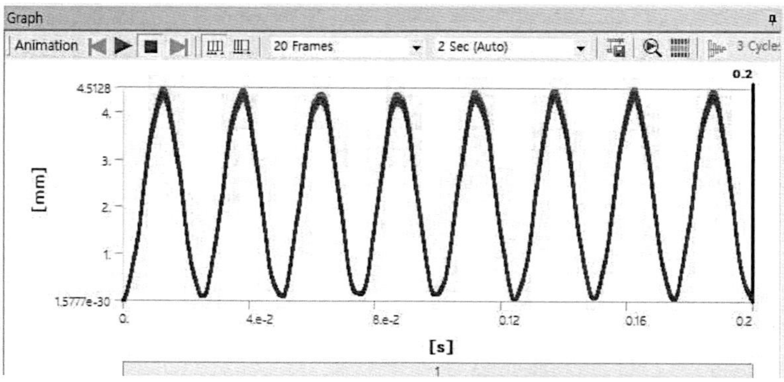

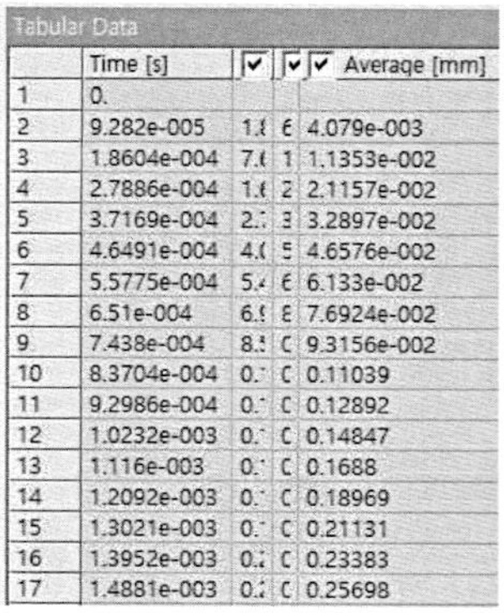

Tabular Data

	Time [s]			Average [mm]
1	0.			
2	9.282e-005	1.8	6	4.079e-003
3	1.8604e-004	7.(	1	1.1353e-002
4	2.7886e-004	1.(	2	2.1157e-002
5	3.7169e-004	2.:	3	3.2897e-002
6	4.6491e-004	4.(	5	4.6576e-002
7	5.5775e-004	5.4	6	6.133e-002
8	6.51e-004	6.9	8	7.6924e-002
9	7.438e-004	8.5	C	9.3156e-002
10	8.3704e-004	0.:	C	0.11039
11	9.2986e-004	0.:	C	0.12892
12	1.0232e-003	0.:	C	0.14847
13	1.116e-003	0.:	C	0.1688
14	1.2092e-003	0.:	C	0.18969
15	1.3021e-003	0.:	C	0.21131
16	1.3952e-003	0.:	C	0.23383
17	1.4881e-003	0.:	C	0.25698

Directional Deformation Y-direction

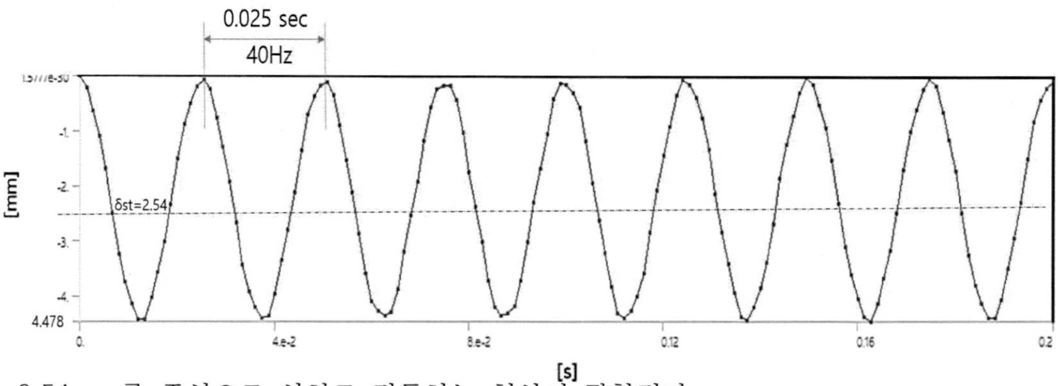

2.54mm를 중심으로 상하로 진동하는 현상이 관찰된다.

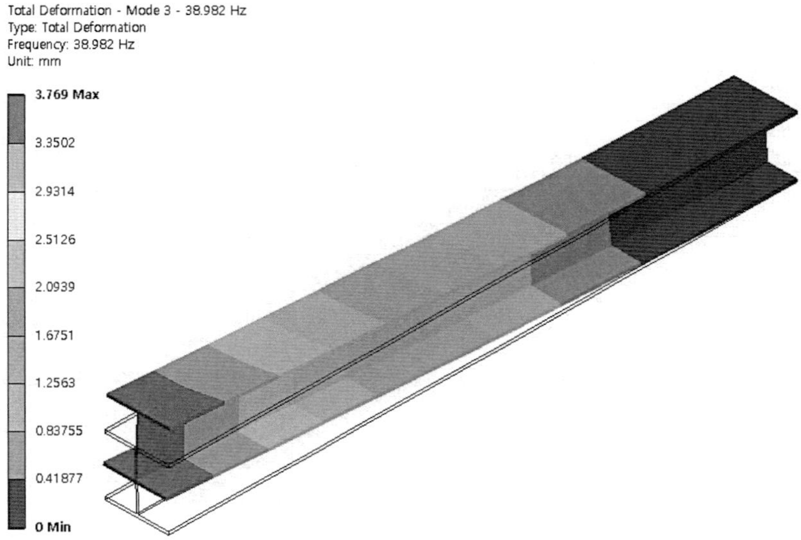

고유주기 38.982Hz와 거의 일치하여 진동현상이 발생한다.

(2) Equivalent Stress를 검토한다.

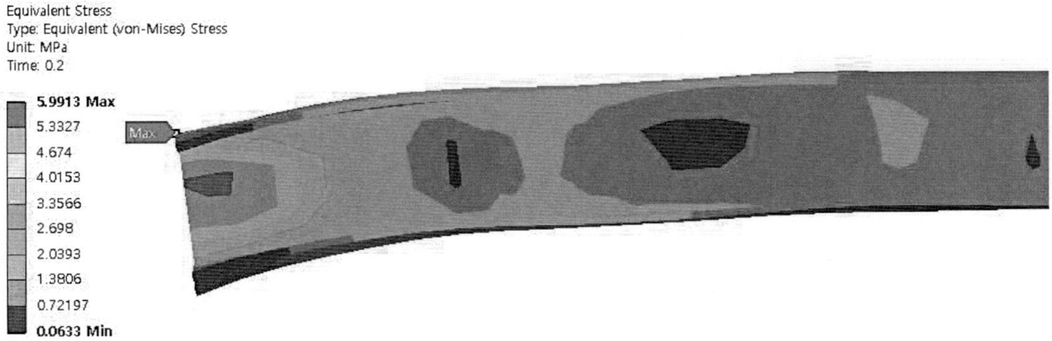

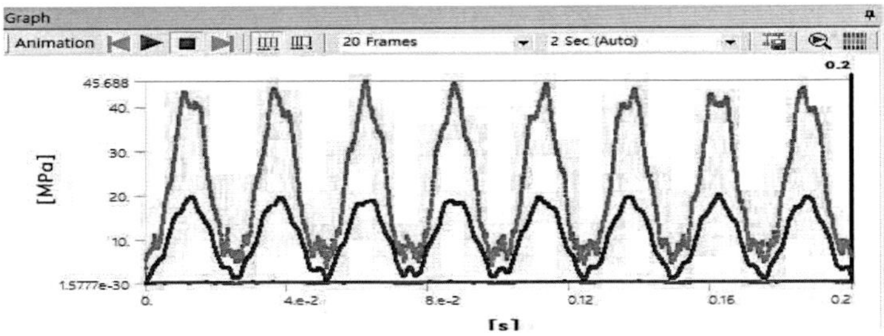

Tabular Data

	Time [s]	✔	✔	✔ Average [MPa]
1	0.			
2	9.282e-005	2.1	3.6	8.3148e-002
3	1.8604e-004	1.0	5.4	0.22678
4	2.7886e-004	1.5	6.0	0.41851
5	3.7169e-004	3.1	6.0	0.62038
6	4.6491e-004	3.7	6.4	0.80503
7	5.5775e-004	5.0	6.7	0.95387
8	6.51e-004	7.8	6.7	1.0918
9	7.438e-004	1.9	7.0	1.2456
10	8.3704e-004	2.5	6.9	1.4342
11	9.2986e-004	2.9	6.9	1.5683
12	1.0232e-003	2.6	6.9	1.7191
13	1.116e-003	3.1	7.1	1.8862
14	1.2092e-003	3.9	7.5	2.0449
15	1.3021e-003	3.9	7.4	2.183
16	1.3952e-003	9.2	7.5	2.3265

이론적 계산

1) 재료의 물성

탄성계수 : E = $2\text{x}10^{11}$Pa

Beam　: H 300x300x10x15,

단면2차모멘트 : I = $\frac{0.3\times0.3^3}{12}-\frac{(0.3-0.01)(0.3-2\times0.015)^3}{12}$ = 0.000199 m^4

길이 : L = 3m

강성 : k = $\frac{3EI}{L^3}$ = $4.4295\text{x}10^6$ N/m

정적변위 : $\delta_{st}=\frac{F}{k}$= $10000/4.4295\text{x}10^6$ = 0.002258m =2.258mm

고유진동수 : f =$\frac{w_n}{2\pi}$= 38.532Hz → $w_n=\sqrt{\frac{k}{m}}$ = 34.6969 rad/s

2) 달랑베르의 운동 방정식

$$mx''+cx'+kx=F_o$$

운동방정식의 일반해는 $x(t)=x_h(t)+x_p(t)$

과도 응답　$x_h(t)$ = $e^{-\xi w_n t}(C_1\sin w_n t+C_2\cos w_n t)$

정상상태 응답　$x_p(t)=\delta_{st}=\frac{F_o}{k}$= 0.002258m = 2.25mm

3) 댐핑 0 일 때 응답 특성

(1) x(t) = $c_1\sin w_n t+c_2\cos w_n t+\delta_{st}$

(2) 경계조건 x(0) = 0에서, C2 = - δ_{st} = - 0.002258

x'(0) = 0에서, C1 = 0

(3) x(t) = $c_1\sin w_n t+c_2\cos w_n t+\delta_{st}$

= 2.25(1 - cos34.6969t) mm　∴ 최대변위 4.5mm (아래 방향)

4.2.4 Displacement of cantilever under square load

1. 구조해석 정의 [9)]

다음과 같은 Cantilever에 주어진 하중이 갑자기 작용시킬 때, 그 응답을 구하시오.
감쇠계수가 0 때 계의 응답(Response)을 구하시오.
단 해당 구조물은 비감쇠 1자유도이다.

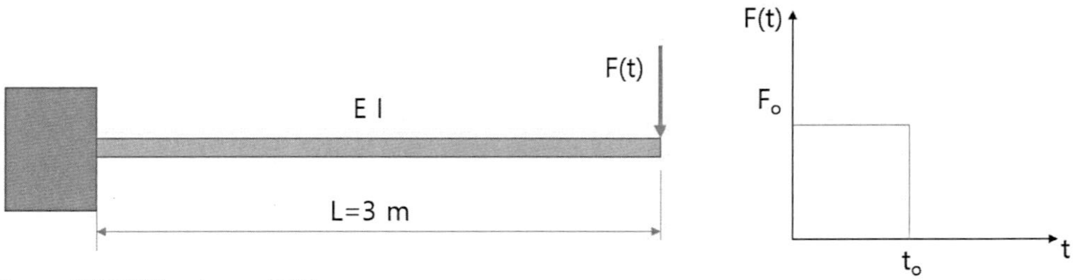

Fo = 10000N , to = 0.01sec

구조물의 재질은 Structural steel로 탄성계수는 200GPa 이다. $E=2x10^{11}Pa$
구조물 H 300x300x10x15, 길이는 3m이다.

2. 구조해석 목적

- 비감쇠 1자유도계의 진동 변위를 산정한다.
- Beam은 3D Modeling 하여 사용한다.
- 사각형 하중이 작용한다.

3. 구조해석 절차

1) 이전 구조해석에서 변경된 내용

(1) Force

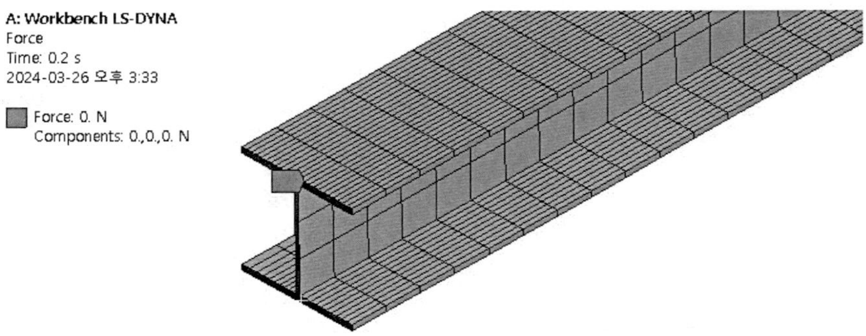

9) 역학모의고사 배성호 18회 3문

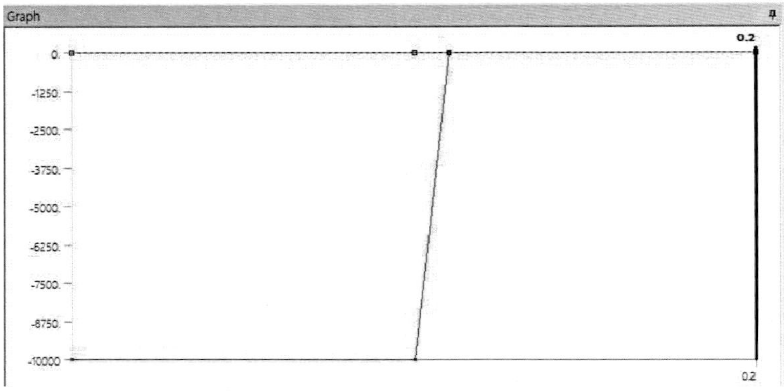

Tabular Data

	Steps	Time [s]	X [N]	Y [N]	Z [N]
1	1	0.	= 0.	-10000	= 0.
2	1	0.1	= 0.	-10000	= 0.
3	1	0.11	= 0.	0.	= 0.
4	1	0.2	= 0.	= 0.	= 0.
5	N/A	1.	0.	= 0.	0.
*					

2) 구조해석 시간

Elapsed time 866 seconds for 498716 cycles using 2 SMP threads
(0 hour 14 minutes 26 seconds)

3) 구조해석 결과 확인

Solution에서 Deformation, Strain, Stress 등의 해석 결과를 불러온다.

(1) Total Deformation을 검토한다.

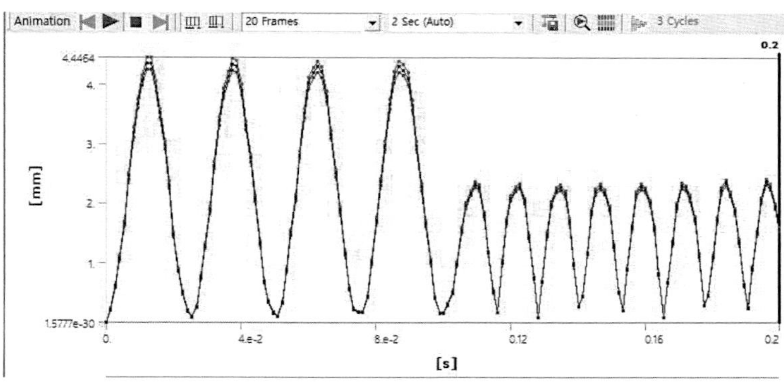

	Time [s]	M	M..	Average [mm
1	0.			
2	1.3329e-003	0.206	0.2312	0.21865
3	2.6664e-003	0.586	0.6316	0.60881
4	3.9999e-003	1.044	1.1049	1.0748
5	5.3329e-003	1.619	1.6944	1.657
6	6.6661e-003	2.395	2.5124	2.4538
7	7.9996e-003	3.11	3.2614	3.1856
8	9.3331e-003	3.592	3.7552	3.674
9	1.0666e-002	3.978	4.1557	4.0669
10	1.1999e-002	4.243	4.4386	4.3408
11	1.3333e-002	4.246	4.4464	4.3464
12	1.4666e-002	3.877	4.0494	3.9637
13	1.5999e-002	3.432	3.5879	3.5102
14	1.7333e-002	2.902	3.0434	2.9729
15	1.8666e-002	2.232	2.3479	2.2904
16	1.9999e-002	1.443	1.5126	1.4781
17	2.1333e-002	0.843	0.8890	0.86604
18	2.2666e-002	0.471	0.5118	0.49173
19	2.3999e-002	0.190	0.2170	0.20376
20	2.5333e-002	8.800	9.892e	9.3418e-002
21	2.6666e-002	0.241	0.2619	0.25171

Directional Deformation Y-direction

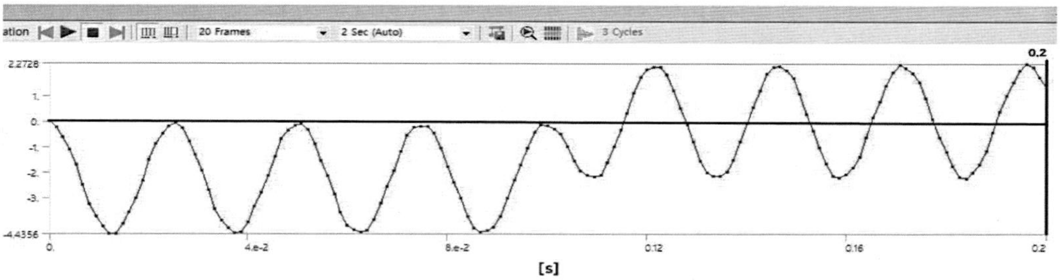

※ F =10,000N (일정) 인 경우와 비교하면 주기가 비슷한 것을 관찰할 수 있다.

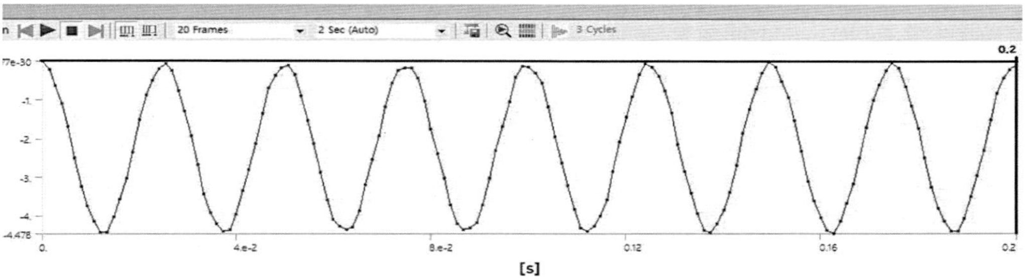

(2) Equivalent Stress를 검토한다.

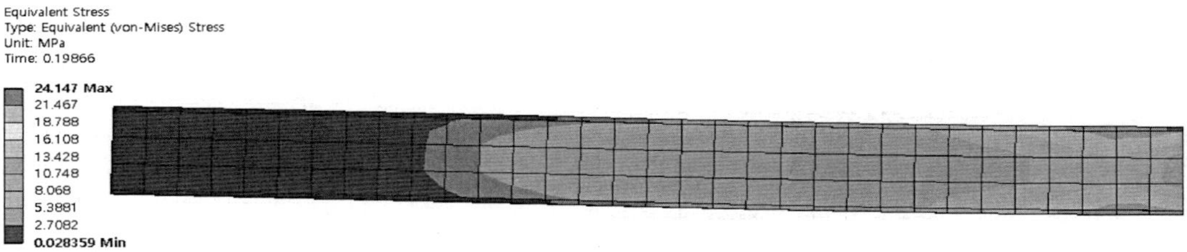

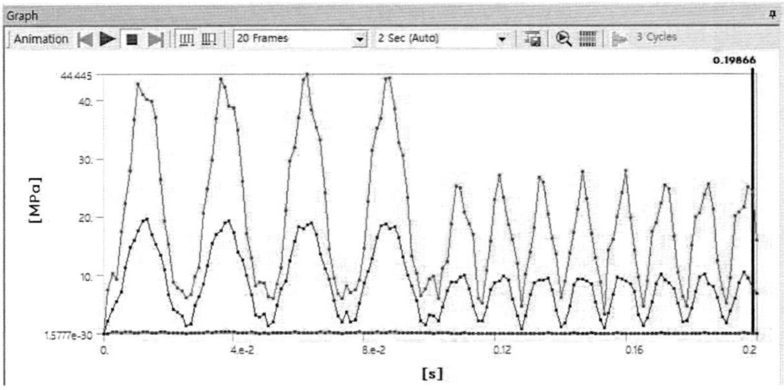

Tabular Data

	Time [s]	Mini...	M	Average
1	0.			
2	1.3329e-003	4.4341e-0(	7.541	2.2275
3	2.6664e-003	0.28704	10.3:	4.2264
4	3.9999e-003	0.29223	9.34(	5.4731
5	5.3329e-003	0.12735	17.3{	7.1853
6	6.6661e-003	0.26468	22.1{	11.262
7	7.9996e-003	0.25769	27.9:	14.687
8	9.3331e-003	0.24386	36.6(	15.944
9	1.0666e-002	0.20606	42.8(	17.545
10	1.1999e-002	0.25289	41.0:	19.198
11	1.3333e-002	0.25828	40.1(	19.622
12	1.4666e-002	0.1855	39.8(	16.933
13	1.5999e-002	0.24789	36.91	15.254
14	1.7333e-002	0.28418	26.3(	13.515
15	1.8666e-002	0.34488	19.1{	10.915
16	1.9999e-002	0.17066	15.21	6.5775
17	2.1333e-002	0.10375	8.84{	4.1741
18	2.2666e-002	0.12802	7.84{	3.6709
19	2.3999e-002	0.13601	7.32(	2.9354
20	2.5333e-002	4.893e-00:	6.14;	1.38
21	2.6666e-002	0.14019	6.59	1.6289

※ F =10,000N (일정) 인 경우와 비교하면 응력의 크기는 비슷하나, 주기가 변한 것을 볼 수 있다.

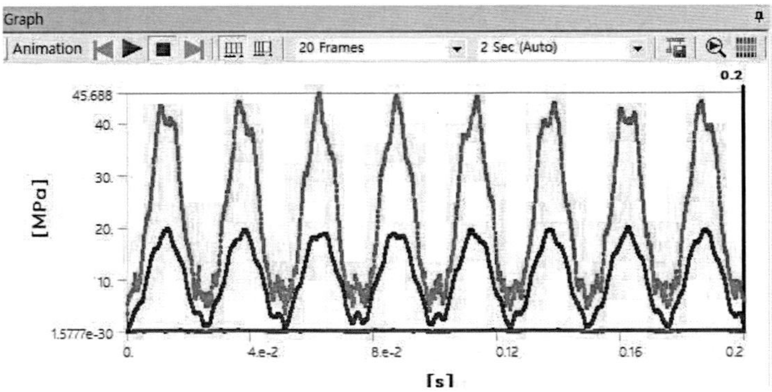

Tabular Data

	Time [s]	☑	☑	☑ Average [MPa]
1	0.			
2	9.282e-005	2.1	3.6	8.3148e-002
3	1.8604e-004	1.0	5.4	0.22678
4	2.7886e-004	1.5	6.0	0.41851
5	3.7169e-004	3.1	6.0	0.62038
6	4.6491e-004	3.7	6.4	0.80503
7	5.5775e-004	5.0	6.7	0.95387
8	6.51e-004	7.8	6.7	1.0918
9	7.438e-004	1.9	7.0	1.2456
10	8.3704e-004	2.5	6.9	1.4342
11	9.2986e-004	2.9	6.9	1.5683
12	1.0232e-003	2.6	6.9	1.7191
13	1.116e-003	3.1	7.1	1.8862
14	1.2092e-003	3.9	7.5	2.0449
15	1.3021e-003	3.9	7.4	2.183
16	1.3952e-003	9.2	7.5	2.3265

이론적 계산

1) 재료의 물성

탄성계수 : E = 2×10^{11}Pa

Beam : H 300x300x10x15,

단면2차모멘트 : I = $\frac{0.3 \times 0.3^3}{12} - \frac{(0.3-0.01)(0.3-2\times 0.015)^3}{12}$ = 0.000199 m^4

길이 : L = 3m

강성 : k = $\frac{3EI}{L^3}$ = 4.4295×10^6 N/m

정적변위 : $\delta_{st} = \frac{F}{k}$ = 10000/4.4295×10^6 = 0.002258m =2.258mm

고유진동수 : f = $\frac{w_n}{2\pi}$ = 38.532Hz → $w_n = \sqrt{\frac{k}{m}}$ = 34.6969 rad/s

2) 달랑베르의 운동 방정식

$$m x'' + c x' + k x = F_o$$

운동방정식의 일반해는 $x(t) = x_h(t) + x_p(t)$

과도 응답 $x_h(t) = C_1 \sin w_n t + C_2 \cos w_n t$

정상상태 응답 $x_p(t) = \delta_{st} = \frac{F_o}{k}$ = 0.002258m = 2.25mm

3) t ≤ 0.1일 때 응답 특성

(1) $x_1(t)$ = $c_1 \sin w_n t + c_2 \cos w_n t + \delta_{st}$

(2) 경계조건 x(0) = 0에서, C2 = - δ_{st} = - 0.002258

x'(0) = 0에서, C1 = 0

(3) $x_1(t)$ = $c_1 \sin w_n t + c_2 \cos w_n t + \delta_{st}$

= 2.25(1 - cos34.6969t) mm ∴ 최대변위 4.5mm (아래 방향)

4) t > 0.1일 때 응답 특성

$x_2(t)$ = $c3 \cos w_n t + c4 \sin w_n t$

(1) 경계조건 $x_1(0.1)$ = $x_2(0.1)$에서

$\delta_{st}(1 - \cos w_n t) = c3 \cos w_n t + c4 \sin w_n t$ --ⓐ

$x_1'(0.1)$ = $x_2'(0.1)$에서

$\delta_{st} w_n \sin w_n t = - w_n c3 \sin w_n t + w_n c4 \cos w_n t$ --ⓑ

ⓐⓑ를 풀면 c3 = -1.84305 c4 = -0.626607

그러므로 $x_2(t)$ = $-1.84305 \cos(34.6969t) - 0.626607 \sin(34.6969t)$

4.2.5 Displacement of cantilever under sin load

1. 구조해석 정의 10)

다음과 같은 Cantilever에 주어진 하중이 갑작이 작용시킬 때, 그 응답을 구하시오.
감쇠계수가 0 때 계의 응답(Response)을 구하시오.
단 해당 구조물은 비감쇠 1자유도이다.

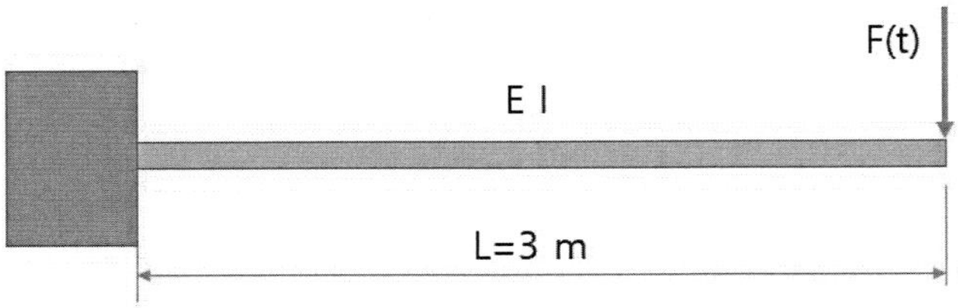

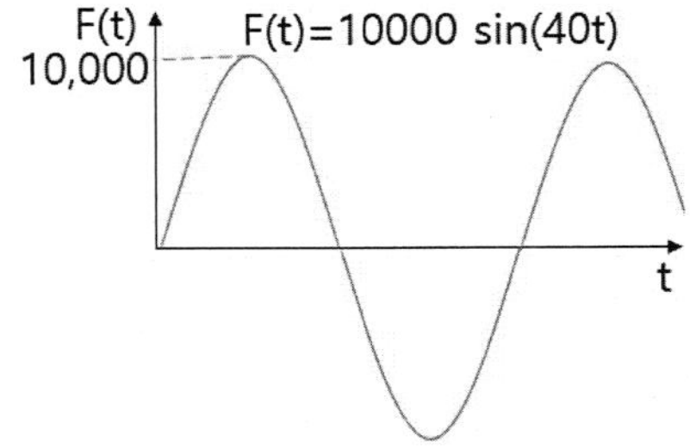

Fo = 10,000sin(40xt)N

구조물의 재질은 Structural steel로 탄성계수는 200GPa 이다. E=2x10^{11}Pa
구조물 H 300x300x10x15, 길이는 1200mm이다. I = 0.00015m^4

2. 구조해석 목적

- 비감쇠 1자유도계의 진동 변위를 산정한다.
- Beam은 3D Modeling 하여 사용한다.
- 톱니 하중이 작용한다.
- 진동 주기를 산정한다.

10) 역학모의고사 배성호 38회 3문

3. 구조해석 절차

1) 이전 구조해석에서 변경된 내용

(1) Force

※ 하중 입력은 엑셀에서 시간-하중 그래프를 그리고 복사-붙여넣기를 하면 Workbench에 쉽게 데이터를 입력할 수 있다.

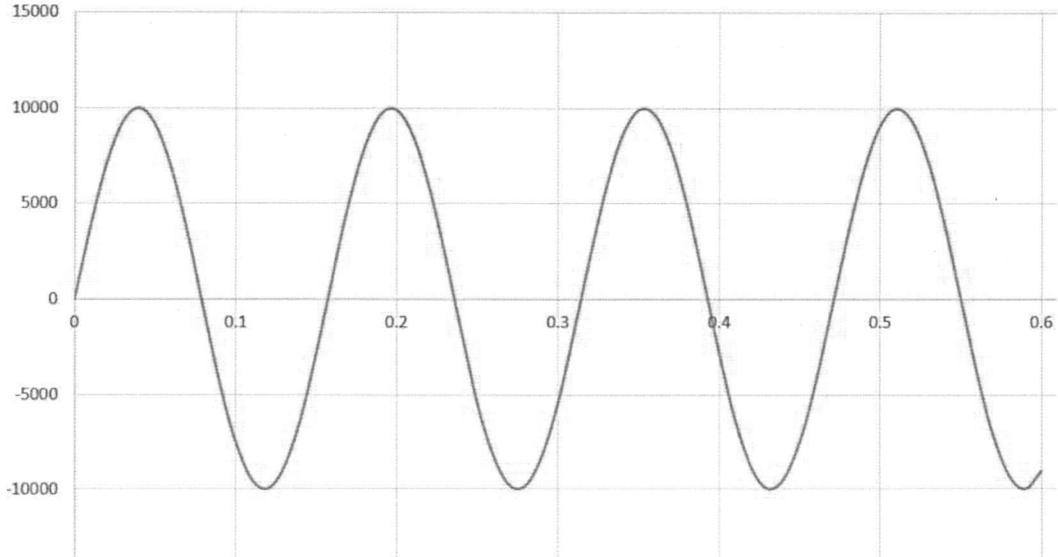

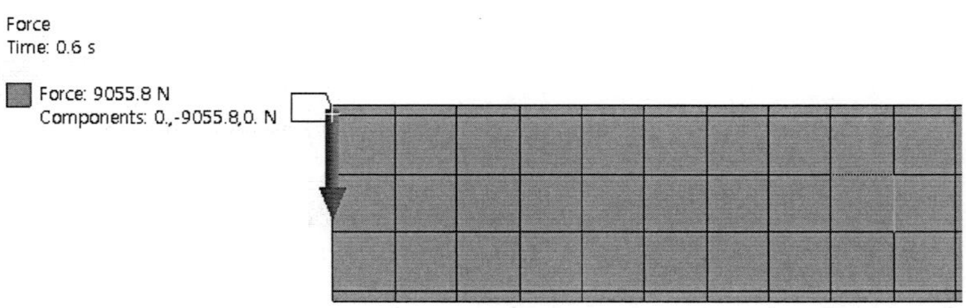

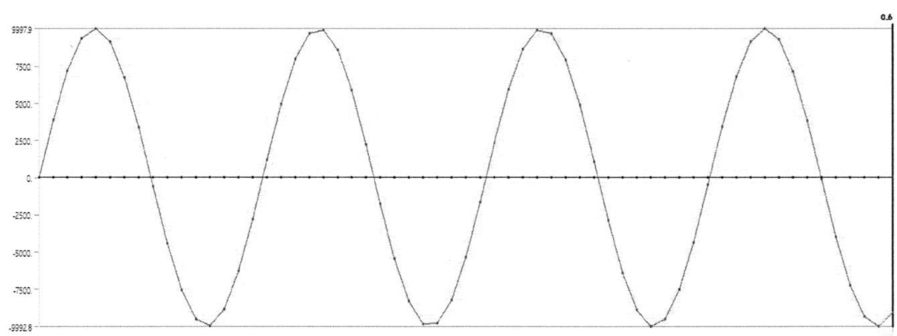

	Steps	Time [s]	X [N]	Y [N]	Z [N]
36	1	0.35	0.	9906.1	0.
37	1	0.36	0.	9656.6	0.
38	1	0.37	0.	7882.5	0.
39	1	0.38	0.	4864.	0.
40	1	0.39	0.	1077.5	0.
41	1	0.4	0.	-2879.	0.
42	1	0.41	0.	-6381.1	0.
43	1	0.42	0.	-8875.7	0.
44	1	0.43	0.	-9969.	0.
45	1	0.44	0.	-9488.4	0.
46	1	0.45	0.	-7509.9	0.
47	1	0.46	0.	-4345.7	0.
48	1	0.47	0.	-495.36	0.
49	1	0.48	0.	3433.1	0.
50	1	0.49	0.	6819.6	0.
51	1	0.5	0.	9129.5	0.
52	1	0.51	0.	9997.9	0.
53	1	0.52	0.	9288.	0.
54	1	0.53	0.	7111.6	0.
55	1	0.54	0.	3812.5	0.
56	1	0.55	0.	-88.513	0.
57	1	0.56	0.	-3975.6	0.
58	1	0.57	0.	-7234.9	0.

2) 구조해석 시간

Elapsed time   13139 seconds for 1489331 cycles using 1 SMP thread

(3 hours 38 minutes 59 seconds)

3) 구조해석 결과 확인

Solution에서 Deformation, Strain, Stress 등의 해석 결과를 불러온다.

(1) Total Deformation을 검토한다.

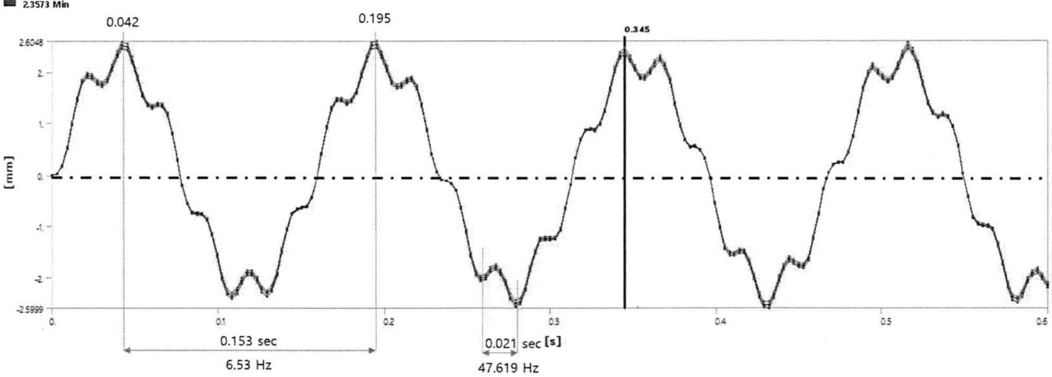

작용하중이 F=1000 sin(40t) 이므로 하중의 진동수는 w_n=40, $f=\frac{w_n}{2\pi}$=6.3662 Hz 으로 큰 주기의 봉우리와 주기가 일치한다.

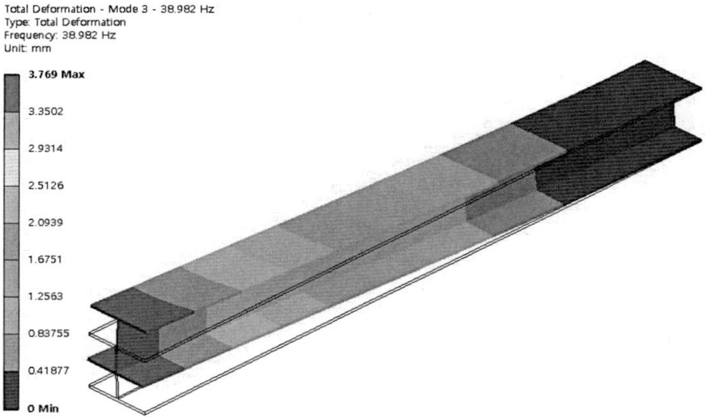

외팔보의 고유주기는 외팔의 상하 이동의 고유주기가 38.98 Hz이므로 동적거동에서 나타나는 작은 봉우리의 주기 47.619Hz와 비슷하게 일치한다.

(2) Equivalent Stress를 검토한다.

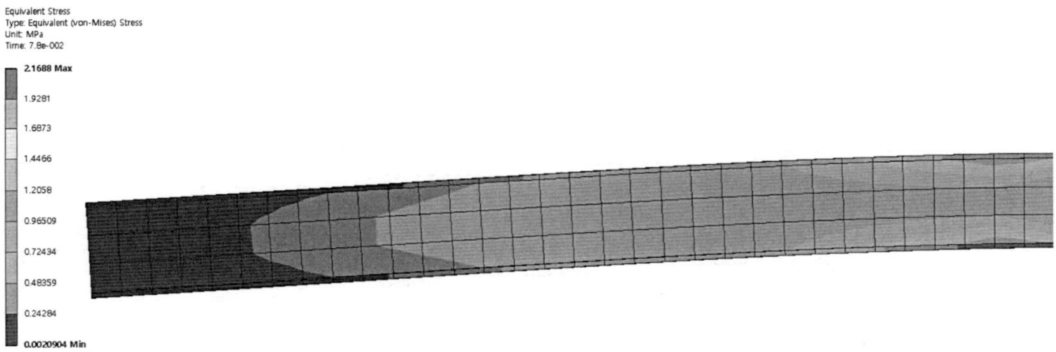

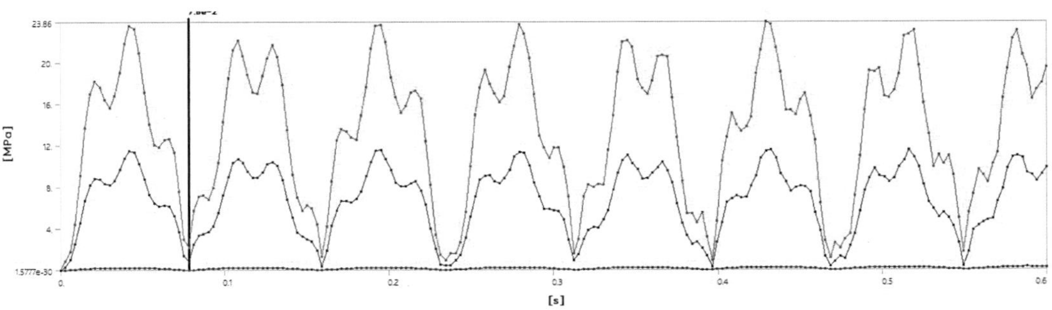

이론적 계산

---

1) 재료의 물성

탄성계수 : E = 2×10^{11}Pa , Beam : H 300x300x10x15,

단면2차모멘트 : I = $\frac{0.3\times0.3^3}{12}-\frac{(0.3-0.01)(0.3-2\times0.015)^3}{12}$ = 0.000199 m^4

길이 : L = 3m

강성 : k = $\frac{3EI}{L^3}$ = 4.4295×10^6 N/m

정적변위 : $\delta_{st}=\frac{F}{k}$= 10000/4.4295×10^6 = 0.002258m =2.258mm

고유진동수 : f =$\frac{w_n}{2\pi}$= 38.532Hz → $w_n=\sqrt{\frac{k}{m}}$ = 34.6969 rad/s

2) 달랑베르의 운동 방정식

$mx''+cx'+kx=F_o\sin w_o t$ ----ⓐ

운동방정식의 일반해는 $x(t)=x_h(t)+x_p(t)$

과도 응답 $x_h(t)$ = $c_1\sin w_n t+c_2\cos w_n t$

정상상태 응답 $x_p(t)=c_3\sin(w_o t)+c_4\cos(w_o t)$ ----ⓑ

w_o = 40, Fo =10000

4) c3,c4 산정

ⓑ를 ⓐ에 대입하면 $c_3(k-mw_o^2)\sin(w_o t)+c_4(k-mw_o^2)\cos(w_o t)\cos(w_o t)=F_o\sin(w_o t)$

여기서 c_4=0, $c_3=\frac{F_o}{k-mw_o^2}$

그러므로 $x_p(t)=\frac{\delta_{st}}{1-r^2}\sin(w_o t)$, $r=\frac{w_o}{w_n}$

(1) x(t) = $c_1\sin w_n t+c_2\cos w_n t+\frac{\delta_{st}}{1-r^2}\sin(w_o t)$

(2) 경계조건 x(0)=0에서, C2= 0

x'(0)=0에서, C1=$\frac{-\delta_{st}r}{1-r^2}$

(3) x(t) = $\frac{\delta_{st}}{1-r^2}(\sin(w_o t)-r\sin(w_n t))$

= $-6.83807(\sin(40t)-1.15284\sin(34.6969t))$

4.2.6 Displacement of cantilever under tooth load

1. 구조해석 정의 [11]

다음과 같은 Cantilever에 주어진 하중이 갑작이 작용시킬 때, 그 응답을 구하시오.
감쇠계수가 0 때 계의 응답(Response)을 구하시오.
단 해당 구조물은 비감쇠 1자유도이다.

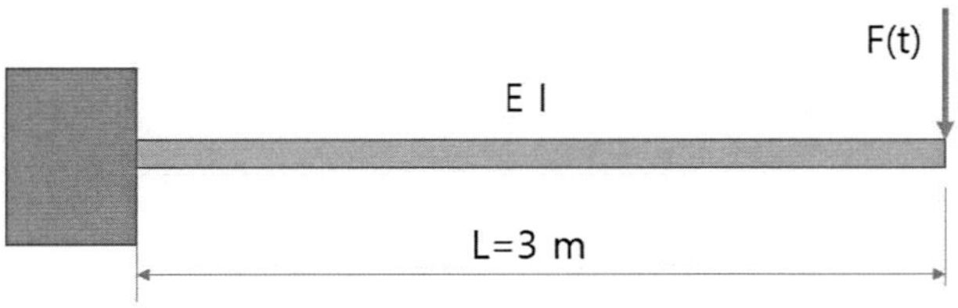

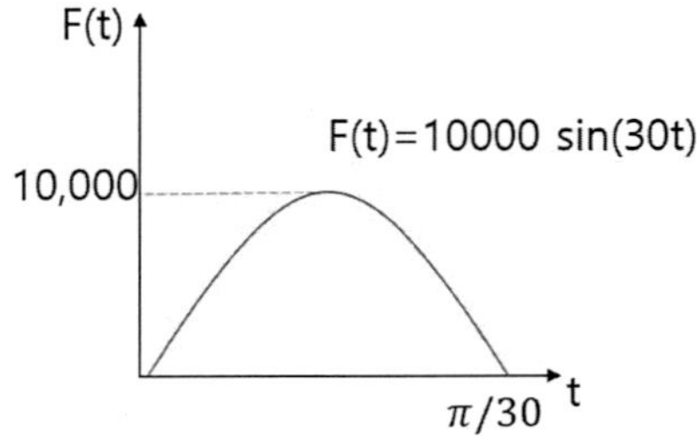

Fo = 10,000sin(30xt)N , to = $\pi/30$ sec

구조물의 재질은 Structural steel로 탄성계수는 200GPa 이다. $E=2\times10^{11}$Pa

구조물 H 300x300x10x15, 길이는 1200mm이다. $I = 0.00015m^4$

2. 구조해석 목적

- 비감쇠 1자유도계의 진동 변위를 산정한다.
- Beam은 3D Modeling 하여 사용한다.
- 톱니 하중이 작용한다.
- 진동 주기를 산정한다.

3. 구조해석 절차

1) 이전 구조해석에서 변경된 내용

(1) Force

11) 역학모의고사 배성호 38회 3번

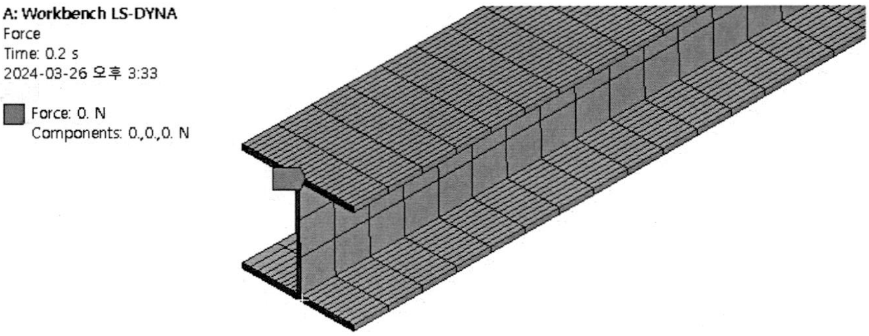

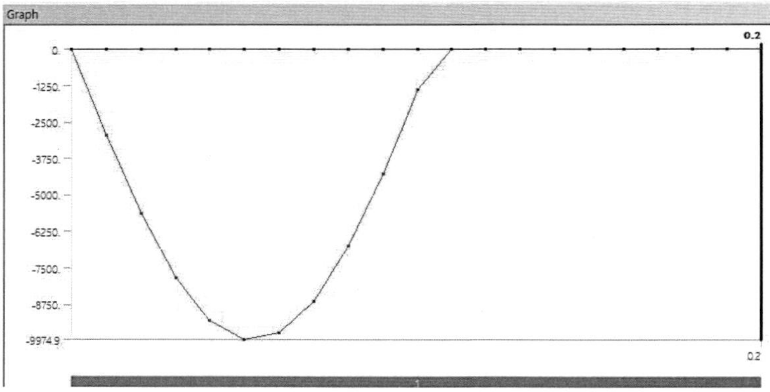

Tabular Data

	Steps	Time [s]	X [N]	Y [N]	Z [N]
1	1	0.	0.	0.	0.
2	1	1.e-002	0.	-2955.2	0.
3	1	2.e-002	0.	-5646.4	0.
4	1	3.e-002	0.	-7833.3	0.
5	1	4.e-002	0.	-9320.4	0.
6	1	5.e-002	0.	-9974.9	0.
7	1	6.e-002	0.	-9738.5	0.
8	1	7.e-002	0.	-8632.1	0.
9	1	8.e-002	0.	-6754.6	0.
10	1	9.e-002	0.	-4273.8	0.
11	1	0.1	0.	-1411.2	0.
12	1	0.11	0.	0.	0.
13	1	0.12	0.	0.	0.
14	1	0.13	0.	0.	0.
15	1	0.14	0.	0.	0.
16	1	0.15	0.	0.	0.
17	1	0.16	0.	0.	0.
18	1	0.17	0.	0.	0.
19	1	0.18	0.	0.	0.
20	1	0.19	0.	0.	0.
21	1	0.2	0.	0.	0.

※ 하중 입력은 엑셀에서 시간-하중 그래프를 그리고 복사-붙여넣기를 하면 Workbench에 쉽게 데이터를 입력할 수 있다.

시간	하중
0	0
0.01	-2955.2
0.02	-5646.42
0.03	-7833.27
0.04	-9320.39
0.05	-9974.95
0.06	-9738.48
0.07	-8632.09
0.08	-6754.63
0.09	-4273.8
0.1	-1411.2
0.11	0
0.12	0
0.13	0
0.14	0
0.15	0
0.16	0
0.17	0
0.18	0
0.19	0
0.2	0
0.21	0
0.22	0

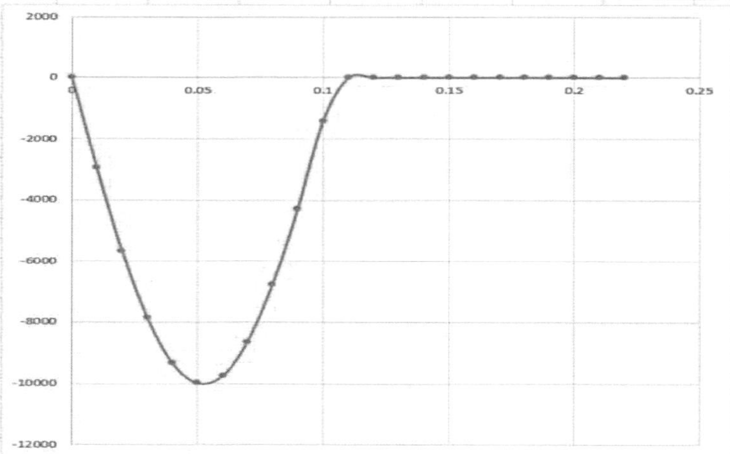

2) 구조해석 시간

Elapsed time 866 seconds for 498716 cycles using 2 SMP threads
(0 hour 14 minutes 26 seconds)

3) 구조해석 결과 확인

Solution에서 Deformation, Strain, Stress 등의 해석 결과를 불러온다.

(1) Total Deformation을 검토한다.

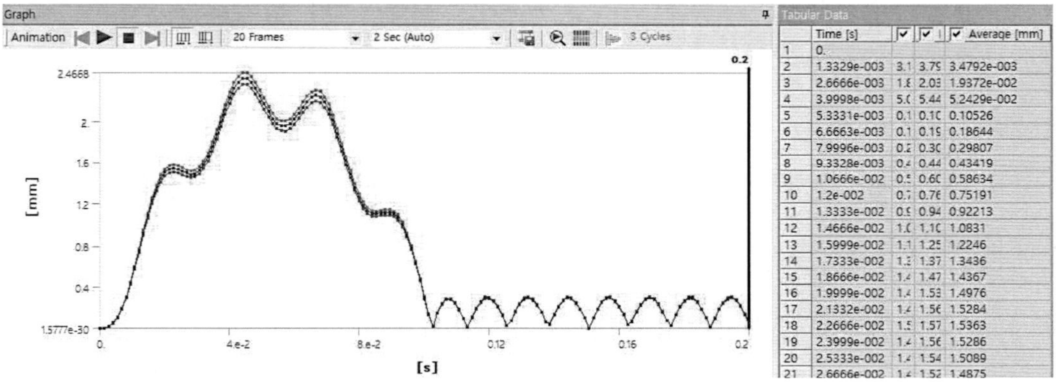

Directional Deformation Y-direction

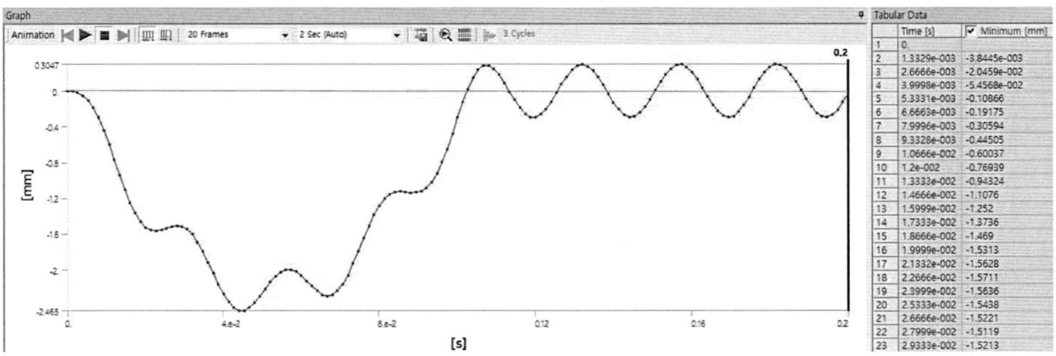

외팔보의 고유주기인 40Hz를 기준으로 작은 진동이 발생하는 것을 관찰할 수 있다.

(2) Equivalent Stress를 검토한다.

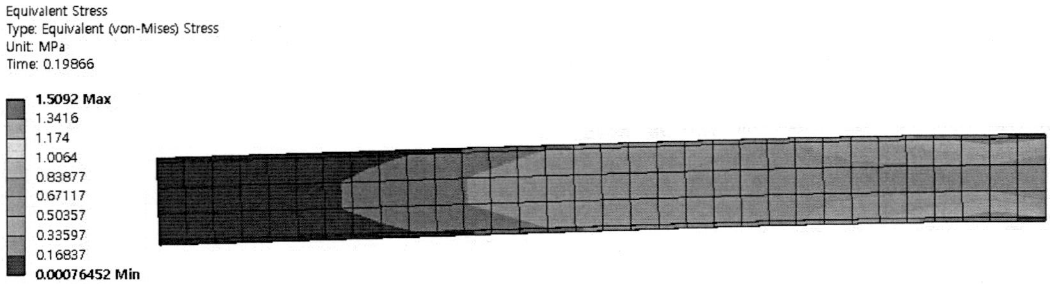

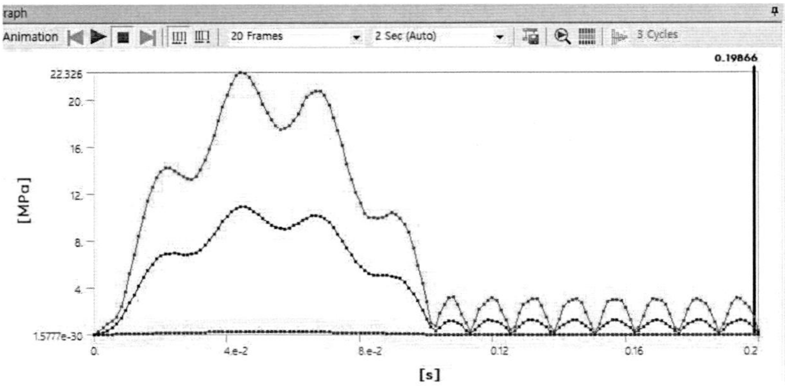

Tabular Data

	Time [s]	✔	✔	✔ Average [MPa]
1	0.			
2	1.3329e-003	4.	0.	4.2498e-002
3	2.6666e-003	7.	0.	0.16958
4	3.9998e-003	3.	0.	0.3498
5	5.3331e-003	4.	1.	0.57799
6	6.6663e-003	5.	1.	0.94276
7	7.9996e-003	5.	2.	1.4553
8	9.3328e-003	6.	3.	2.0679
9	1.0666e-002	7.	5.	2.7146
10	1.2e-002	8.	6.	3.4323
11	1.3333e-002	9.	8.	4.1886
12	1.4666e-002	0.1	9.	4.8957
13	1.5999e-002	0.1	1	5.5018
14	1.7333e-002	0.1	1	6.0262
15	1.8666e-002	0.1	1	6.4652
16	1.9999e-002	0.1	1	6.748
17	2.1332e-002	0.1	1	6.8909
18	2.2666e-002	0.1	1	6.9457
19	2.3999e-002	0.1	1	6.9569
20	2.5333e-002	0.1	1	6.8983

이론적 계산

---

1) 재료의 물성

탄성계수 : E = 2x10^{11}Pa , Beam : H 300x300x10x15,

단면2차모멘트 : I = $\frac{0.3\times0.3^3}{12}-\frac{(0.3-0.01)(0.3-2\times0.015)^3}{12}$ = 0.000199 m^4

길이 : L = 3m

강성 : k = $\frac{3EI}{L^3}$ = 4.4295x10^6 N/m

정적변위 : $\delta_{st}=\frac{F}{k}$= 10000/4.4295x10^6 = 0.002258m =2.258mm

고유진동수 : f =$\frac{w_n}{2\pi}$= 38.532Hz → $w_n=\sqrt{\frac{k}{m}}$ = 34.6969 rad/s

2) 달랑베르의 운동 방정식

$$mx''+cx'+kx=F_o\sin w_o t \qquad \text{----ⓐ}$$

운동방정식의 일반해는 $x(t)=x_h(t)+x_p(t)$

과도 응답 $x_h(t) = c_1\sin w_n t+c_2\cos w_n t$

정상상태 응답 $x_p(t)=c_3\sin(w_o t)+c_4\cos(w_o t)$ ----ⓑ

w_o = 30, Fo =10000

4) c3,c4 산정

ⓑ를 ⓐ에 대입하면 $c_3(k-mw_o^2)\sin(w_o t)+c_4(k-mw_o^2)\cos(w_o t)\cos(w_o t)=F_o\sin(w_o t)$

여기서 c4=0, $c_3=\frac{F_o}{k-mw_o^2}$

그러므로 $x_p(t)=\frac{\delta_{st}}{1-r^2}\sin(w_o t)$, $r=\frac{w_o}{w_n}$

(1) x(t) = $c_1\sin w_n t+c_2\cos w_n t+\frac{\delta_{st}}{1-r^2}\sin(w_o t)$

(2) 경계조건 x(0)=0에서, C2= 0

x'(0)=0에서, C1= $\frac{-\delta_{st}r}{1-r^2}$, r = $\frac{w_o}{w_n}$= 0.864631

(3) x(t) = $\frac{\delta_{st}}{1-r^2}(-r\sin(w_n t)+\sin(w_o t))$

$= 8.946\,(-0.864631\sin(34.6969t) + \sin(30t))$ [mm] ------ⓐ

5) t > $\pi/30$ 일 때 응답 특성

(1) x2(t) = $C_5 \cos w_n t + C_6 \sin w_n t$

(2) 경계조건 x1(π/30) = x2(π/30) --------ⓑ

x1'(π/30) = x2'(π/30)에서 --------ⓒ

ⓑⓒ를 연립하여 풀면 c5= -10.0924, c4 = 11.1022

그러므로

x2(t) = $-3.65281\cos(w_n t) - 0.916891\sin(w_n t)$ [mm] -------ⓓ

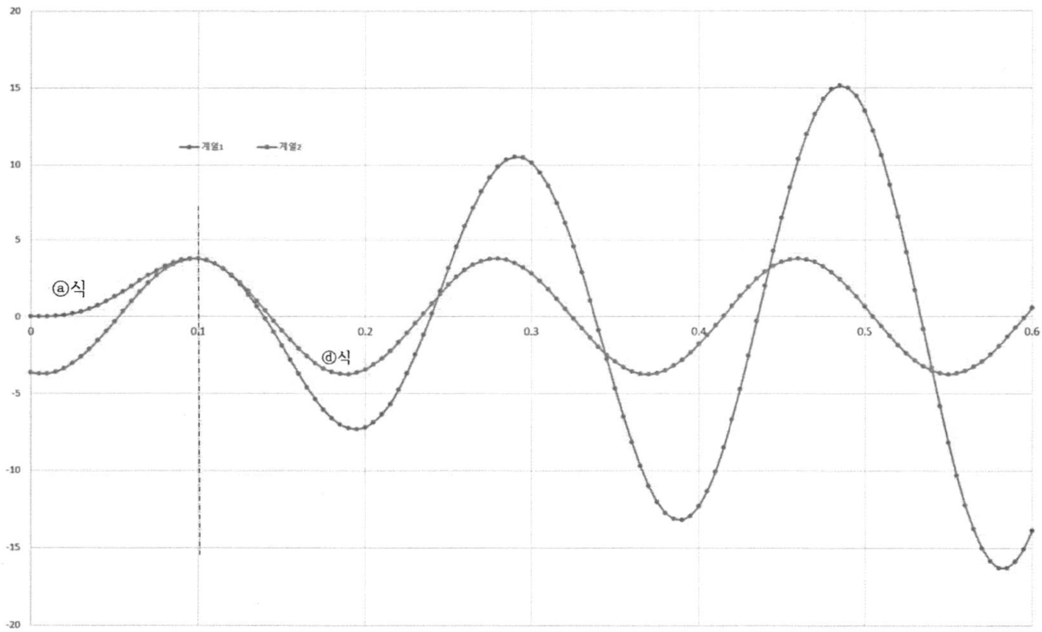

4.2.7 Displacement of cantilever under Blast Load

1. 구조해석 정의 12)

다음과 같은 Cantilever에 주어진 하중이 갑작이 작용시킬 때, 그 응답을 구하시오.
감쇠계수가 0 때 계의 응답(Response)을 구하시오.
단 해당 구조물은 비감쇠 1자유도이다.

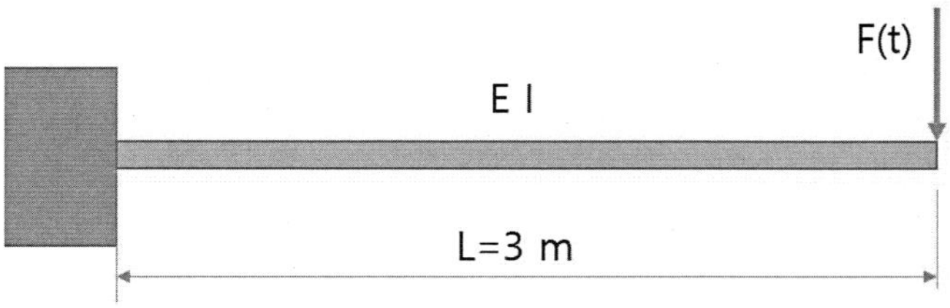

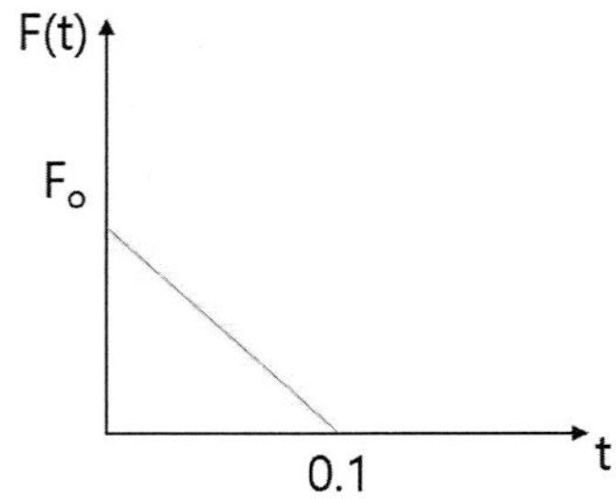

Fo = 10,000 N , to = 0.1 sec

구조물의 재질은 Structural steel로 탄성계수는 200GPa 이다. $E=2x10^{11}Pa$
구조물 H 300x300x10x15, 길이는 1200mm이다. $I = 0.00015m^4$

3. 구조해석 절차

1) 이전 구조해석에서 변경된 내용

(1) Force

※ 하중 입력은 엑셀에서 시간-하중 그래프를 그리고 복사-붙여넣기를 하면 Workbench에 쉽게 데이터를 입력할 수 있다.

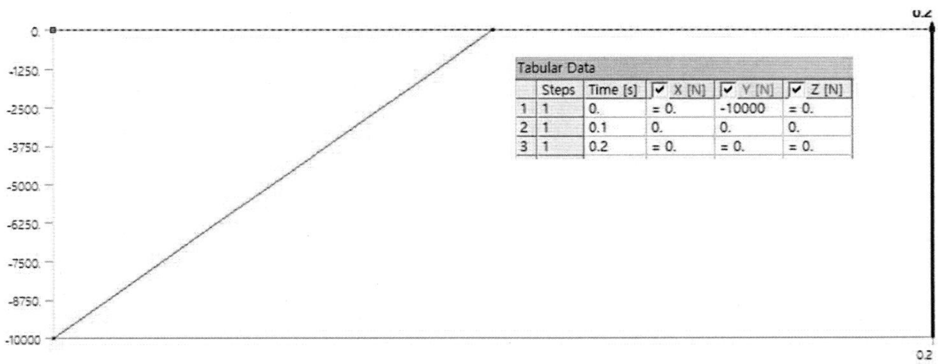

	Steps	Time [s]	X [N]	Y [N]	Z [N]
1	1	0.	= 0.	-10000	= 0.
2	1	0.1	0.	0.	0.
3	1	0.2	= 0.	= 0.	= 0.

12) 역학모의고사 배성호 38회 3번

2) 구조해석 시간

Elapsed time   13139 seconds for 1489331 cycles using 1 SMP thread
(3 hours 38 minutes 59 seconds)

3) 구조해석 결과 확인

Solution에서 Deformation, Strain, Stress 등의 해석 결과를 불러온다.

(1) Total Deformation을 검토한다.

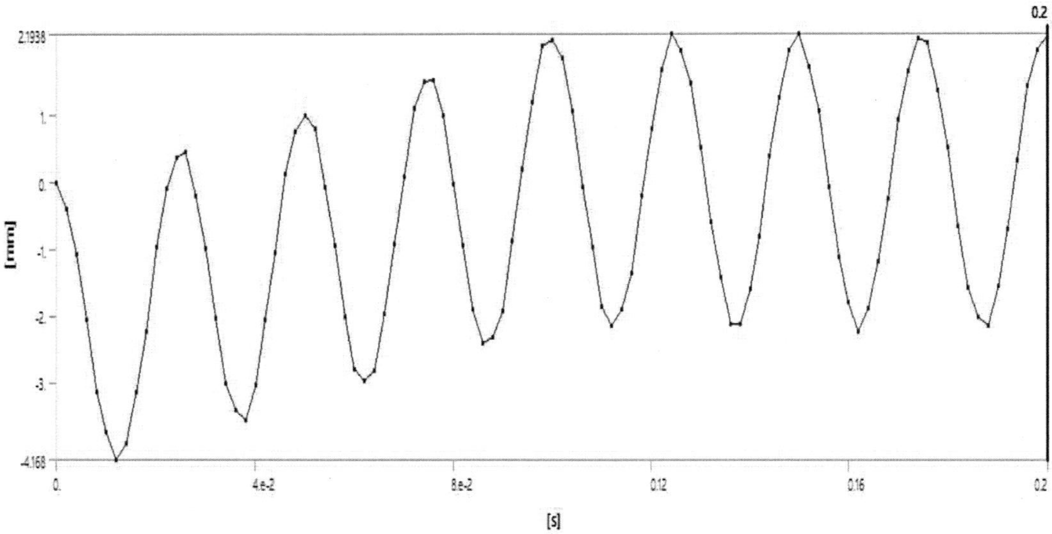

(2) Equivalent Stress를 검토한다.

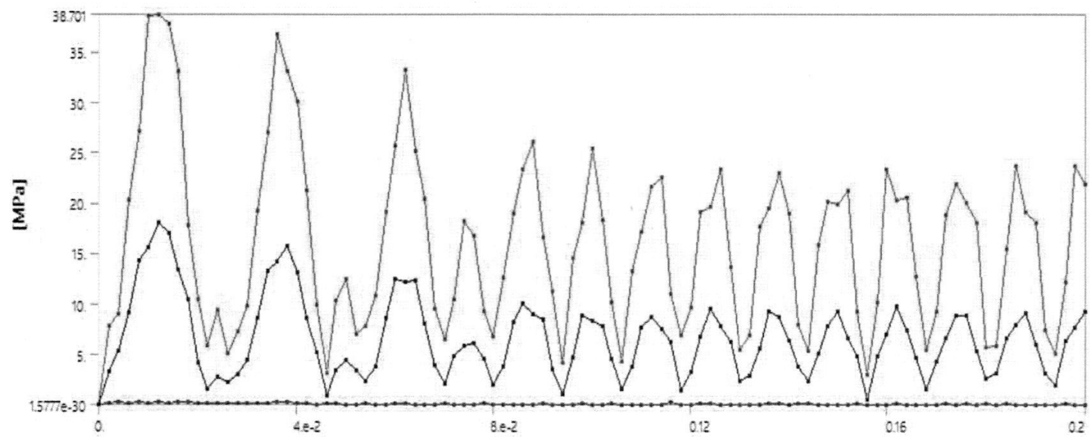

4.3 Steady state Vibration : Harmonic Analysis

(1) 공진의 특성

부과된 하중이 가진 방향으로 고유진동수에 접근할 때 공진이 발생한다.
감쇠의 증가는 부과된 전체 주파수에 대한 응답크기를 감소시킨다.
작은 감쇠 변화에도 공진 근처에의 응답은 큰 영향을 받게 된다.
위상각은 감쇠양에 상관없이 공진점에서 항상 ±90°를 지나게 된다.

(2) Contact Regions

조화해석에서도 접촉영역을 지정할 수는 있으나, 조화해석의 본질은 선형해석이므로 비선형해석에서의 접촉과는 다음과 같은 차이가 있다.

contact type	Static Analysis	Linear Dynamic Analysis		
		Initially Touching	Inside Pinball Region	Outside Pinball Region
Bonded	Bonded	Bonded	Bonded	Free
No Separation	No Separation	No Separation	No Separation	Free
Rough	Rough	Bonded	Free	Free
Frictionless	Frictionless	No Separation	Free	Free
Frictional	Frictional	u=0 No separation u>0 Bonded	Free	Free

접폭거동은 선형으로 처지되지만 Linear-dynamic analysisdptj 비선형 접촉타입을 사용하지 않는 것을 권장한다.

(3) 해석방법

Full Method (FULL)	Mode Super position Method (MSUP)
엄밀해	근사해: 정확도는 조화 응답을 표현하는데 충분한 개수의 모드를 추출하였는가에 따라 정확도가 달라짐
일반적으로 MSUP보다 느림	보통 FULL Method보다 빠름
모든 종류의 하중과 경계조건을 사용할 수 있다.	0dl 아닌 강제변위를 조화함수의 형태로 지정할 수 없음
주파수 영역에서 해석 포인트의 위치는 균등하게 배치됨	해석 포인트의 위치를 균등하게 배치하거나 고유진동수 근처에 집중되도록 지정할 수 있음.
복소연산을 sparase matrix solver를 이용하여 전체 행렬로 연립방정식을 풀게 됨	직교베터의 선형조합으로 방정식의 비연성계를 풀게 됨

(4) 하중과 경계 조건

구조 하중 및 경계 조건은 조화해석에서 다음 조건을 제외한 모든 조건을 적용할 수 있다.

지원하지 않은 하중들

- Gravity Loads
- Thermal Loads
- Rotational Velocity
- Pretension Bolt Load
- Commpression Only Support

모든 구조 하중은 동일한 가진 주파수로 조화 가진 된다.

하중은 서로 다른 위상을 가질 수 있다.

과도 효과는 계산하지 않는다

Remote Force, Moment, Acceleration 하중은 정의할 수 있으나, 위상각 0인 곳에서 적용된다고 가정한다.

적용 가능한 하중은 아래 표와 같다.

Type of Load	Phase Input	Solution Method
Acceleration Load	No	Full or Mode Superposition
Pressure Load	Yes	Full or Mode Superposition
Force Load	Yes	Full or Mode Superposition
Bearing Load	No	Full or Mode Superposition
Moment Load	No	Full or Mode Superposition
Given displacement Support	Yes	Full Only

모든 하중이 위상각을 입력할 수 있는 것은 아니다.

Acceleration, Bearing Load, Moment 하중은 반드시 위상각 0인 상태로 적용시켜 주어야 한다. 만약 또 다른 하중이 있다면 이들 하중 이외의 하중을 적용할 때 위상각을 적용시켜 주시는 것이 좋다.

조화 하중을 부여할 때 다음 항목을 설정해 주어야 한다.

$$F_i = F_{imax} \sin(wt + \theta_i)$$

- Amplitude : F_{imax}
- Phase : θ
- Frequency : ω

Amplitude와 Phase angel

-하중 값을 크기로 나타낸다.

-위상각 θ은 2개 이상의 조화 하중을 입력할 때 사용할 수 있다.

-하나의 조화 하중이 적용되면 θ를 정의할 필요가 없다.

(5) Analysis Setting - Full Harmonic

Analysis Settings > Options

- Frequency Range : 초당 사이클 정의

  Range Minimum >> Minimum Frequency 0 Hz.

  Range Maximum >> Maximum Frequency 500 Hz.

- Solution Intervals : 10
- Solution Method : Full

0~ 500 Hz범위에서 solution Intervals를 10으로 정의한 경우 50, 100, 150, ... 450, 500H에 대한 응답결과를 출력한다.

Analysis Settings > Output Controls

Analysis Settings > Damping Controls

(6) Result - Frequency Response

Frequency Response : 정의한 주파수에 대한 응답 특성을 출력한다.

Phase Response : 적용된 하중에 대해 어느 정도 뒤에 응답을 보이는지 확인한다.

Contour Plots : Stress, Elastic Strain, Deformation

Contour 결과는 Frequency Response로부터 생성되도록 만들 수 있다.

The Phase Angle의 Contour 결과는 Frequency 결과 타입에 대해 동일한 크기에 부호만 반대로 출력된다.

Phase Angle의 부호는 주파수 응답 그래프와 위상각의 응답 크기가 Contour 결과와 일치하게 하고자 반대로 출력된다.

(7) Analysis Setting - Mode-Superposition Harmonic Analysis

근사해를 구하는 기법으로 얼마나 많은 모드 수를 추출했는가에 따라 정확성이 달라진다. 일반적으로 Full Method보다 빠르게 해석된다.

0이 아닌 강제 변위 조건을 조화해석에서 지원되지 않는다.

Solution points는 전 주파수에 걸쳐 균일하게 분포되거나 구조물의 고유 진동수에 대해 클러스터링 될 수 있다.

구조물의 모드 형상을 선형 조합하여 uncoupled system을 푼다

Analysis Settings > Options

- Frequency Range : 초당 사이클 정의

  Range Minimum >> Minimum Frequency

  Range Maximum >> Maximum Frequency

- Solution Intervals

- Solution Method > Mode Super position

- Cluster Results > Yes

- Include Residual Vector

모드 중첩법 해석에서 구조물에 적용된 하중이 더 높은 주파수 모드로 가진할 때 근사적 동적 응답을 얻게 된다.

The residual vector method

- Modal Transformation에서 고유벡터 외에 추가로 Modal transformation vector를 사용합니다.
- 모드 해석과 조화해석이 연결된 연성 해석에서만 지정할 수 있다.
- Rigid-Body Mode가 존재할 때 Pseudo-Constraints 계산 시 Residual Vector를 사용한다.
- 구조물의 고주파 응답을 특성화하기 위해 모드 해석에서 Residual Vector를 계산한다.

Mode-Sup 해석을 위해 Schematic에 시스템을 구성한다.

1. Modal 시스템의 Solution 항목과 Harmonic 시스템의 Setup 항목을 연결한다.
2. Harmonic 단독 수행 시에 Analysis Setting의 상세 설정 창에서 Solution Method에 Mode Superposition으로 설정해 주어도 된다.

4.3.1 Harmonic response of cantilever beam

1. 구조해석 정의

길이가 1m인 보의 단면적은 직사각형으로 폭 40mm, 높이 40mm 이다.
재질은 Structural Steel 이다. (탄성계수는 200,000MPa, 푸아송 비 0.3)
이 보의 한쪽 면에 집중하중 F =5sin(wt) kN이 작용하고 있다.
① 외팔보의 Harmonic 변위를 구하시오.

2. 구조해석 목적

- 정적 구조해석에서 최대 변위를 산정한다.
- 모 달 해석으로 구조물의 고유주기를 산정한다.
- 하모닉 응답 해석에서 고유주기의 최대 변위를 산정한다.

A. Workbench 해석

1) 정적 구조해석을 수행한다.

(1) Project를 생성한다.

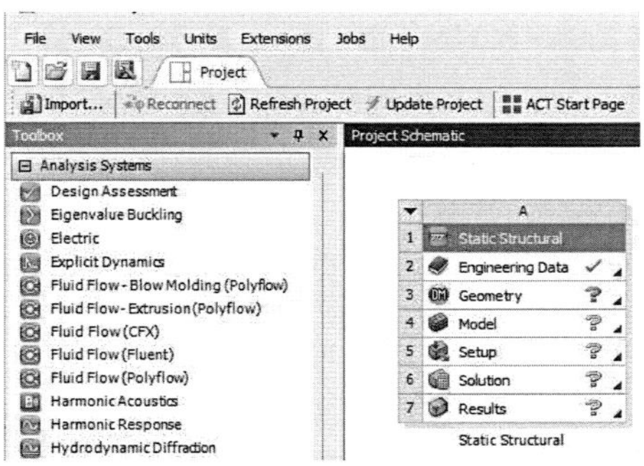

(2) Design Modeler에서 모델을 생성한다.

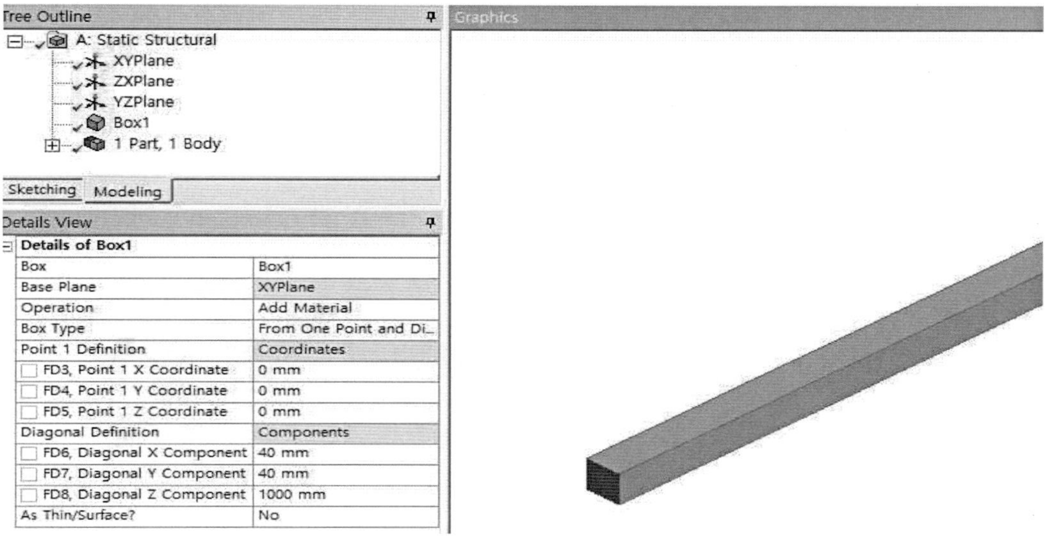

(3) 메쉬 설정 정의

메쉬 사이즈 : 10mm

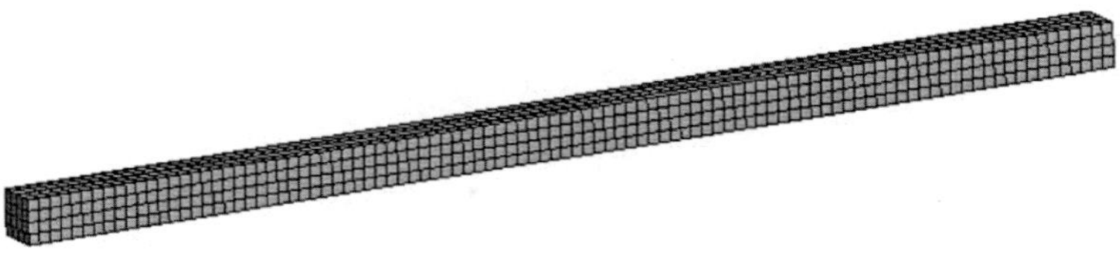

(4) 구조해석 경계 조건 정의

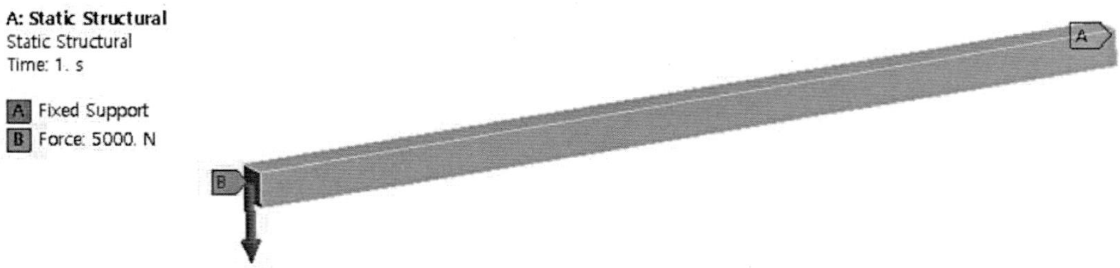

(5) 구조해석하기

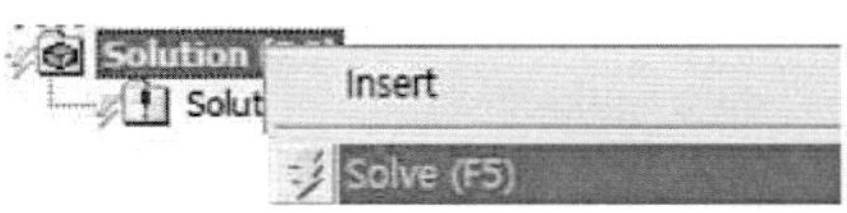

(6) 구조해석 결과 확인

① Total Deformation을 검토한다.

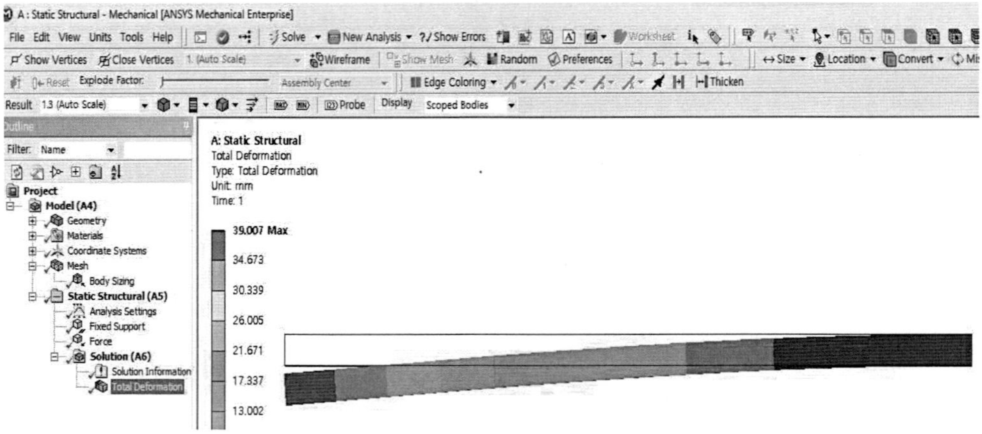

최대 변위는 39.0mm이다.

2) Modal analysis

(1) Workbench의 Tool Box에서 “Modal”을 드래그하여 Project Schematic의 Modal에 Engineering Data, Geometry, Modal 위에 올려놓는다.

(2) Project 이름 변경 :

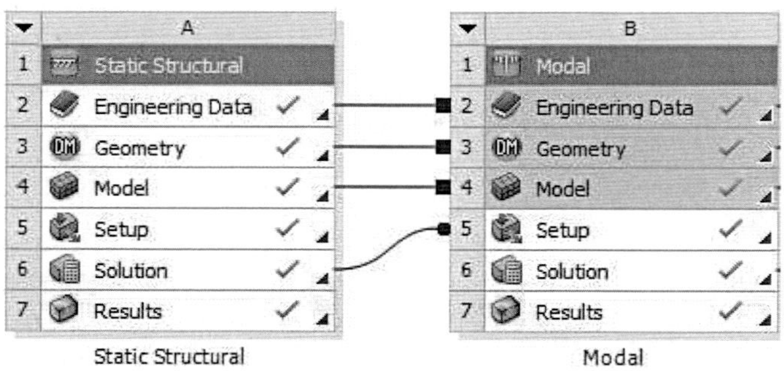

(3) Mode Analysis 결과

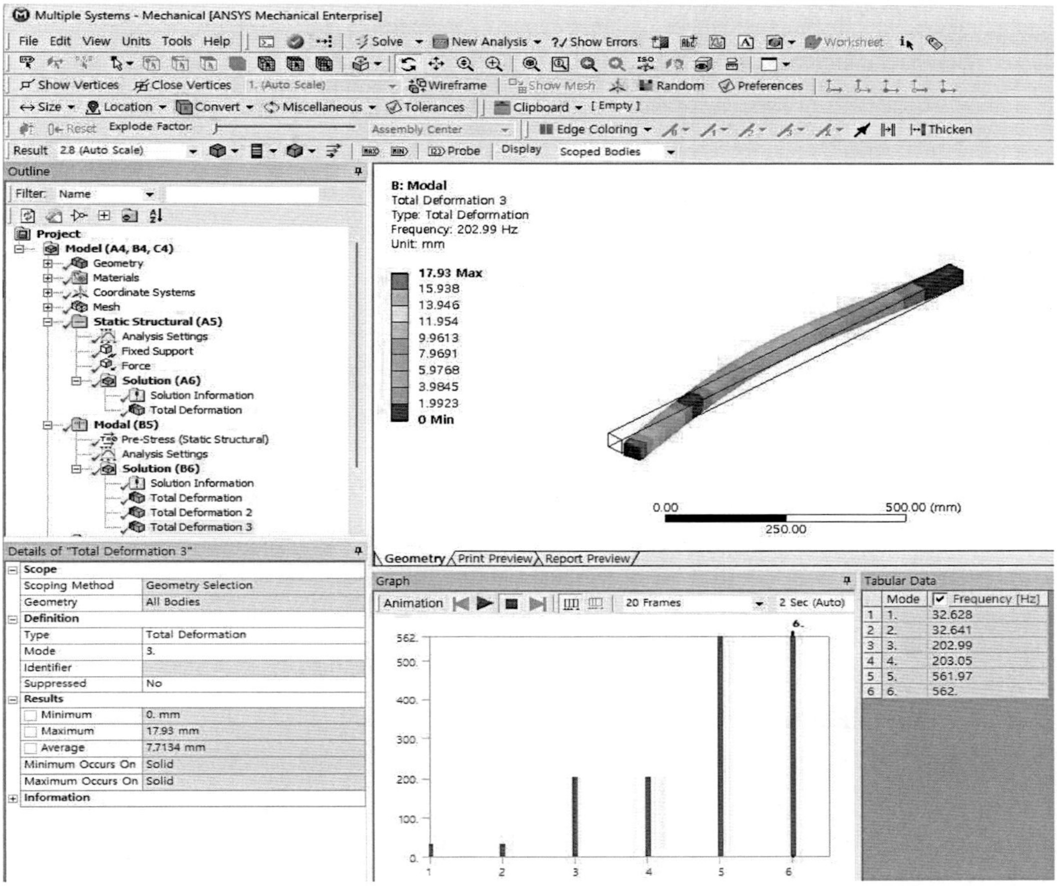

외팔보의 고유진동수는 32.628Hz, 202.99Hz, 561.97Hz이다.

3) 조화해석 시스템을 생성한다. (Harmonic Response)

(1) Workbench의 Tool Box에서 “Harmonic Response”을 드래그하여 Project Schematic의 Modal에 Engineering Data, Geometry, Modal 위에 올려놓는다.

(2) Project 이름 변경 :

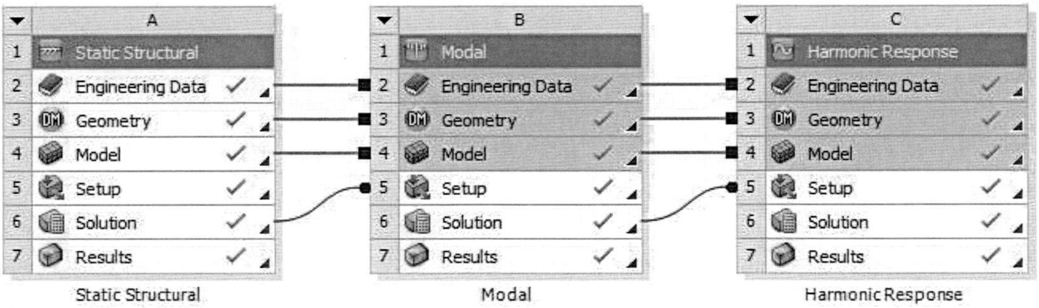

(3) 하중 조건 정의 : 집중하중 설정

① 하중 항목설정 : Force

Outline > Harmonic Response > RMB > Insert > Force

② Geometry 입력 : 보의 측면 선택

Graphic window에서 대상 선정 > Detail > Geometry > Apply

③ 압력 값 입력 방법 선정 : Components

④ 압력 값 입력 : Y Component = -5,000 N

(4) 해석 수행

Analysis Settings > Options

Details of "Analysis Settings"	
Options	
Frequency Spacing	Linear
Range Minimum	0. Hz
Range Maximum	500. Hz
Solution Intervals	500
User Defined Frequencies	Off
Solution Method	Mode Superposition
Include Residual Vector	No
Cluster Results	No
Store Results At All Frequencies	Yes
Rotordynamics Controls	
Output Controls	
Stress	Yes
Strain	Yes
Nodal Forces	No
Calculate Reactions	Yes
Expand Results From	Harmonic Solution
General Miscellaneous	No
Damping Controls	
Eqv. Damping Ratio From Modal	No
Constant Damping Ratio	0.
Stiffness Coefficient Define By	Direct Input
Stiffness Coefficient	0.
Mass Coefficient	0.
Analysis Data Management	

Harmonic Response의 Analysis setting:

F = 5 sin(wt) kN의 주파수 범위는 0 ~ 1000 Hz

Damping Control : Damping 효과는 없는 것으로 한다.

(5) 구조해석하기 : Tool bar > Solve (또는 Outline > Model > RMB > Solve)

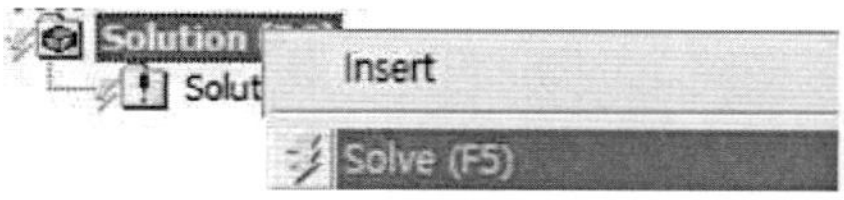

(6) 구조해석 결과 확인

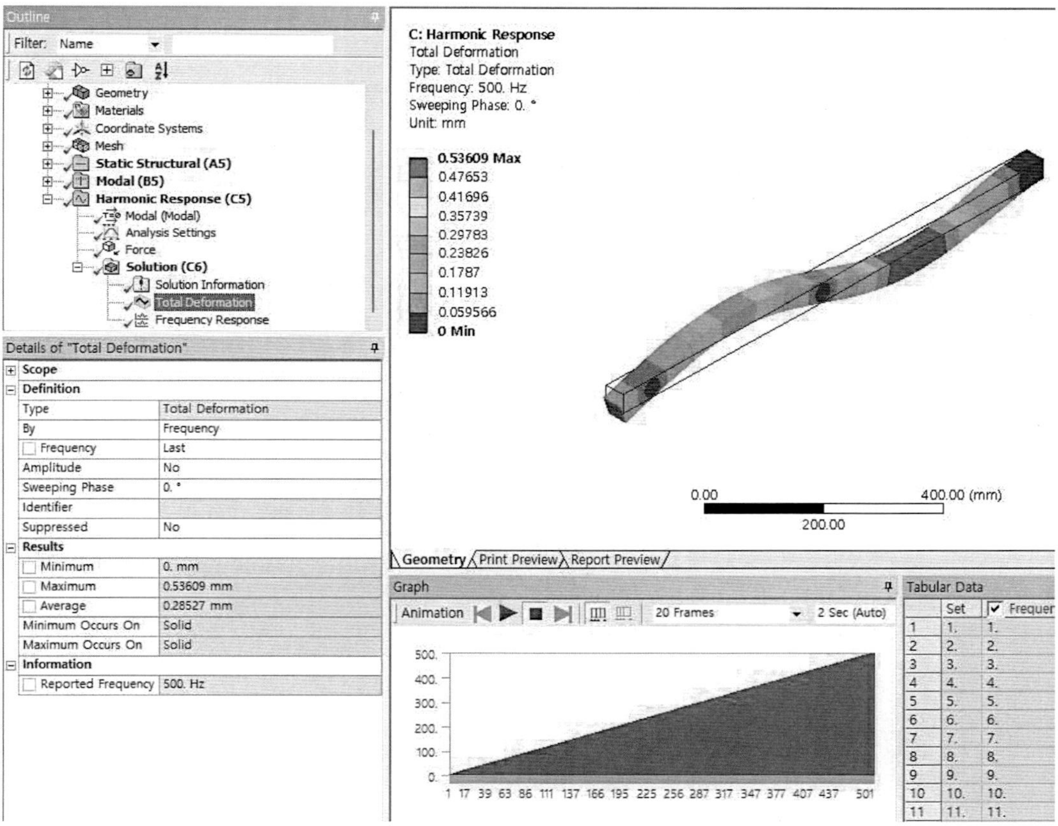

(a) Frequency Response(주파수 응답)

① 항목 선택 : Outline >Solution >RMB >Insert >Frequency Response> Deformation

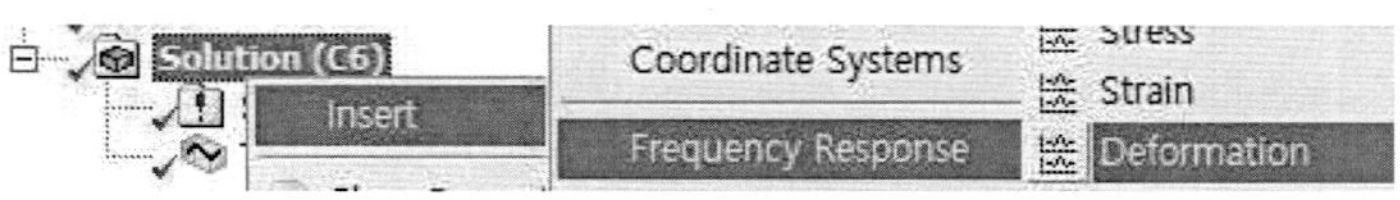

② Geometry : 하중이 가해지는 상측 Edge 선택

③ Directional Deformation 방향 설정 : Y 축

④ Chart View Style : Linear

⑤ 결과 호출 : Outline > Solution >RMB > Evaluate All Results

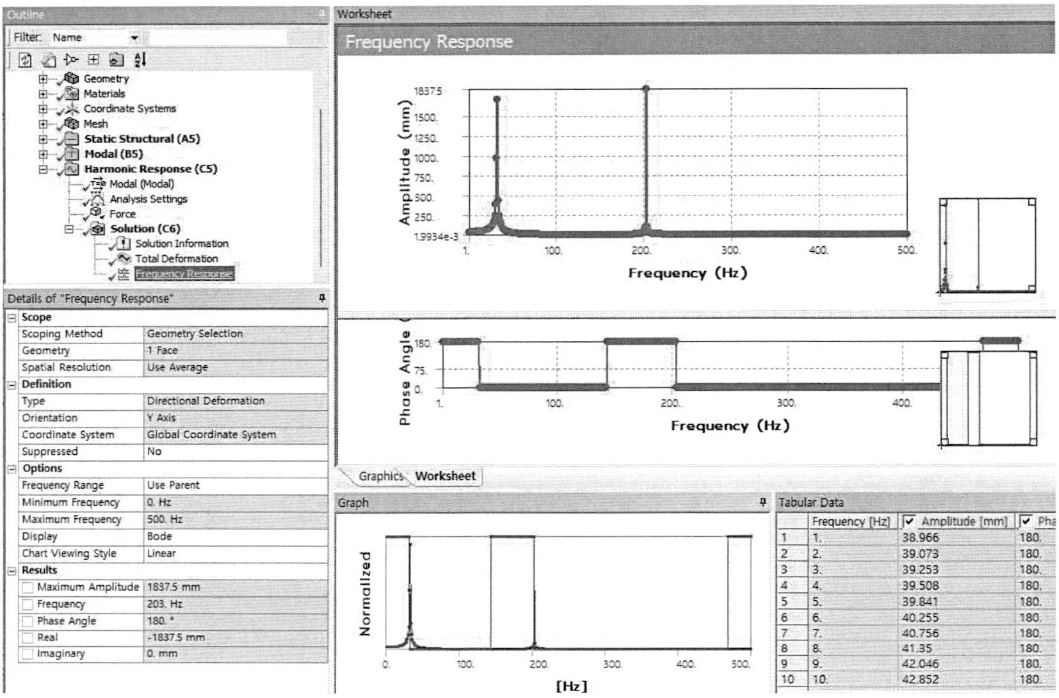

외팔보의 고유진동수는 32.6Hz, 202.9Hz, 561.9Hz이다.

이 구조물의 고유진동수를 근처에서의 변위 값을 관찰하면 다음과 같다.
2Hz에서는 정적 하중을 받는 외팔보의 최대 변위는 39.0007mm와 비슷하게 39.073 mm이다. 그러나 Harmonic analysis에서는 공진으로 변위가 증폭되어 다음과 같다
1차 공진주파수 33Hz에서의 최대 변위는 1711.2mm이다.
2차 공진주파수 203Hz에서의 최대 변위는 1837mm이다.

Tabular Data

	Frequency [Hz]	Amplitude [mm]	Phas
29	29.	180.73	180.
30	30.	244.78	180.
31	31.	387.07	180.
32	32.	973.59	180.
33	33.	1711.2	0.
34	34.	444.14	0.
35	35.	251.57	0.
36	36.	173.75	0.
37	37.	131.69	0.
38	38.	105.37	0.

Tabular Data

	Frequency [Hz]	Amplitude [mm]	Phas
200	200.	31.535	180.
201	201.	47.218	180.
202	202.	92.656	180.
203	203.	1837.5	180.
204	204.	104.43	0.
205	205.	51.086	0.
206	206.	33.943	0.
207	207.	25.482	0.
208	208.	20.439	0.
209	209.	17.089	0.

(7) 결론 및 고찰

이론식으로 구한 고유진동수 f_1=32.631 f_2 = 204.4581 이다. 이 고유진동수와 근

접한 주기로 하중을 가하면 공진이 발생한다. 32Hz로 가진 할 때 이 32Hz에서의 CAE 해석의 최대변위는 973.47mm로 이론과 6.8% 오차 발생되었다. (이론 1044.46 mm) 204Hz에서의 CAE 해석의 최대변위는 104.46mm로 이론과 61.7% 오차 발생되었다. (이론 4164.804 mm)

CAE해석에 의한 변위의 이론값보다 작게 산출되었다. 보 요소에서 구조해석의 결과는 모드1의 결과가 모드 2보다 정확히 계산되는 것을 볼 수 있다. Modal해석에서의 고유진동수 계산보다 Harmonic Response에서의 변위의 계산 오차가 큰 것은 CAE 해석을 3차원으로 해석하여 체적의 변

B. 이론적 계산

비감속 강제운동의 운동방정식은 $my'' + cy' + ky = F_o \sin wt$ 이다.

변위는 다음과 같이 일시적 반응과 지속반응으로 구분 된다.

$$y(t) = y_c + y_p$$

$$y_c = e^{-\xi w_n t}(A\cos w_n t + B\sin w_n t)$$

$$y_p = \frac{F_o}{k}\frac{1}{\sqrt{(1-r^2)^2+(2\xi r)^2}}\sin(wt-\alpha),\ r = \frac{w}{w_n}$$

고유진동수를 구하기 위한 식은 다음과 같다.

$$y_{st.\max} = \frac{F_o}{k}$$

$$DAF(\text{동적증폭계수}) = \frac{1}{\sqrt{(1-r^2)^2+(2\xi r)^2}}$$

본 문제에서 $y_{st.\max} = \frac{F_o}{k} = \frac{F_o L^3}{3EI} = \frac{5000*1^3}{3*2e+11*2.1e-7} = 38.981mm$

이 문제에 대한 처음 1차, 2차 고유진동수는 다음과 같다.

$$DAF(w=32) = \frac{1}{\sqrt{(1-r^2)^2}} = \frac{1}{\sqrt{(1-0.980^2)^2}} = 26.08375 \quad r = 32/32.641$$

$$DAF(w=204) = \frac{1}{\sqrt{(1-r^2)^2}} = \frac{1}{\sqrt{(1-1.004^2)^2}} = 106.619 \quad r = 204/203.05$$

$$y(\max, w=32) = yst.\max * DAF = 38.981 * 26.084 = 1004.433mm$$

$$y(\max, w=204) = yst.\max * DAF = 38.981 * 106.619 = 4164.804mm$$

4.3.2 Harmonic response of cantilever beam

1. 구조해석 정의

끝단이 고정된 빔의 중앙의 조화 하중이 가해졌을 때의 조화 응답을 확인한다. 힘은 빔의 1/3 지점 두 곳에 부여된다. 하중은 250N으로 작용한다.

물체는 300~1,800rpm으로 회전한다.

빔의 크기는 길이가 3m이고, 폭 500mm, 두께 25mm이다.
재질은 Structural Steel이다. (탄성계수는 200,000MPa, 푸아송 비 0.3)

2. 구조해석 목적

- 정적 구조해석에서 최대 변위를 산정한다.
- 모 달 해석으로 구조물의 고유주기를 산정한다.
- 하모닉 응답 해석에서 고유주기의 최대 변위를 산정한다.

A. Workbench 해석

1) Modal 해석을 수행한다.

(1) Project를 생성한다.

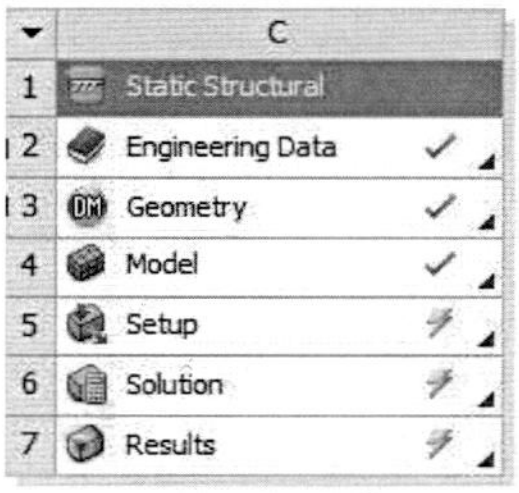

Static Structural

(2) Design Modeler에서 모델을 생성한다.

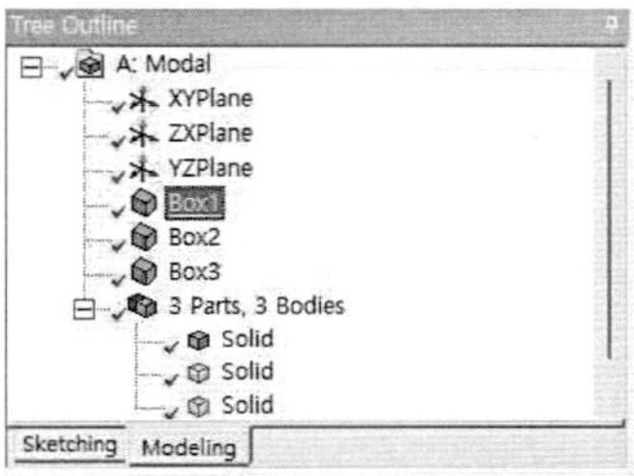

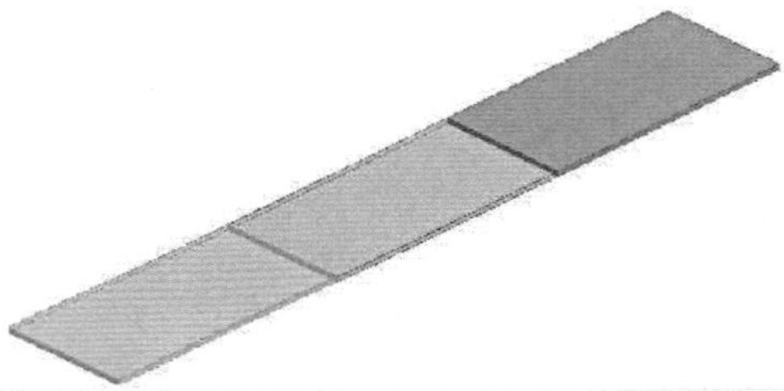

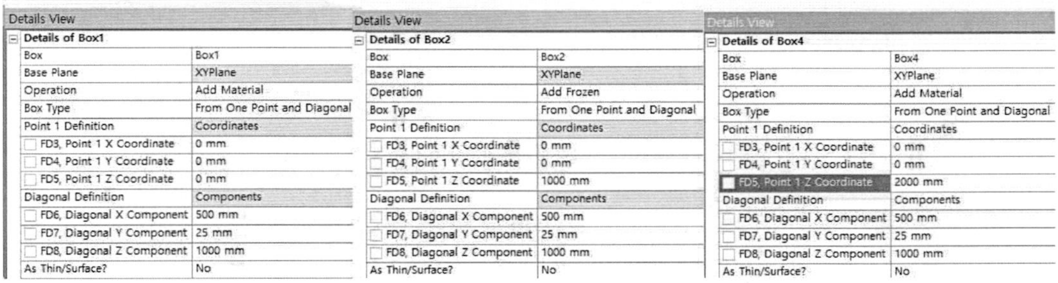

Details View

Details of Box1	
Box	Box1
Base Plane	XYPlane
Operation	Add Material
Box Type	From One Point and Diagonal
Point 1 Definition	Coordinates
FD3, Point 1 X Coordinate	0 mm
FD4, Point 1 Y Coordinate	0 mm
FD5, Point 1 Z Coordinate	0 mm
Diagonal Definition	Components
FD6, Diagonal X Component	500 mm
FD7, Diagonal Y Component	25 mm
FD8, Diagonal Z Component	1000 mm
As Thin/Surface?	No

Details View

Details of Box2	
Box	Box2
Base Plane	XYPlane
Operation	Add Frozen
Box Type	From One Point and Diagonal
Point 1 Definition	Coordinates
FD3, Point 1 X Coordinate	0 mm
FD4, Point 1 Y Coordinate	0 mm
FD5, Point 1 Z Coordinate	1000 mm
Diagonal Definition	Components
FD6, Diagonal X Component	500 mm
FD7, Diagonal Y Component	25 mm
FD8, Diagonal Z Component	1000 mm
As Thin/Surface?	No

Details View

Details of Box4	
Box	Box4
Base Plane	XYPlane
Operation	Add Material
Box Type	From One Point and Diagonal
Point 1 Definition	Coordinates
FD3, Point 1 X Coordinate	0 mm
FD4, Point 1 Y Coordinate	0 mm
FD5, Point 1 Z Coordinate	2000 mm
Diagonal Definition	Components
FD6, Diagonal X Component	500 mm
FD7, Diagonal Y Component	25 mm
FD8, Diagonal Z Component	1000 mm
As Thin/Surface?	No

(3) 메쉬 설정 정의

자동설정으로 정의한다.

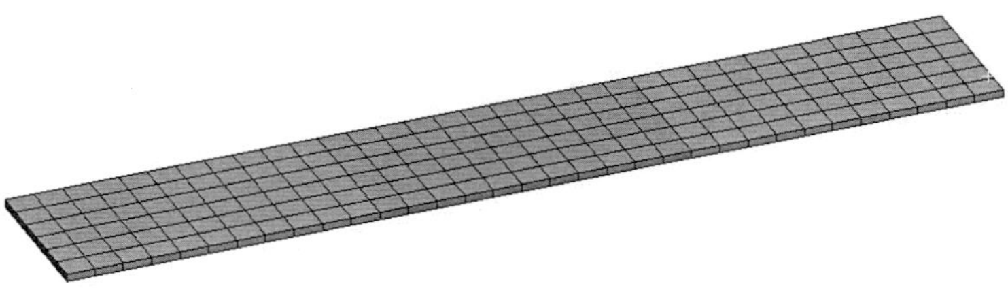

(4) 구조해석 경계 조건 정의

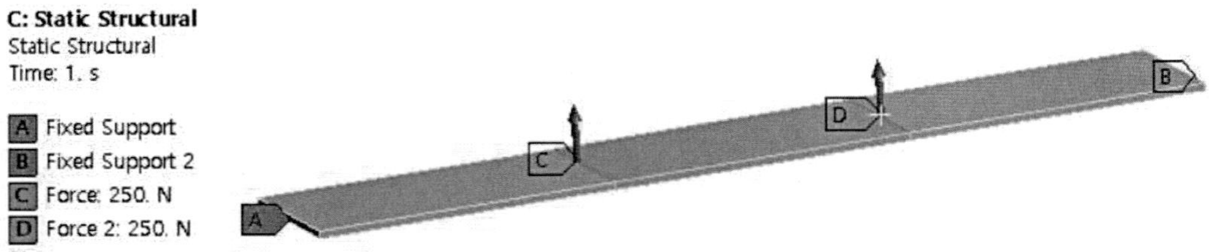

(5) 해석 수행

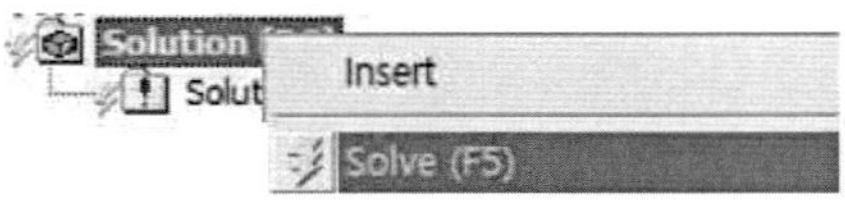

(6)

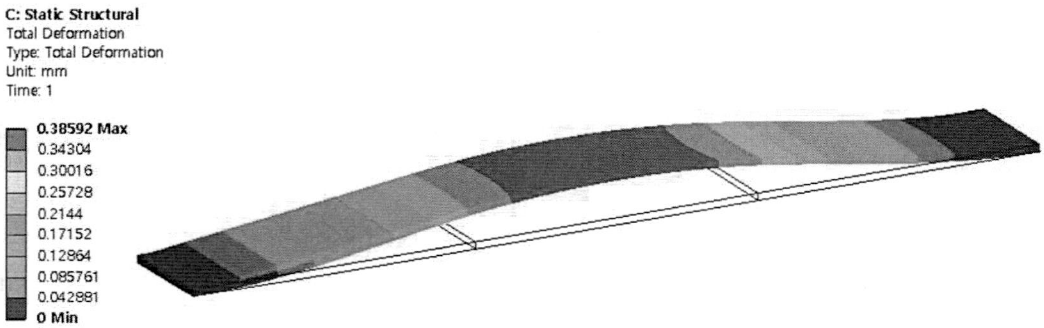

최대 변위 0.385mm이다.

2) Modal 해석을 수행한다.

(1) Project를 생성한다.

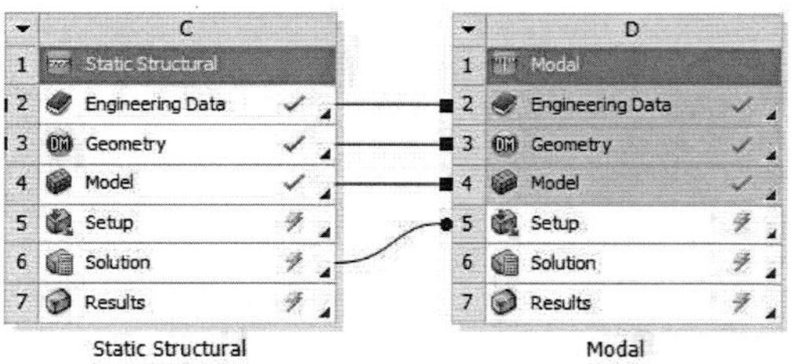

(2) Design Modeler에서 모델을 생성한다.

Static Structural에서 사용한 모델을 동일하게 사용한다.

(3) 메쉬 설정 정의

자동설정으로 정의한다.

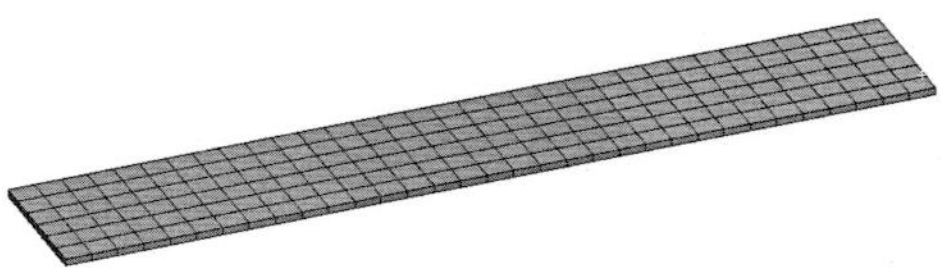

(4) 구조해석 경계 조건 정의

(5) 구조해석하기

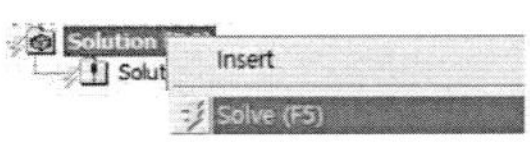

(6) 구조해석 결과 확인

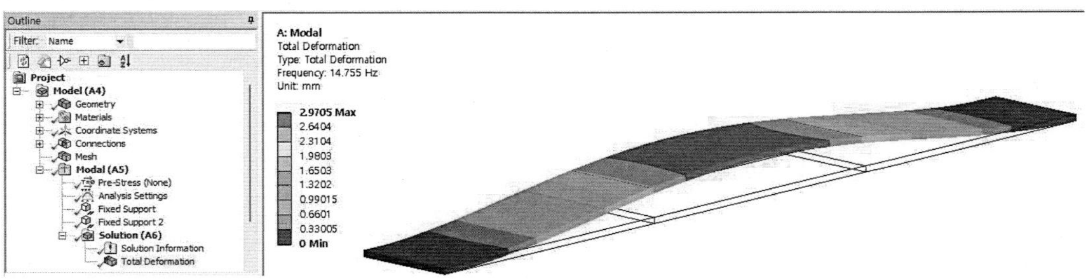

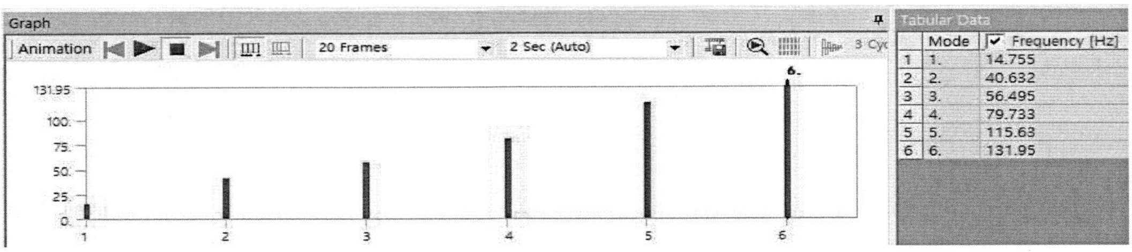

3) 조화해석 시스템을 생성한다. (Harmonic Response)

(1) Workbench의 Tool Box에서 “Harmonic Response”을 드래그하여 Project Schematic의 Modal에 Engineering Data, Geometry, Modal 위에 올려놓는다.

(2) Project 이름 변경

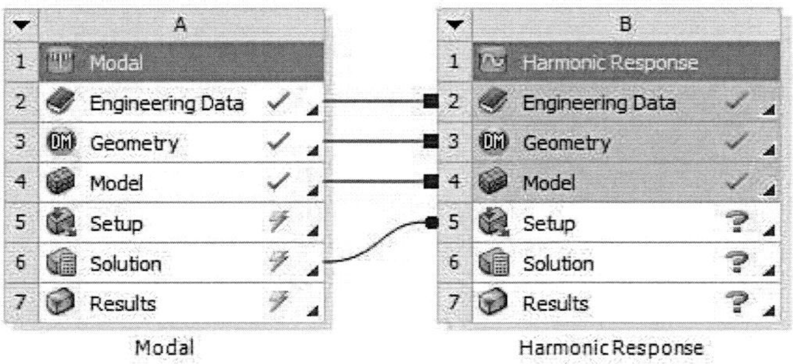

(3) 하중 조건 정의 : 집중하중 설정

① 하중 항목설정 : Force

Outline > Harmonic Response > RMB > Insert > Force

② 압력 값 입력 방법 선정 : Components

③ 압력 값 입력 : Y Component = 250 N

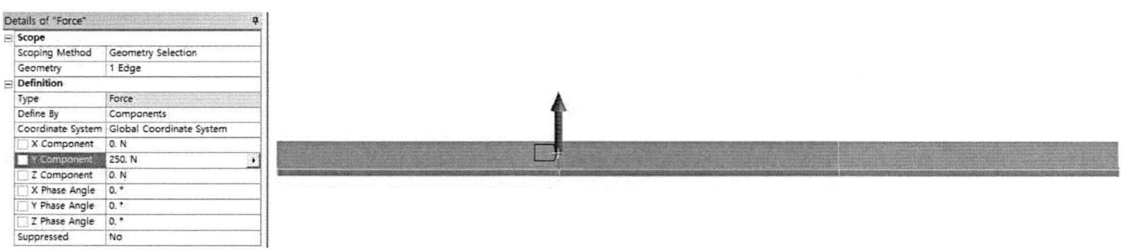

또다른 Edge를 선택하여 힘을 부여한다. (Y성분 250N, 위상각 0)

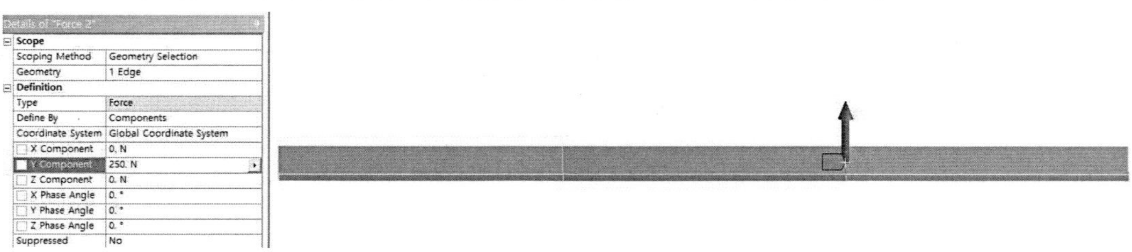

(4) 해석 조건 설정

Analysis Settings > Options

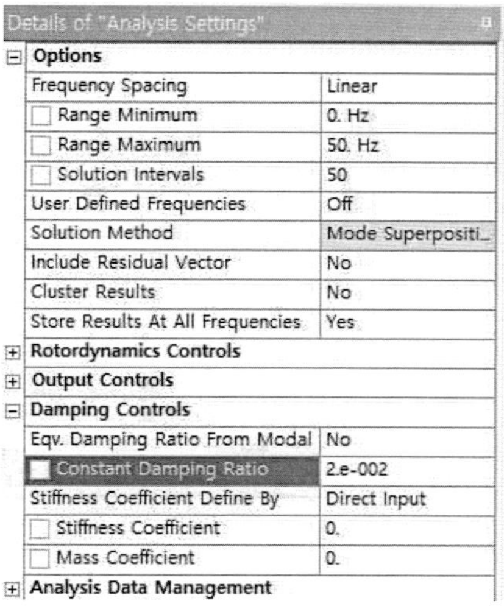

Harmonic Response의 Analysis setting:

F = 5 sin(wt) kN의 주파수 범위는 0 ~ 50 Hz

Damping Control : Damping Ratio 2%로 한다.

(5) 구조해석하기 : Tool bar > Solve (또는 Outline > Model > RMB > Solve)

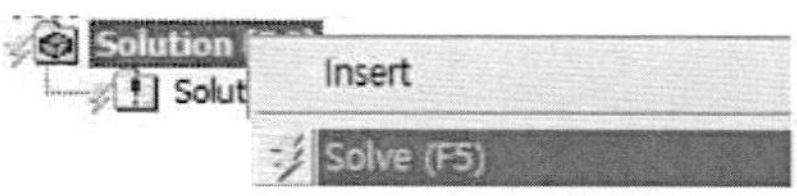

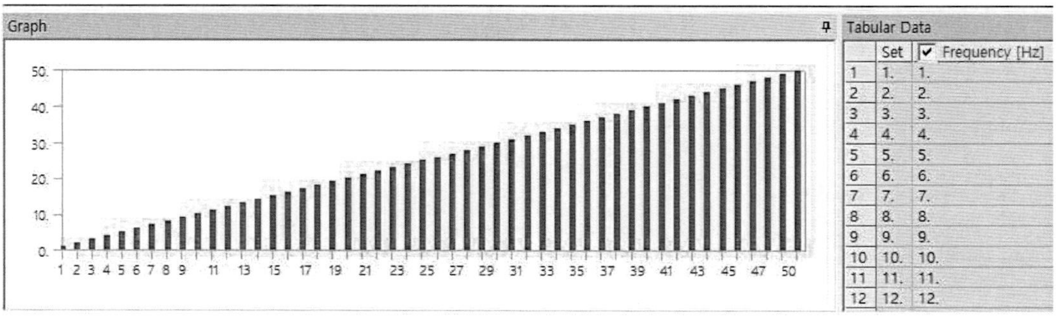

(6) 구조해석 결과 확인

(a) Frequency Response(주파수 응답)

① 항목 선택 : Outline >Solution >RMB >Insert >Frequency Response> Deformation

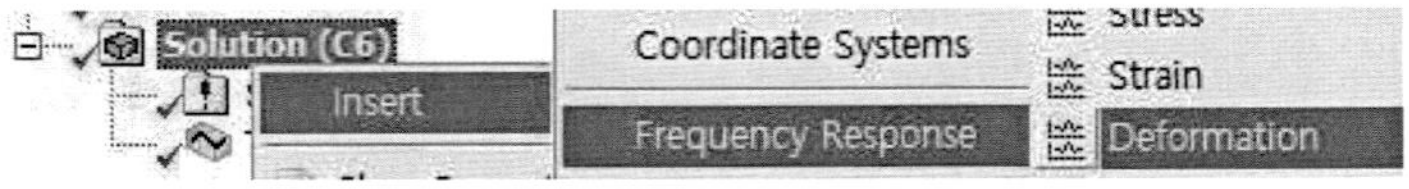

② Geometry : 모델 전체를 선택
③ Directional Deformation 방향 설정 : Y 축
④ Chart View Style : Linear
⑤ 결과 호출 : Outline > Solution >RMB > Evaluate All Results

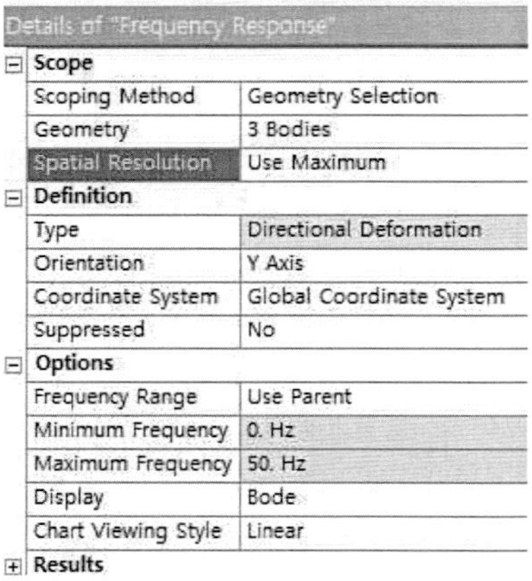

Details of "Frequency Response"

Scope	
Scoping Method	Geometry Selection
Geometry	3 Bodies
Spatial Resolution	Use Maximum
Definition	
Type	Directional Deformation
Orientation	Y Axis
Coordinate System	Global Coordinate System
Suppressed	No
Options	
Frequency Range	Use Parent
Minimum Frequency	0. Hz
Maximum Frequency	50. Hz
Display	Bode
Chart Viewing Style	Linear
Results	

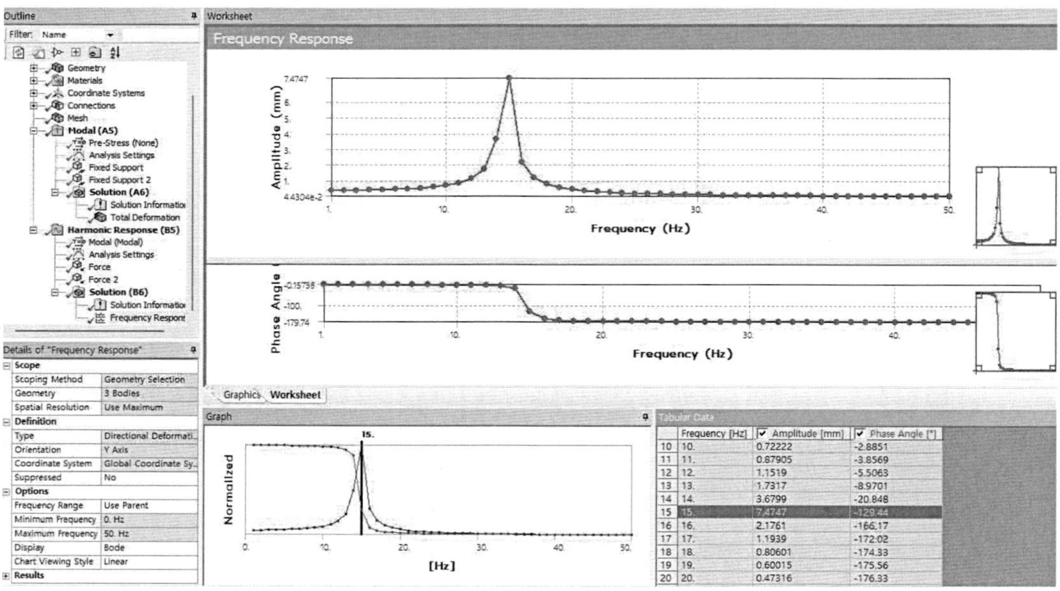

	Frequency [Hz]	Amplitude [mm]	Phase Angle [°]
10	10.	0.72222	-2.8851
11	11.	0.87905	-3.8569
12	12.	1.1519	-5.5063
13	13.	1.7317	-8.9701
14	14.	3.6799	-20.848
15	15.	7.4747	-129.44
16	16.	2.1761	-166.17
17	17.	1.1939	-172.02
18	18.	0.80601	-174.33
19	19.	0.60015	-175.56
20	20.	0.47316	-176.33

정적 구조해석의 최대 변위 0.385mm이다.
외팔보의 고유진동수는 14.7Hz, 40.6Hz, 56.5Hz
이 구조물의 고유진동수를 근처에서의 변위 값을 관찰하면 다음과 같다.
15Hz에서는 하모닉 하중을 받는 외팔보의 최대 변위는 7.4mm이다. 공진으로 변위가 증폭된 것을 확인할 수 있다.

(b) Stress 응답

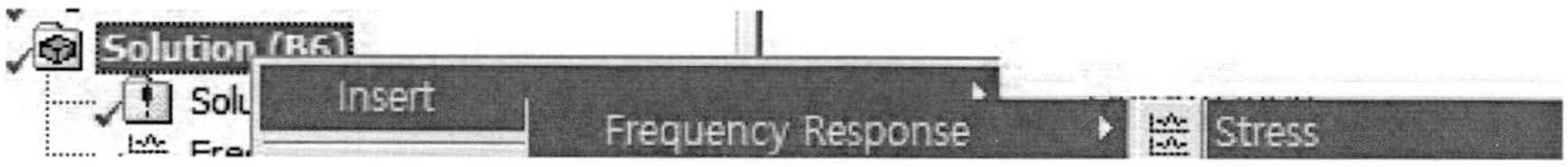

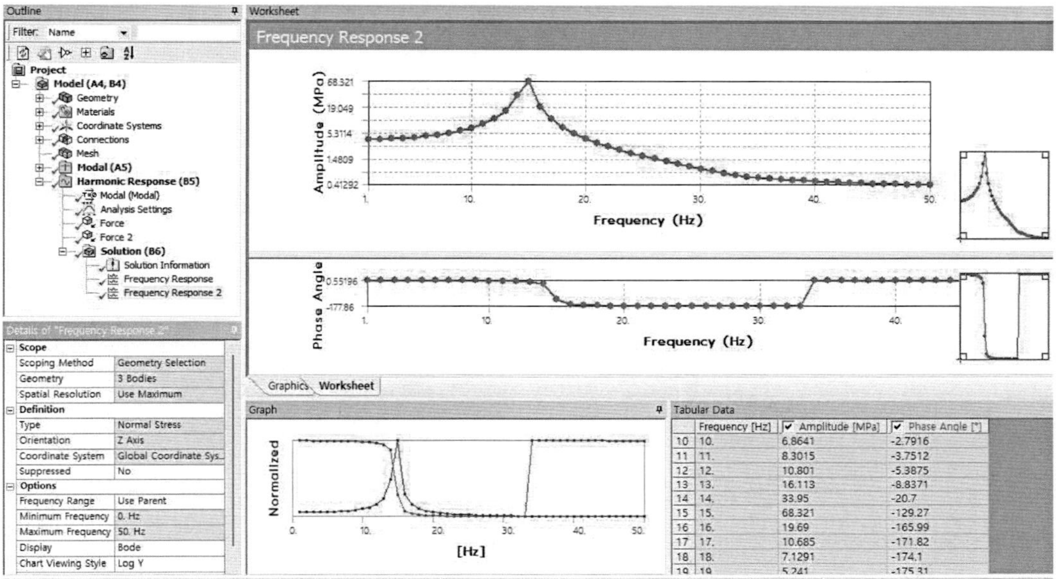

(7) 두 번째 하모닉 힘을 변경한다.

- 위상각을 90˚로 설정

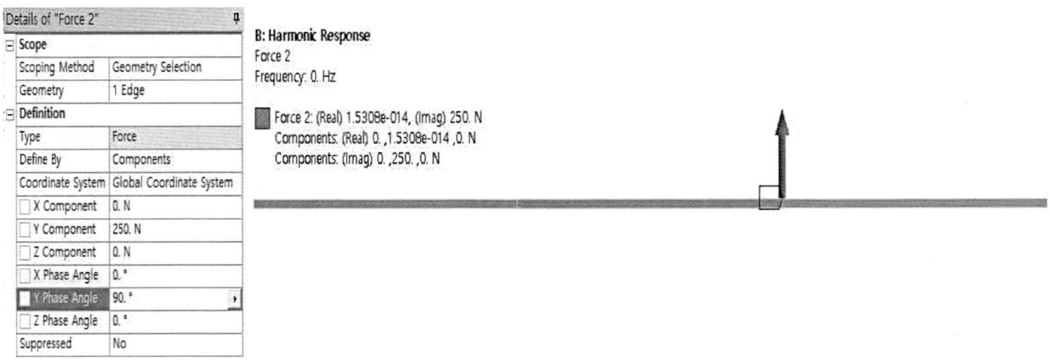

(a) Frequency Response(주파수 응답)

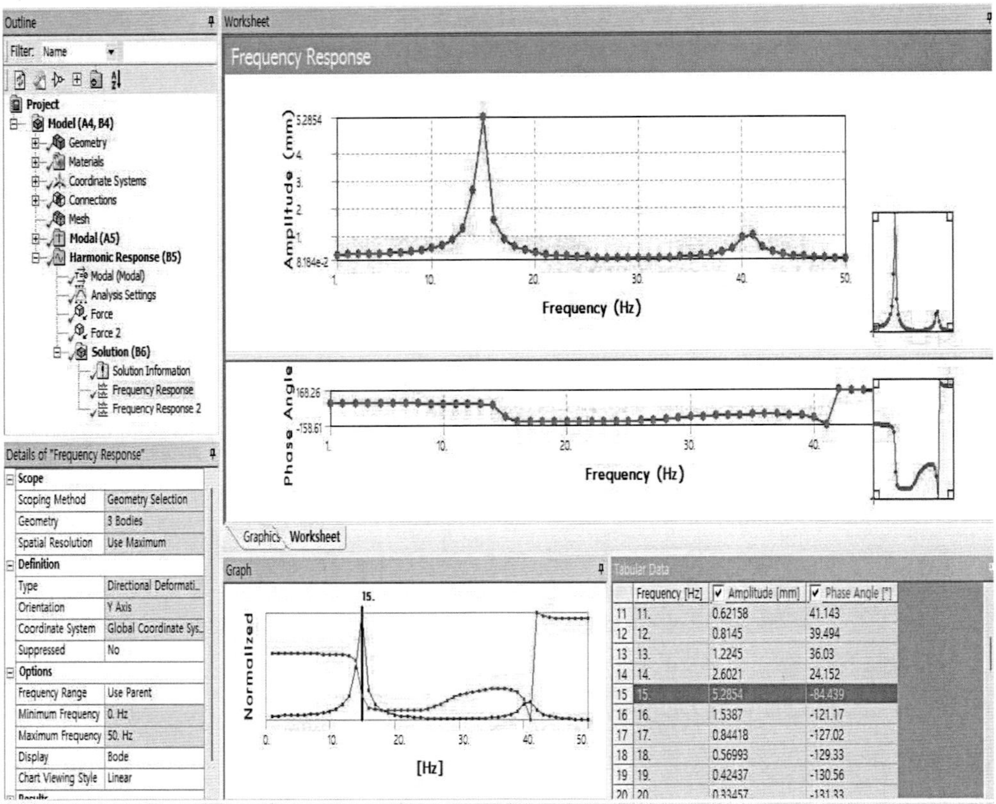
Outline
Filter: Name
Project
Model (A4, B4)
Geometry
Materials
Coordinate Systems
Connections
Mesh
Modal (A5)
Harmonic Response (B5)
Modal (Modal)
Analysis Settings
Force
Force 2
Solution (B6)
Solution Information
Frequency Response
Frequency Response 2
Details of "Frequency Response"
Scope
Scoping Method | Geometry Selection
Geometry | 3 Bodies
Spatial Resolution | Use Maximum
Definition
Type | Directional Deformati...
Orientation | Y Axis
Coordinate System | Global Coordinate Sys...
Suppressed | No
Options
Frequency Range | Use Parent
Minimum Frequency | 0. Hz
Maximum Frequency | 50. Hz
Display | Bode
Chart Viewing Style | Linear
Worksheet
Frequency Response
Amplitude (mm)
Frequency (Hz)
Phase Angle
Graphics
Worksheet
Graph
Normalized
[Hz]
Tabular Data
Frequency [Hz] | Amplitude [mm] | Phase Angle [°]
11 | 11. | 0.62158 | 41.143
12 | 12. | 0.8145 | 39.494
13 | 13. | 1.2245 | 36.03
14 | 14. | 2.6021 | 24.152
15 | 15. | 5.2854 | -84.439
16 | 16. | 1.5387 | -121.17
17 | 17. | 0.84418 | -127.02
18 | 18. | 0.56993 | -129.33
19 | 19. | 0.42437 | -130.56

4.3.3 Harmonic response of Belt pulley

1. 구조해석 정의

끝단이 고정된 빔의 중앙의 조화 하중이 가해졌을 때의 조화 응답을 확인한다.
힘은 빔의 1/3 지점 두 곳에 부여된다. 하중은 250N으로 작용한다.
물체는 300~1,800rpm으로 회전한다.
빔의 크기는 길이가 3m이고, 폭 500mm, 두께 25mm이다.
재질은 Structural Steel이다. (탄성계수는 200,000MPa, 푸아송 비 0.3)

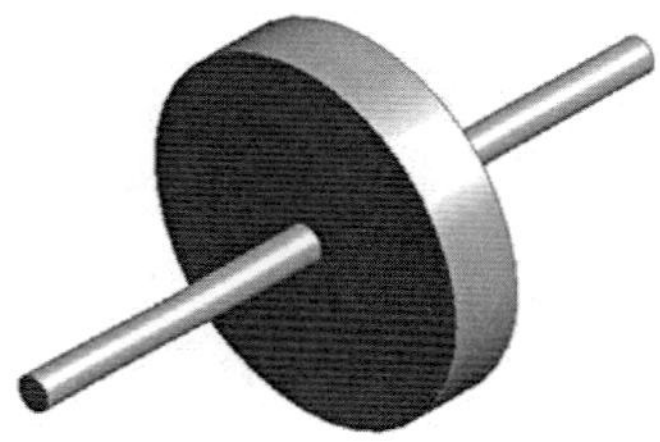

2. 구조해석 목적

- 정적 구조해석에서 최대 변위를 산정한다.
- 모 달 해석으로 구조물의 고유주기를 산정한다.
- 하모닉 응답 해석에서 고유주기의 최대 변위를 산정한다.

A. Workbench 해석

1) Modal 해석을 수행한다.
(1) Project를 생성한다.

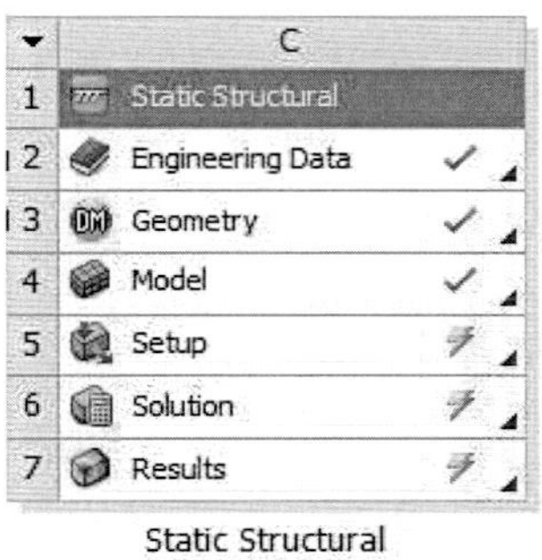

(2) Design Modeler에서 모델을 생성한다.

Details View

Details of Cylinder1	
Cylinder	Cylinder1
Base Plane	XYPlane
Operation	Add Material
Origin Definition	Coordinates
FD3, Origin X Coordinate	0 mm
FD4, Origin Y Coordinate	0 mm
FD5, Origin Z Coordinate	0 mm
Axis Definition	Components
FD6, Axis X Component	0 mm
FD7, Axis Y Component	0 mm
FD8, Axis Z Component	40 mm
FD10, Radius (>0)	100 mm
As Thin/Surface?	No

Details View

Details of Cylinder2	
Cylinder	Cylinder2
Base Plane	XYPlane
Operation	Add Material
Origin Definition	Coordinates
FD3, Origin X Coordinate	0 mm
FD4, Origin Y Coordinate	0 mm
FD5, Origin Z Coordinate	-180 mm
Axis Definition	Components
FD6, Axis X Component	0 mm
FD7, Axis Y Component	0 mm
FD8, Axis Z Component	400 mm
FD10, Radius (>0)	10 mm
As Thin/Surface?	No

(3) 메쉬 설정 정의

메쉬 형상은 Mutizone으로 설정한다. 메쉬 크기는 5mm로 설정한다.

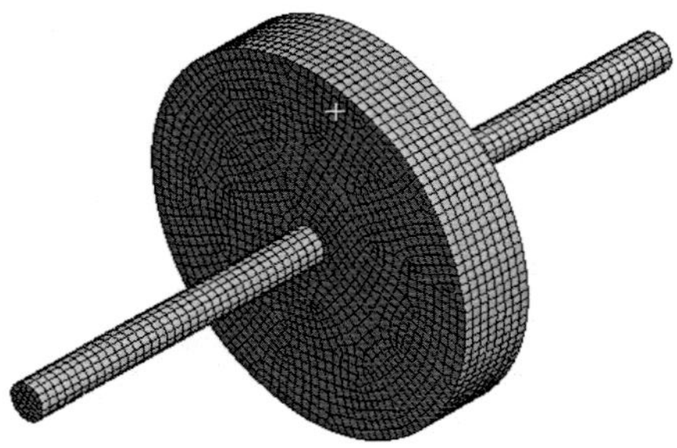

(4) 구조해석 경계 조건 정의

Moment 10000N.mm, Fixed support A,B

(5) 해석 수행

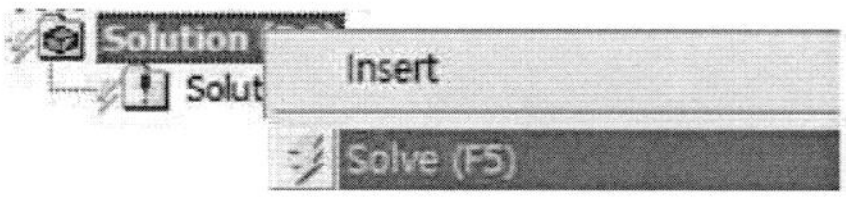

(6)

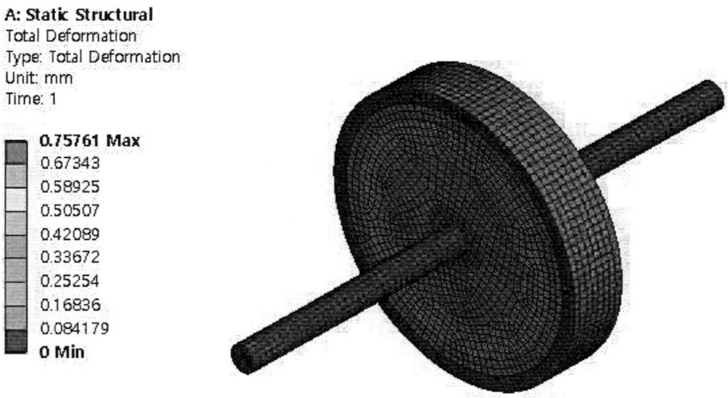

최대 변위 0.757mm이다.

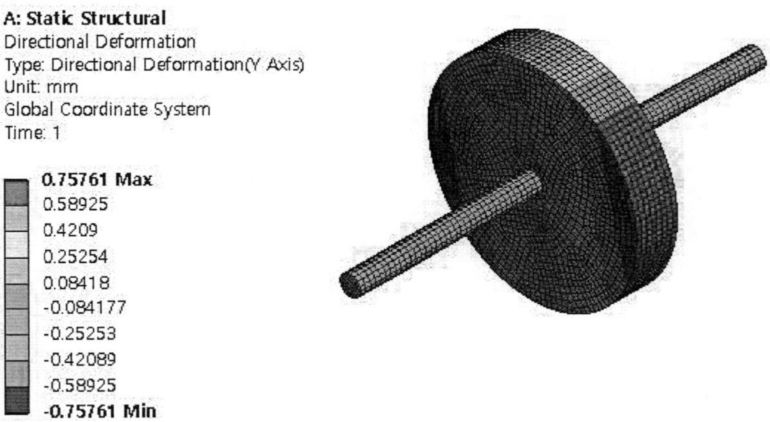

y축 최대 변위 0.757mm이다.

최대응력 55.95MPa이다.

2) Modal 해석을 수행한다.

(1) Project를 생성한다.

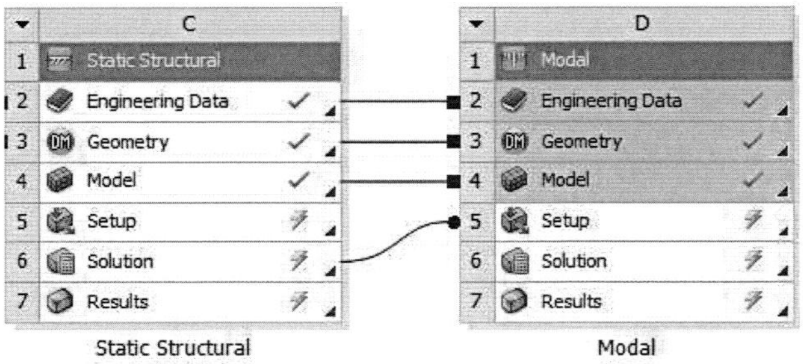

(2) Design Modeler에서 모델을 생성한다.
Static Structural에서 사용한 모델을 같이 사용한다.

(3) 메쉬 설정 정의
정적구조해석과 같음.

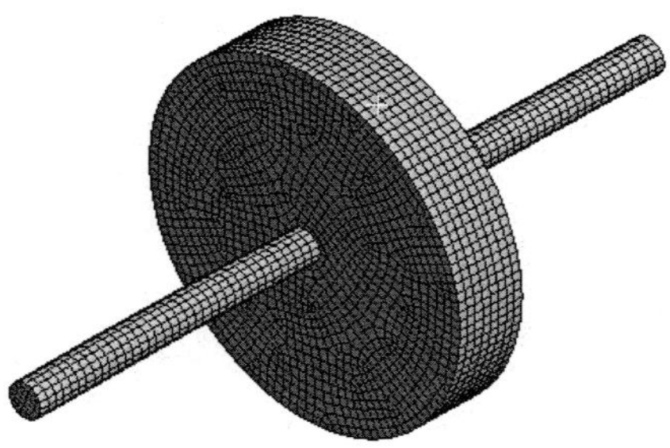

(4) 구조해석 경계 조건 정의
설정 없음

(5) 구조해석하기

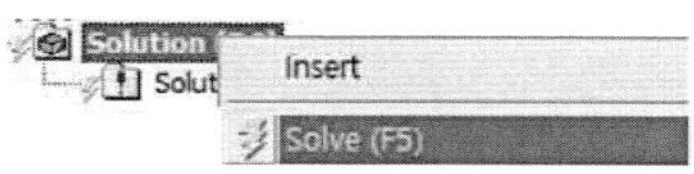

(6) 구조해석 결과 확인

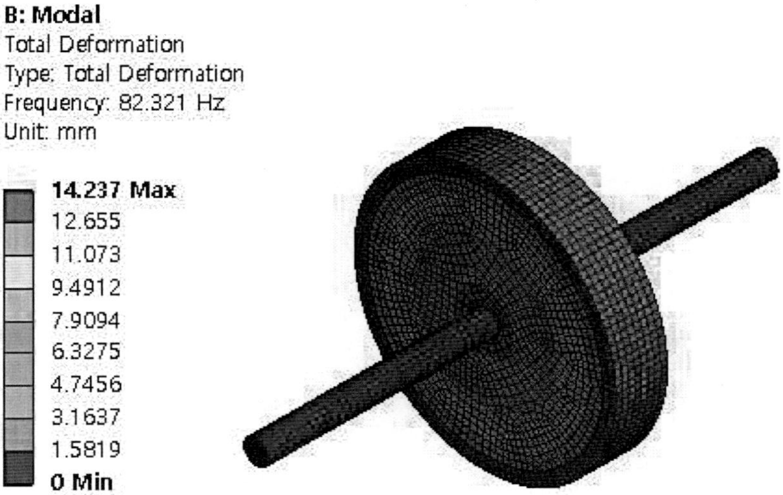

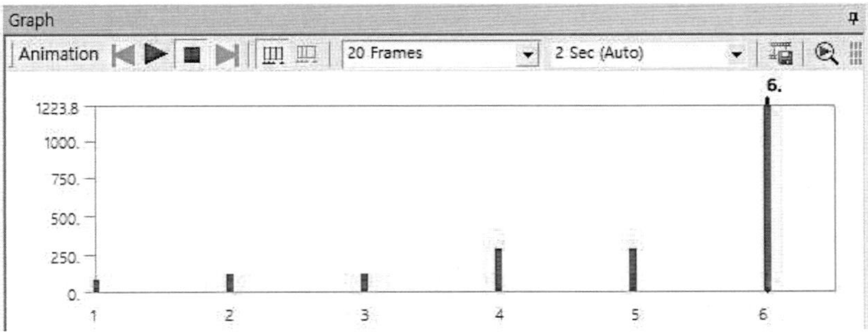

Tabular Data

	Mode	Frequency [Hz]
1	1.	82.321
2	2.	121.32
3	3.	121.33
4	4.	283.8
5	5.	283.83
6	6.	1223.8

3) 조화해석 시스템을 생성한다. (Harmonic Response)

(1) Workbench의 Tool Box에서 “Harmonic Response”을 드래그하여 Project Schematic의 Modal에 Engineering Data, Geometry, Modal 위에 올려놓는다.

(2) Project 이름 변경

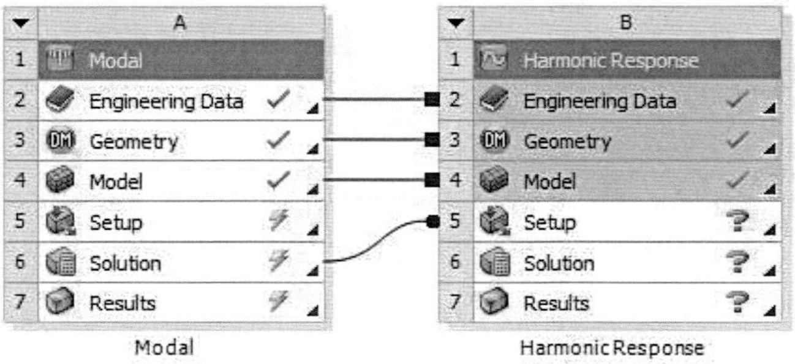

(3) 하중 조건 정의 : 집중하중 설정

① 하중 항목설정 : Force

Outline > Harmonic Response > RMB > Insert > Momnet

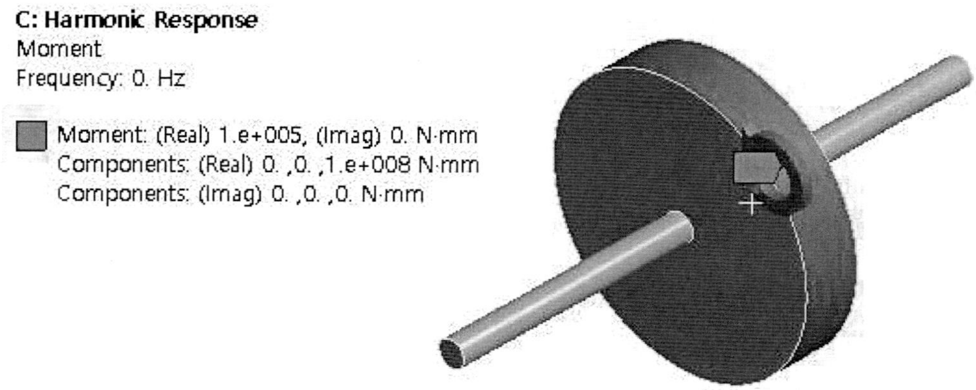

(4) 해석 조건 설정

Analysis Settings > Options

Details of "Analysis Settings"	
Options	
Frequency Spacing	Linear
Range Minimum	0. Hz
Range Maximum	300. Hz
Solution Intervals	300
User Defined Frequencies	Off
Solution Method	Mode Superposition
Include Residual Vector	No
Cluster Results	No
Store Results At All Frequencies	Yes
Rotordynamics Controls	
Output Controls	
Damping Controls	
Analysis Data Management	

Harmonic Response의 Analysis setting:

F = 5 sin(wt) kN의 주파수 범위는 0 ~ 300 Hz

Damping Control : Damping Ratio 0%로 한다.

(5) 구조해석하기 : Tool bar > Solve (또는 Outline > Model > RMB > Solve)

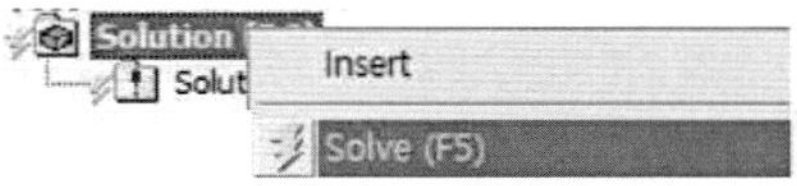

(6) 구조해석 결과 확인

(a) Frequency Response(주파수 응답)

① 항목 선택 : Outline >Solution >RMB >Insert >Frequency Response> Deformation

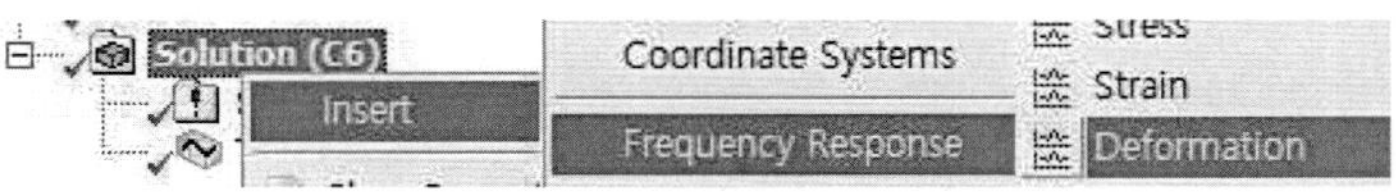

② Geometry : 모델 전체를 선택

③ Directional Deformation 방향 설정 : Y 축

④ Chart View Style : Linear

⑤ 결과 호출 : Outline > Solution >RMB > Evaluate All Results

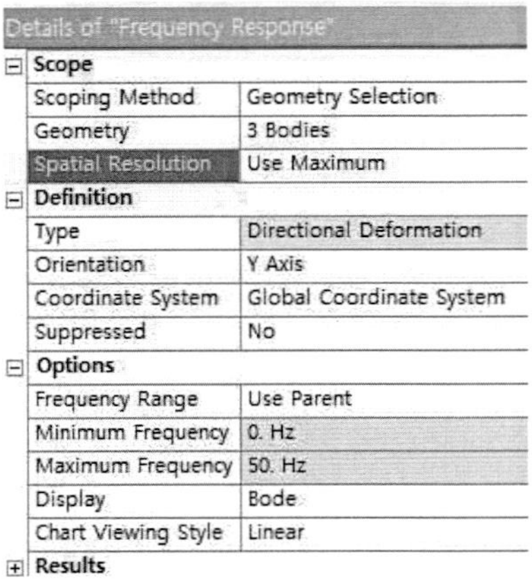

Details of "Frequency Response"	
Scope	
Scoping Method	Geometry Selection
Geometry	3 Bodies
Spatial Resolution	Use Maximum
Definition	
Type	Directional Deformation
Orientation	Y Axis
Coordinate System	Global Coordinate System
Suppressed	No
Options	
Frequency Range	Use Parent
Minimum Frequency	0. Hz
Maximum Frequency	50. Hz
Display	Bode
Chart Viewing Style	Linear
Results	

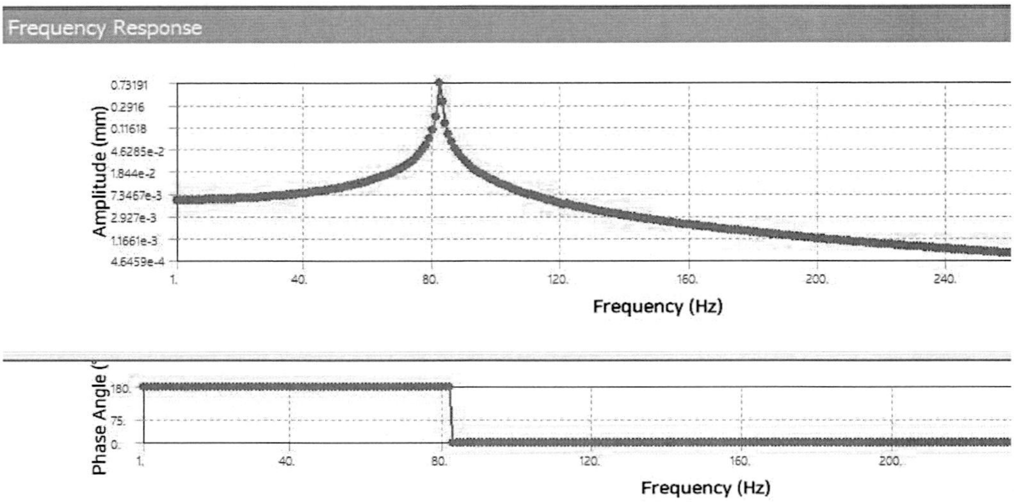

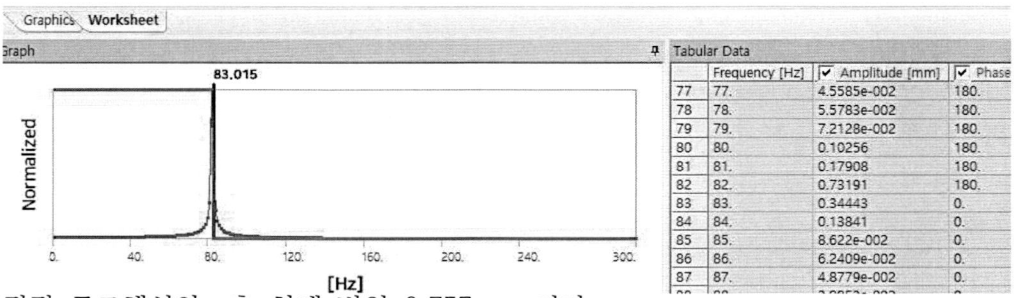

	Frequency [Hz]	Amplitude [mm]	Phase
77	77.	4.5585e-002	180.
78	78.	5.5783e-002	180.
79	79.	7.2128e-002	180.
80	80.	0.10256	180.
81	81.	0.17908	180.
82	82.	0.73191	180.
83	83.	0.34443	0.
84	84.	0.13841	0.
85	85.	8.622e-002	0.
86	86.	6.2409e-002	0.
87	87.	4.8779e-002	0.

정적 구조해석의 y축 최대 변위 0.757 mm이다.

rotor의 고유진동수는 82.3Hz, 121.3Hz 이다.

이 구조물의 고유진동수를 근처에서의 변위 값을 관찰하면 다음과 같다.

82Hz에서는 하모닉 하중을 받는 외팔보의 최대 변위는 0.731 mm이다.

(b) Stress 응답

Normal stress : x 축

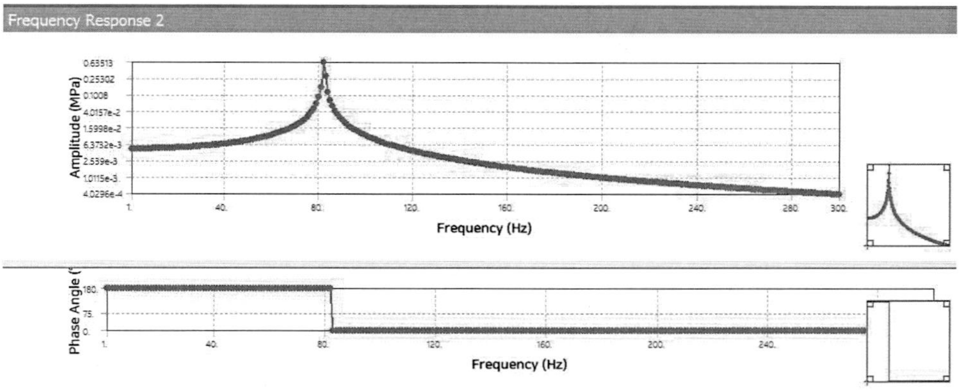

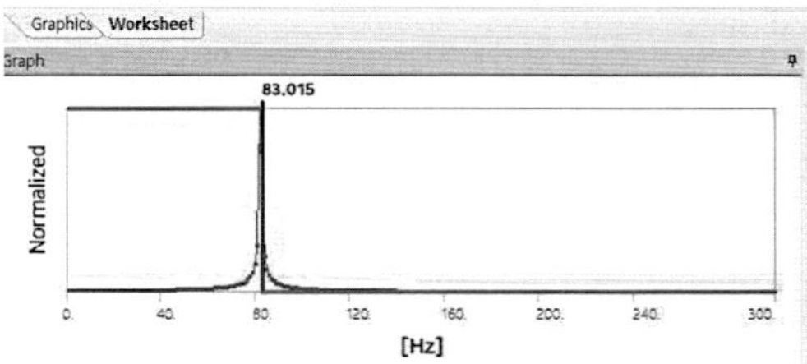

Tabular Data

	Frequency [Hz]	Amplitude [MPa]	Phase Angle [°]
77	77.	3.9555e-002	180.
78	78.	4.8405e-002	180.
79	79.	6.2588e-002	180.
80	80.	8.8999e-002	180.
81	81.	0.1554	180.
82	82.	0.63513	180.
83	83.	0.29889	0.
84	84.	0.12011	0.
85	85.	7.4821e-002	0.
86	86.	5.4158e-002	0.
87	87.	4.2331e-002	0.
88	88.	3.4672e-002	0.

Normal stress : y 축

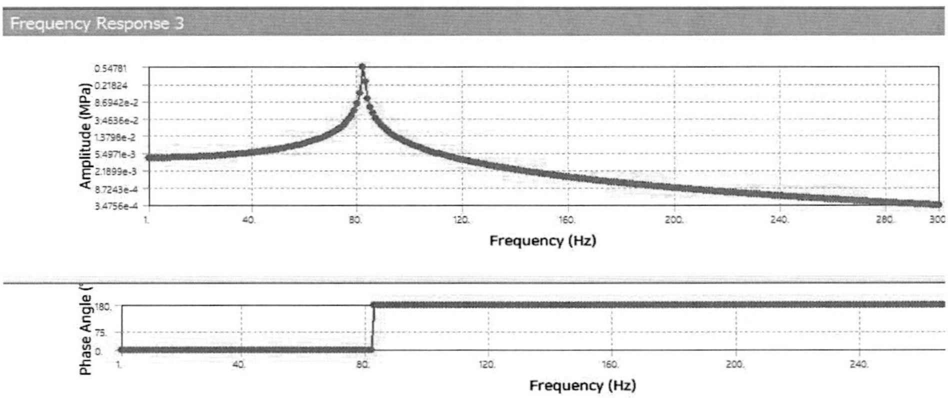

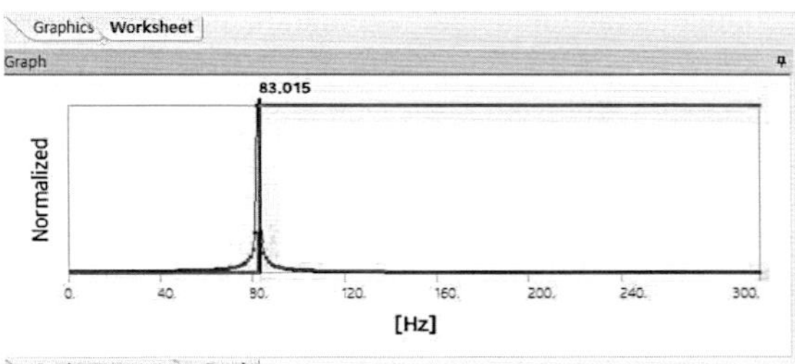

Tabular Data

	Frequency [Hz]	Amplitude [MPa]	Phase Angle [°]
77	77.	3.4117e-002	0.
78	78.	4.175e-002	0.
79	79.	5.3984e-002	0.
80	80.	7.6764e-002	0.
81	81.	0.13403	0.
82	82.	0.54781	0.
83	83.	0.2578	180.
84	84.	0.1036	180.
85	85.	6.4535e-002	180.
86	86.	4.6713e-002	180.
87	87.	3.6512e-002	180.
88	88.	2.9905e-002	180.
89	89.	2.5279e-002	180.

Normal stress : z 축

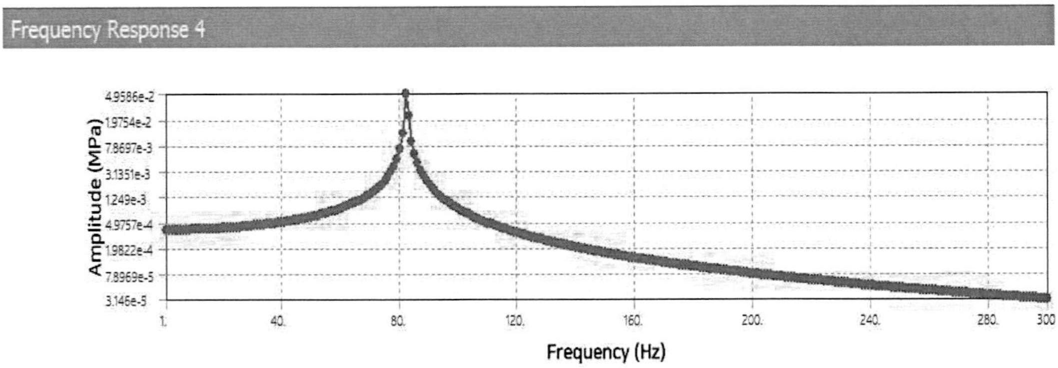

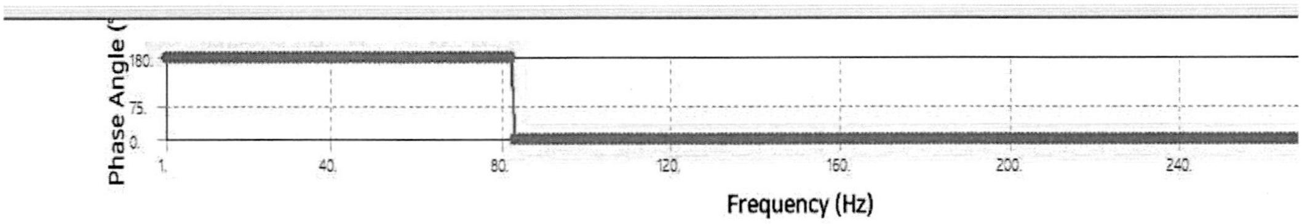

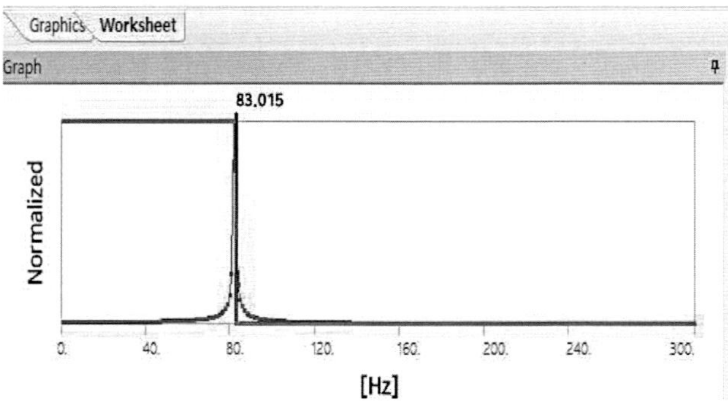

Tabular Data

	Frequency [Hz]	Amplitude [MPa]	Phase Angle [°]
77	77.	3.0882e-003	180.
78	78.	3.7791e-003	180.
79	79.	4.8864e-003	180.
80	80.	6.9484e-003	180.
81	81.	1.2132e-002	180.
82	82.	4.9586e-002	180.
83	83.	2.3335e-002	0.
84	84.	9.3773e-003	0.
85	85.	5.8415e-003	0.
86	86.	4.2283e-003	0.
87	87.	3.3049e-003	0.

5 Response Spectrum

1. Response Spectrum Theory

1) 정의 및 목적

응답 스펙트럼 분석(RSA: Response-spectrum analysis)은 기여도를 측정하는 선형 동적 통계 분석 방법이다. 기본적으로 탄성 구조의 가능한 최대 지진 응답을 나타내는 각 고유 진동 모드에서 응답 스펙트럼 분석은 주어진 시간 기록 및 감쇠 수준에 대한 구조적 기간의 함수로 의사 스펙트럼 가속도, 속도 또는 변위를 측정하여 동적 거동에 대한 정보를 제공한다. 응답 스펙트럼 분석은 주로 다음과 같은 무작위 또는 시간 종속 하중 조건에 대한 구조물의 응답을 결정하는 데 사용된다.

- 지진
- 풍하중
- 파동/전류 부하
- 제트 엔진 추력/로켓 모터 진동

일반적으로 시간에 따른 하중을 큰 모델에 가진하게 되는 경우이다. 예를 들면
지진이 빌딩에 영향을 주는 경우와 추역하중이 전자부품에 영향을 주는 경우와 같다.
가장 정확한 해석은 긴시간이력에 따른 해석이다. “Large”의 의미는 많은 자유도,
“Long“의 의미는 많은 시간지점이다. 대부분의 해석은 많은 시간과 컴퓨터 자원이
필요하게 된다.
큰 모델에서 긴 시간 동안 해석하는 것 보다 최대한 응답을 빠르게 근사값으로
구하는 것이 효과적일 수 있다.
큰 모델과 긴시간을 따로 놓고 해석한 후 결과값을 조합하게 된다.
▷ Transient Analysis

큰 모델, 긴 시간 → Full Solution 느림, 정확

▷ Response Spectrum Analysis

큰 모델, 긴 시간 → 큰 모델 Mode 추출->Mode형상 / 작은 모델 긴 시간->응답 스펙트럼 → Combined solution 빠름, 근사값

2) 응답 스팩트럼 생성

응답 스펙트럼은 피크 또는 정상상태 응답(변위, 속도 또는 가속도)의 플롯이다. 다양한 고유 주파수의 발진기 시리즈, 같은 기본 진동 또는 충격으로 강제로 움직이는 것 등이 이에 속한다.

응답 스펙트럼의 결과 플롯은 고유 진동 주파수가 주어지면 선형 시스템의 응답을 선택하는 데 사용할 수 있다. 그러한 용도 중 하나는 지진에 대한 건물의 최대 응답을 평가하는 것이다.

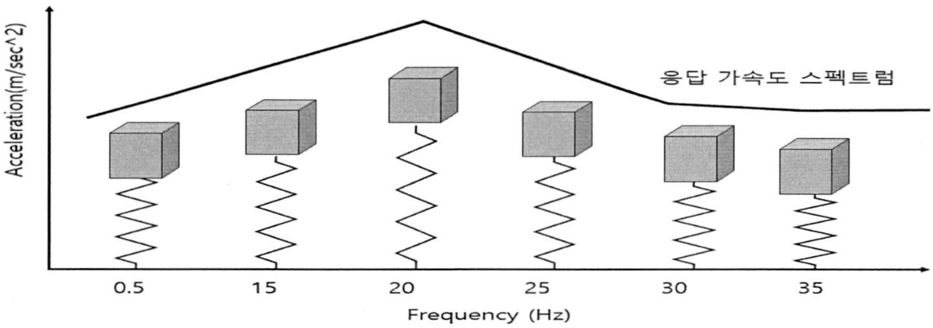

응답스펙트럼을 생성하는 방법에 대해서 일반적으로 알고 있겠지만 다시 한번 보도록 한다.

(1) 시간 하중을 받는 작은 모델을 가정하면 1자유도계의 진동자 (k,c,m)이다.

(2) 모든 시간의 응답을 추적(변위, 속도, 가속도)한다. 모든 시간에 대한 최대 진폭의 절대 값을 기록한다.

(3) 앞서 했던 것과 동일하게 다른 주파수로 다른 주파수로 수행한다.(감소는 동일하다)

(4) 주파수의 함수로 모든 시간에 대해 최대 응답을 출력한다.

응답 스펙트럼에 감쇠는 포함된다.

많은 진동자를 이용하면 더욱 상세한 결과를 출력할 수 있다. 그래프는 일반적으로 log-log로 출력한다. 한 번만 스팩트럼을 생성하게 되면 이를 다른 모델에 재사용할 수 있다.

많은 진동자를 배열하여 한번의 해석으로 수행하는 것이 효율적이다. 모든 진동자에 같은 감소가 적용된다.

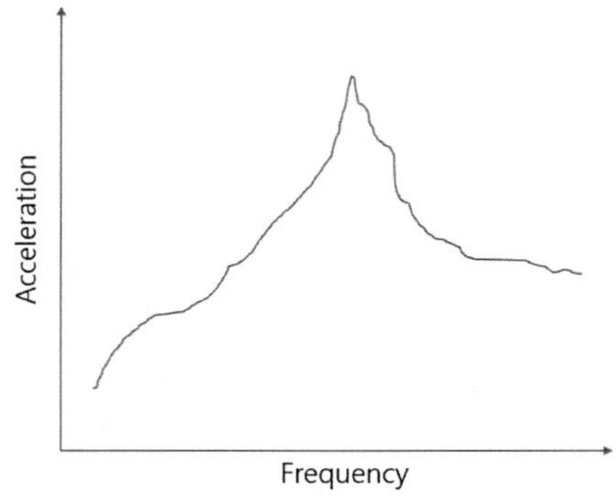

쉽게 가속도, 속도, 변위의 스펙트럼으로 변환하거나 주파수로 나눌 수 있다.

주파수의 변환 단위는 w rad/s = $2\pi f$ Hz

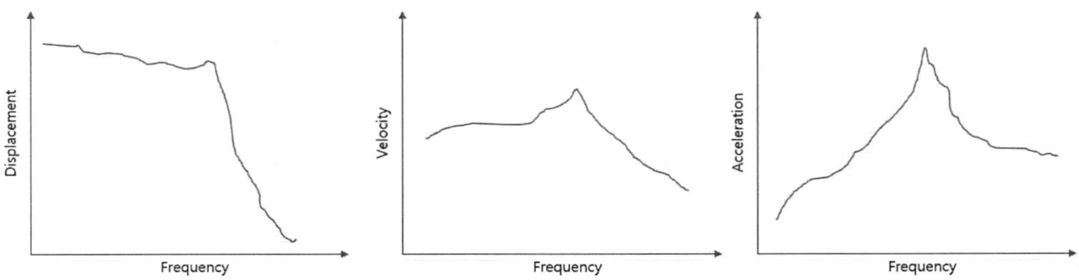

$$S_d = S_v / (2\pi f) = S_a / (2\pi f)^2$$

$$S_v = S_d (2\pi f) = S_a / (2\pi f)$$

$$S_a = S_d (2\pi f)^2 = S_v (2\pi f)$$

가속도와 속도 및 변위 스펙트럼은 쉽게 서로가 변환될 수 있다.

주파수를 곱하거나 나누어 가속도, 속도 및 변위 스펙트럼 사이를 쉽게 변환한다.

구조물의 응답을 조화함수로 가정하여 단자유도 구조물에서 유사 속도 (Pseudo-velocity), 유사 가속도(Pseudo-acceleration)를 산정한다.

$u(t) = u_o \sin w_n t$ 따라서 최대 변위는 $D = S_d = u_o$ 이다.

$\dot{u}(t) = u_o w_n \cos w_n t$ 유사 속도는 $V = S_v = u_o w_n = S_d w_n = (2\pi f) S_d$

$\ddot{u}(t) = -u_o w_n^2 \sin w_n t$ 유사 가속도 즉 최대가속도는 $A = S_a = u_o w_n = S_d w_n^2 = (2\pi f)^2 S_d$이다.

구조물에 작용하는 밑면 전단력 $V = mS_a = \frac{W}{g} S_a = \frac{S_a}{g} W$와 같다.

유사 가속도를 S_a/g 형태로 표현한다.

3) 스펙트럼 영역 (spectral regions)

Sweep(주파수를 연속적으로 변화시키는 것)으로 가진한 1자유도 진동계의 응답이다. 아래의 두 주파수 fa, fb를 살펴보면 A는 응답이 최고로 증축되고, B는 응답이 증폭되지 않은 현상이다.

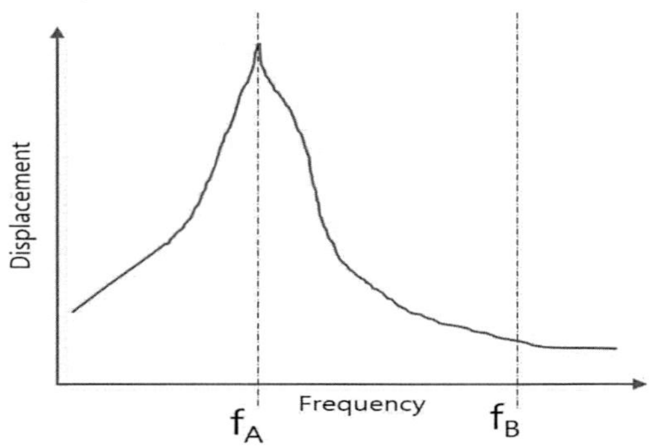

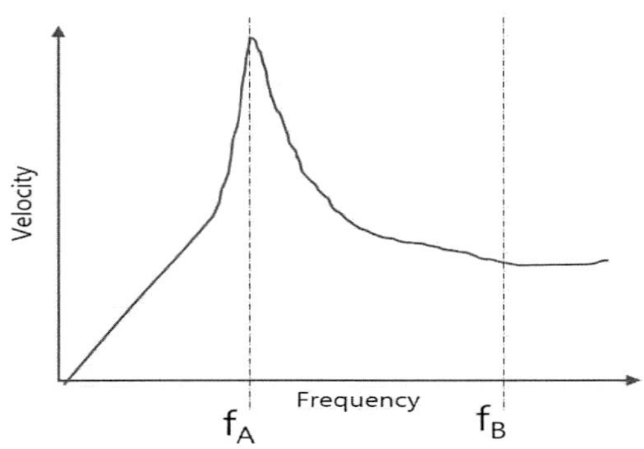

입력한 가속도에 대한 응답과 위상각에 대한 관계를 알 수있다.

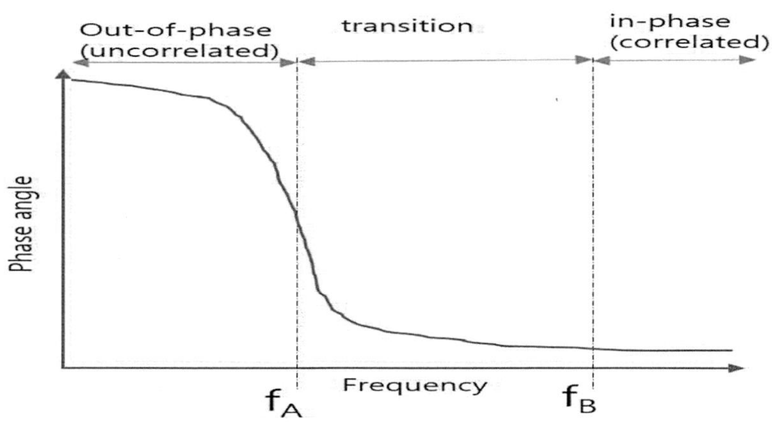

앞서 살펴본 두 주파수는 응답 스펙트럼에서 확인할 수 있다. 스펙트럼을 3가지 영역으로 나눌 수 있다.

(1) 저주파 (f_{sp} 이하)

주기적 영역

일반적인 모드들이 서로 독립적이며 밀집되지 않고 간격을 두고 발생한다.

저주파 영역에서는 주기적 응답이 우세하다.

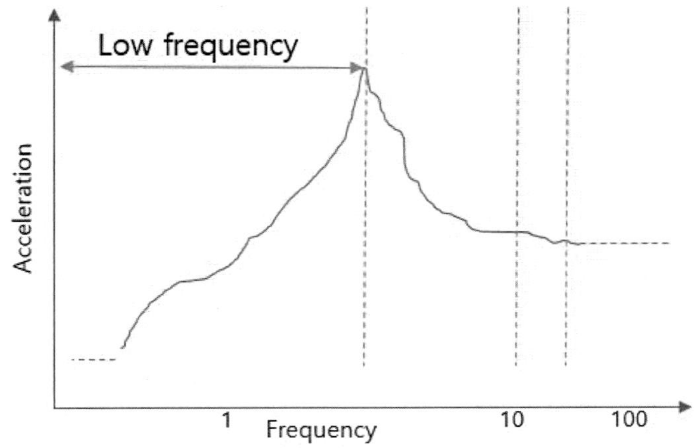

응답이 비상관이며, SRSS, CQC, ROSE법을 조합하여 상요할 수 있다.

$$R_p = \sqrt{\sum_{i=1}^{n}\sum_{j=1}^{n} \epsilon_{ij} R_{p_i} R_{p_j}}$$

(2) 중 주파수 (f_{sp} 과 f_{zpa}사이)

주기적 영역에서 강체 영역으로 바뀌는 중간단계이다, 모드들은 주기적 성분과 강체 성분을 다 갖고 있다.

(2) 고 주파수 (f_{zpa}이상)

강체 영역이다, 모드들은 입력 주파수와 상관관걔가 있으므로 모드들 또한 서로 상관관계가 있다.

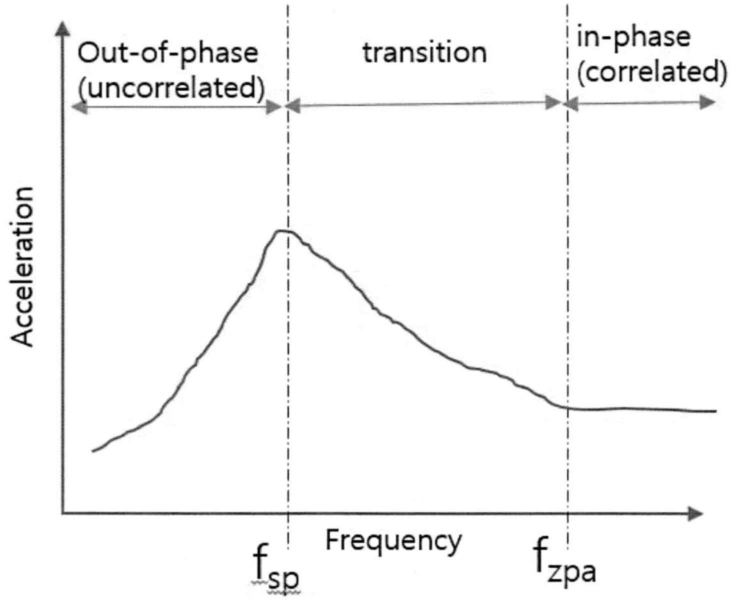

고주파 영역에서는 강체 응답이 우세하다

응답은 완전 상관(입력 주파수와 자기자신의 결과)결과이며 대수조합하여 다음과 같이 상용한다.

$$R_r = \sum_{i=1}^{n} R_{r\,i}$$

4) 응답 스펙트럼에 대한 댐핑의 기여도

RSA는 댐핑이 구조적 응답에 미치는 영향에 대한 정보을 제공합니다. 감쇠가 증가함에 따라 응답 스펙트럼이 아래쪽으로 이동한다. 국제 건축법(IBC)은 5% 감쇠를 기반으로 하며 이는 RSA 동안 명시적으로 모델링 되지 않은 히스테리시스 거동으로 인한 부수적 감쇠를 규정하고 있다. 점성 댐퍼는 RSA 동안 모델링 되지 않으며 5% 댐핑에 대한 IBC 규정에 적용되지 않는다.

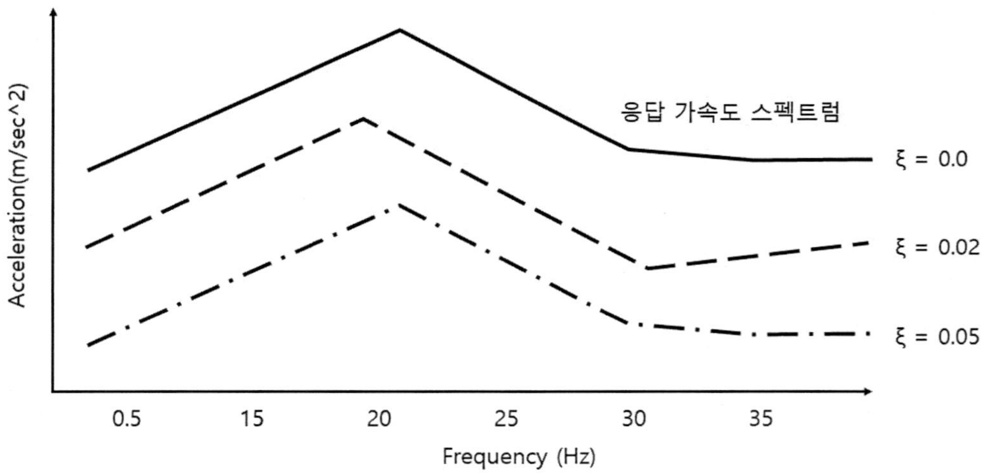

5) 사용처

지진하중에 대한 원자로 건물 또는 부속품의 내진 설계, 충격하중에 대한 항공기 전자장비의 내충격 해석, 지진대에 속한 지역의 건물에 대한 내진 해석의 경우에 사용한다.

6) 가정 및 제한 (Assumptions & Restrictions)

구조물은 선형이다. 즉 강성과 질량이 일정하다.
주어진 방향과 주파수 성분으로 모든 지지점에 균일하게 작용하는 스펙트럼으로 구조물을 가진하는 경우이다.

7) 참여 요인(participation factors)

각 모드에 대한 고유 진동수, 모드 형상, 참여계수를 결정하기 위한 모달 해석을 먼저 수행해야 한다.

$$(-w_i^2[M]+[K])\phi_i=0$$

$$r_i=\phi_i^T[M]D$$

8) 스펙트럼 값 (spectrum values)

모드 주파수가 스펙트럼 지점 사이에 있다면 log-log 보간법으로 구한다. 입력된 스펙트럼 주파수 범위를 벗어난 모드주파수에서는 외삽법이 사용되지 않고 가장 가까운 지점의 스펙트럼 값을 적용한다.

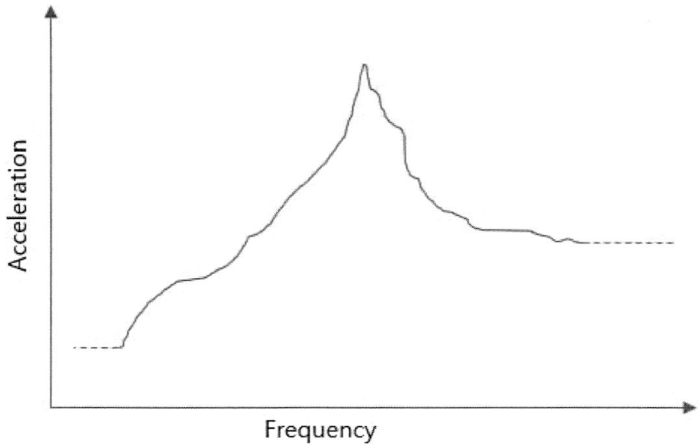

9) 모드 계수(mode coefficients)

참여계수는 단위 변위에 대해 각 방향별로 작용하는 질량에서 차지하는 크기를 나타낸다. 모드계수는 참여계수로부터 결정되는데, 스펙트럼 입력 종류에 따라 달라진다.

$$Displacement \quad A_i = S_i r_i$$

$$Velocity \quad A_i = S_i r_i / w_i$$

$$Acceleration \quad A_i = S_i r_i / w_i^2$$

10) 모드 조합 (mode combination)

조합된 응답을 계산하기 위한 간단한 방법은 제곱합의 제곱근 (SRSS)을 찾는 것이다.

$$R = \sqrt{R_1^2 + R_2^2 + \ldots + R_n^2}$$

① 충분히 모두가 분리된 경우

충분히 분리된 주파수가 있는 모드의 경우(모달 주파수가 가깝지 않은 경우)에는 SRSS(Sum of the Square) 방법의 제곱근을 사용한다. 대략적으로 가능한 최대 응답 값입니다. 계산 결합 응답은 제곱합(SRSS)의 제곱근을 찾는 것입니다.

충분히 독립된 주파수를 갖는 모드들에 대해 SRSS는 예상되는 최대 응답값이다.
SRSS는 Goodman-Rosenblueth-Newmark법으로 알려져 있다.
모드들이 밀집된 주파수일 경우, 전체 또는 부분 강체 응답의 모드들을 조절할수 있는 경우, 모든 모드를 추출하지 않고 고주파 모드를 적용하고자 하는 경우에 SRSS방법을 사용할 수 없다.

만약 모드들이 충분한 간격이 있으면 모드들은 상호 연관성이 없다고 할 수 있다.

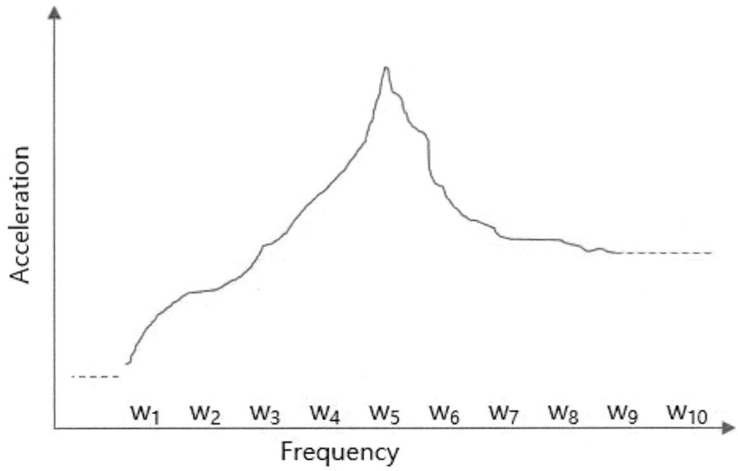

이때 SRSS방법을 이용하여 응답을 조합하는 것이 효과적이다.

$$R = \sqrt{\sum_{i=1}^{n} R_i^2}$$

② 근접 모드의 경우

근접한 주파수의 모드가 존재하는 경우에는 SRSS 방법을 적용하지 않는다. 주파수가 근접한 모드는 임계 감쇠비의 함수이다. 임계 감쇠비(2%의 경우: 주파수가 서로의 10% 이내이면 모드가 근접한 간격으로 간주됩니다. 임계 감쇠비)2%의 경우 주파수가 서로 임계 감쇠비의 5배 이내이면 모드가 밀접하게 간격을 둔 것으로 간주된다. 두 가지 조합 방법을 사용할 수 있습니다. 이런 경우 로젠블루스(ROSE) 방식과 완전한 이차 결합(CQC) 방법을 사용한다.

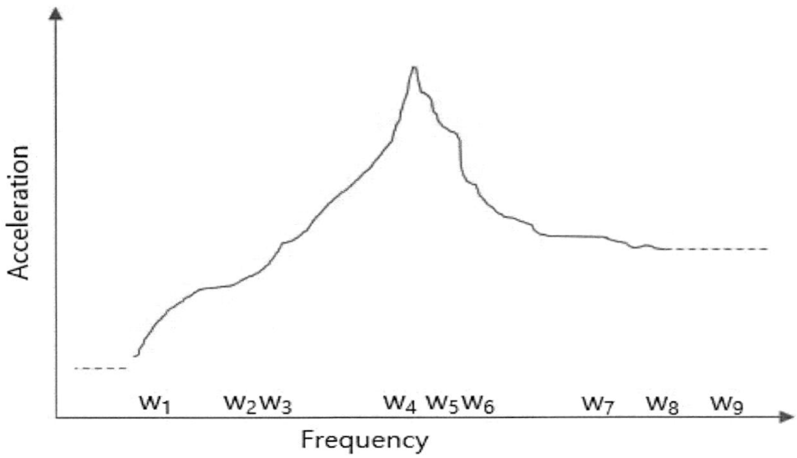

$0.0 \le \epsilon \le 1.0$

$\epsilon = 0$: 비 연관

$\epsilon = 1.0$: 완전 연관

$0.0 < \epsilon < 1.0$: 일부 연관

모드 사이의 연관성을 계산하여 계수 ϵ를 찾는다. Complete Quadratic Combination(CQC) method와 Rosenblue (ROSE) method가 있다.

CQC와 ROSE법은 이중합과 상관계수를 나타낸다.

$$\text{CQC :} \quad R = \sqrt{\sum_{i=1}^{n}\sum_{j=1}^{n} k\epsilon_{ij}R_iR_j}$$

$$\text{ROSE :} \quad R = \sqrt{\sum_{i=1}^{n}\sum_{j=1}^{n} \epsilon_{ij}R_iR_j}$$

상관계수 ϵ에 대한 각 방정식에 대한 분류는 다음과 같다.

i, j는 모드의 감쇠와 주파수에 근거한다. 1(완전연관)과 0(비 연관) 사이의 값에 따른다.

임계감쇠비의 값에 따라 주파수의 간격으로 모드의 밀집 여부를 정의한다.

임계감쇠비가 $\leq 2\%$ 일 때 모드 주파수가 10%내에 존재하게 되면 모드가 밀집한 것으로 볼 수 있다.

임계감쇠비가 $> 2\%$ 일 때 모드가 밀집하여 발생한 경우 높은 주파수는 낮은 주파수에 임계감소비의 다섯 배를 곱한 범위 내에 있게 된다.

11) 유효 질량(Effective mass)

modal output file에서 질량효과를 출력할 수 있다.

일반적으로 가능한 모든 모드를 추출하여 구조물에 대한 질량을 100% 구할 수는 없다. 많은 구조물은 ZPA 주파수보다 높은 주파수에서 중요한 고유진동수가 있다.

$$r_i = \phi_i^T [M] D \quad M_{eff,i} = r_i^2$$

12) 누락된 질량(missing mass)

일반적으로 구조 질량의 100%를 설명하기 위해 가능한 모든 모드를 실제로 추출할 수는 없다. 많은 구조물은 ZPA 주파수보다 높은 주파수에서 중요한 고유 진동 모드를 가질 수 있다.

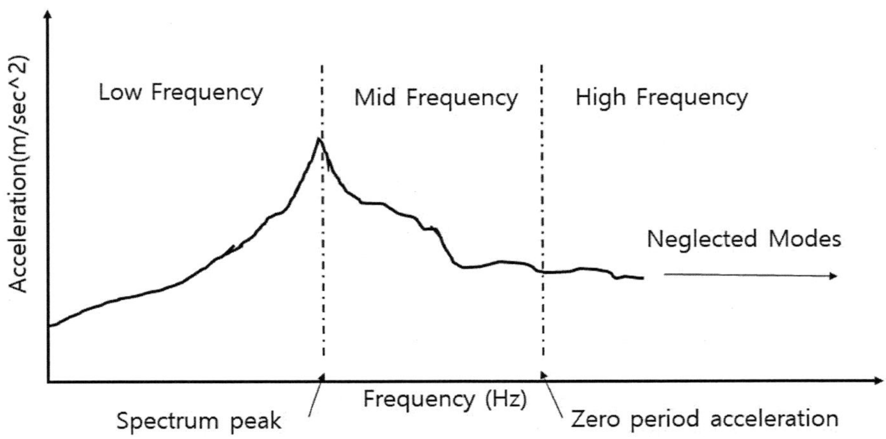

지금까지 Spectrum의 저, 중, 고주파 범위를 다루었다.

많은 모드 들이 f_{ZPA}를 넘어서 존재한다.

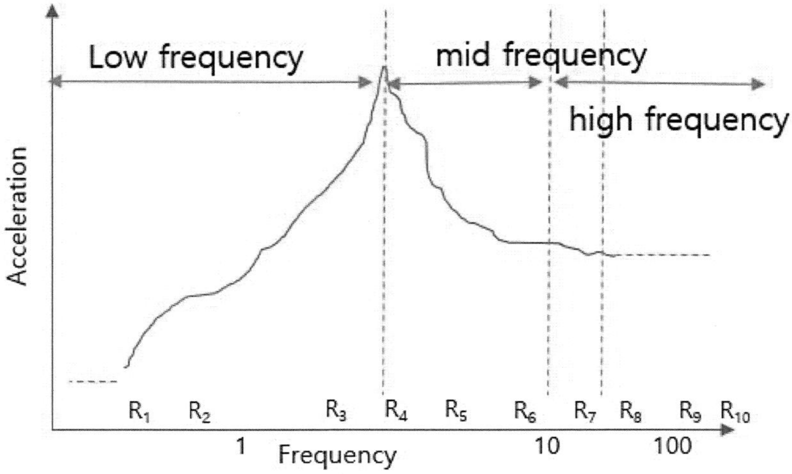

Modal 해석에서 질량이 얼마나 손실되었는지를 알 수 있다면 f_{ZPA}이상의 모든 모드를 추출하지 않아도 된다.

f_{ZPA}를 넘는 모드에 대한 효과는 추가적인 응답 하나로 묶을 수 있다.

다시말해서 f_{ZPA} 상위에서 가속도 응답은 rigid이므로 상당히 정확하게 정적 가속도 해석으로 나타낸다.

총 관성력은 f_{ZPA} 이상이어야만 계산할 수 있다.

$$F_T = -[M]DS_{ZPA}$$

또한 각 모드에 기여한 관성력을 계산할 수 있습니다.

$$F_T = -[M]\phi_j r_j S_{ZPA}$$

모든 모드에 기여한 관성력의 합을 더하면 간단히 계산된다.

$$\sum_{j=1}^{n} F_j = -\sum_{j=1}^{n} [M]\phi_j r_j S_{ZPA}$$

손실된 관성력은 단순히 총 관성력과 모달 관성력의 합에 대한 차이이다.

$$F_M = F_T - \sum_{j=1}^{n} F_j = -[M]\sum_{j=1}^{n} (\phi_j r_j - D) S_{ZPA}$$

손실된 질량 응답은 손실된 관성력에 의한 정적형상이다.

$$R_M = [K]^{-1} F_M$$

강체 응답이 포함되어 있다면 손실된 질량은 강체 응답에 추가된다.

$$R_r = \sum_{i=1}^{n} R_{r_i} + R_M$$

총 응답은 주기성분과 강체성분이 조합되어 계산된다.

$$R = \sqrt{R_p^2 + R_r^2}$$

13) 권장되는 솔루션 절차(recommended solution procedure)

권장 solution method는 일반적으로 design code에 의해 결정된다.

- combination method
- rigid response method
- missing mass effects

또한 가장 좋은 solution method는 모드를 추출하여 조합하고 response spectrum

14) 해석의 종류

(1) single-point response spectrum

지정한 모든 절점에 하나의 응답 스펙트럼을 적용하는 경우의 해석이다.

단일 지점 응답 스펙트럼은 모든 구속지점에 같은 스펙트럼을 적용할 수 있다고 가정한다.

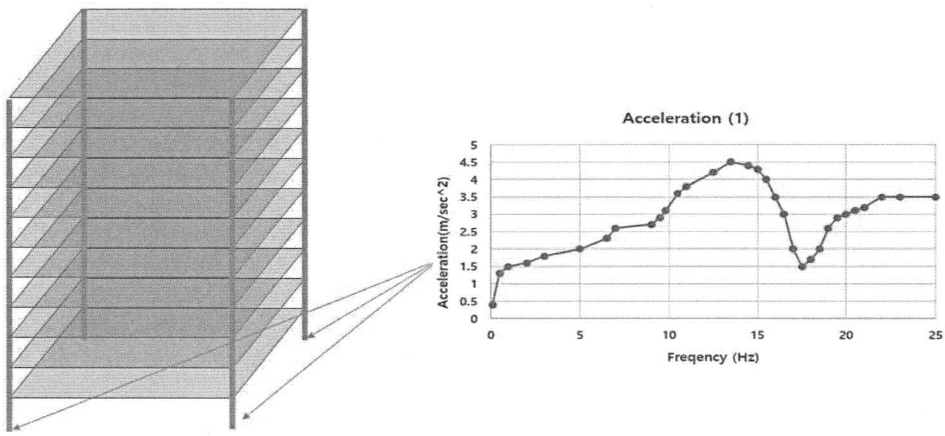

(사례1)

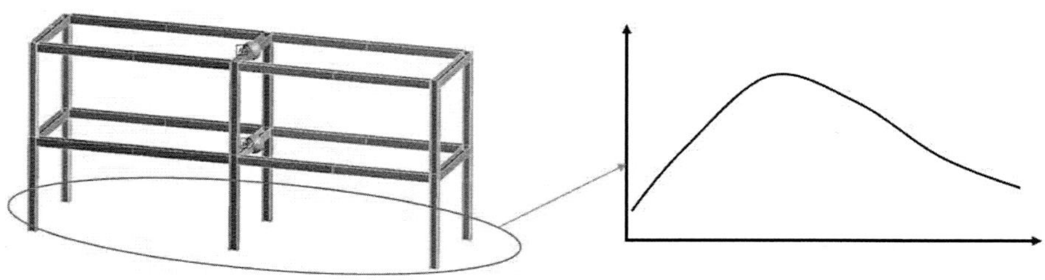

(사례2)

(2) Multi-point response spectrum

서로 다른 절점에 서로 다른 여러 응답 스펙트럼을 적용하는 경우의 해석이다.

다중 지점의 응답 스펙트럼은 구조지점마다 다른 스펙트럼을 적용할 수 있다. 최대 100지점을 다르게 적용한다.

각 스펙트럼을 먼저 단일 지점의 응답 스펙트럼과 같이 적용하여 처리한다.

- 인접 영역의 모드 들 (SRSS, CQC, ROSE)
- 강체 응답 (Lindley_Yow, Gupta)
- 손실 질량

마지막으로 구조물에 대한 응답은 각 스펙트럼에 대한 응답을 SRSS method로 조합하여 구하게 된다.

$$R_{MPRS} = \sqrt{R_{SPRS1}^2 + R_{SPRS2}^2 + \dots}$$

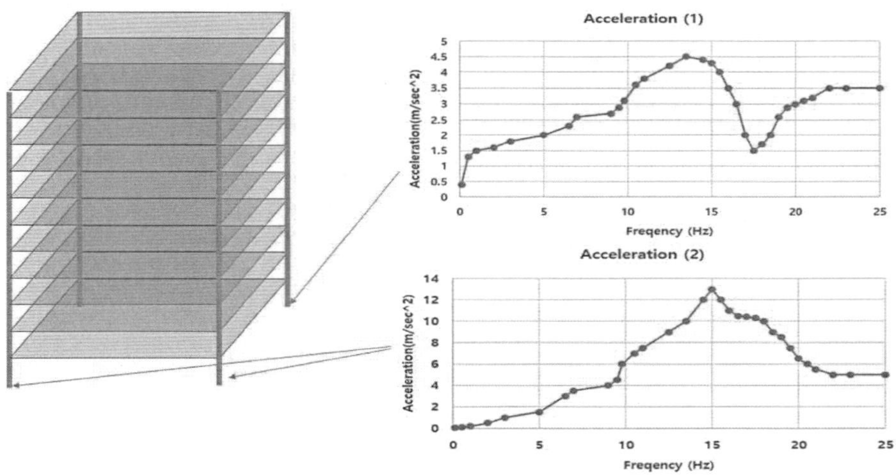

(사례1)

(사례2)

15) 응답 스펙트럼 분석 프로세스 흐름

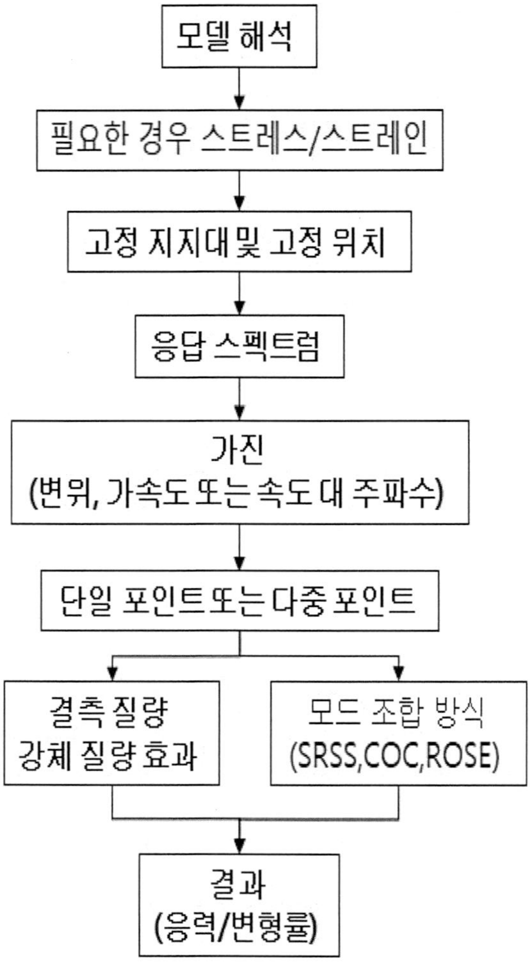

5.2 Apply Response Spectrum

5.2.1 Two-story building spectrum analysis

다음과 같이 철골구조물에 지진이 작용할 때 구조물의 최대 변위와 각층의 가속도를 구하시오. Single point response spectrum을 사용하며 지진하중의 방향은 구조물의 폭이 짧은 쪽으로 해석한다.

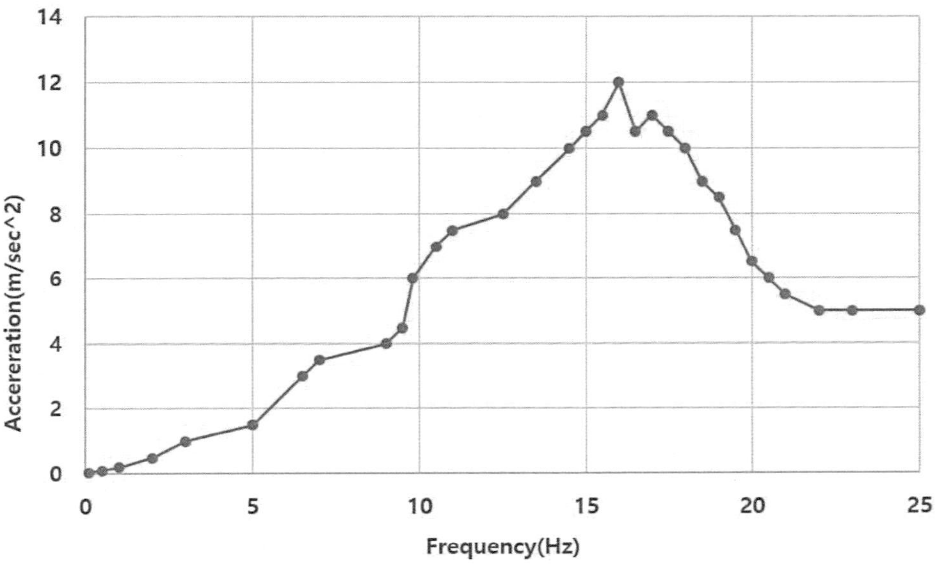

2. 구조해석 목적

- 건축물의 지진 해석하는 방법을 익힌다.

- Response Spectrum을 적용한다.

A. Workbench 해석

(1) Workbench 메뉴에서 Response Spectrum을 Drag 하여 Modal 에 올려놓아 Response Spectrum을 불러온다.

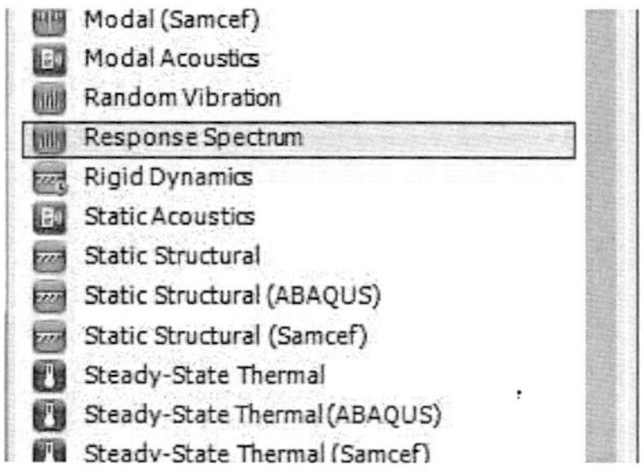

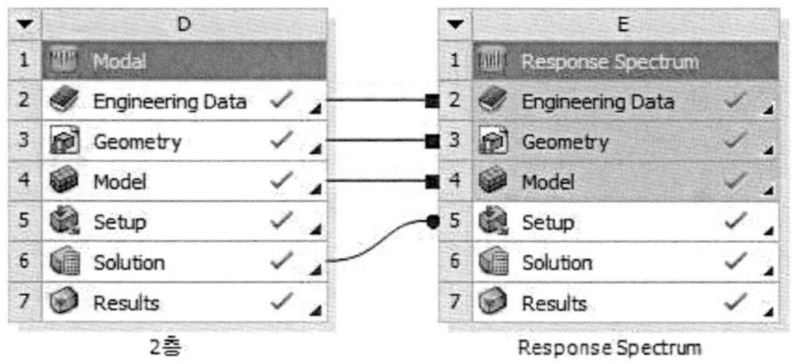

(2) Setup을 클릭하여 Response Spectrum로 진입한다.

2층 건물에 point mass를 설정한다. Modal 해석을 실행한다.

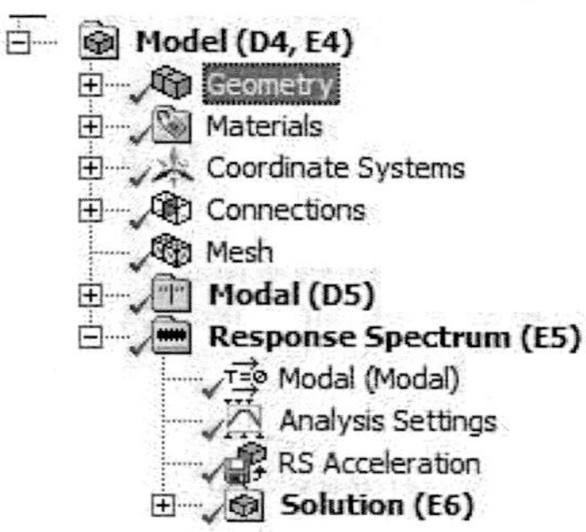

(3) Response Spectrum의 Analysis를 설정한다.

Spectrum Type은 Single Point를 사용하고 Combination Type은 SRSS로 한다.

Calculation Velocity와 Calculation을 Yes로 한다.

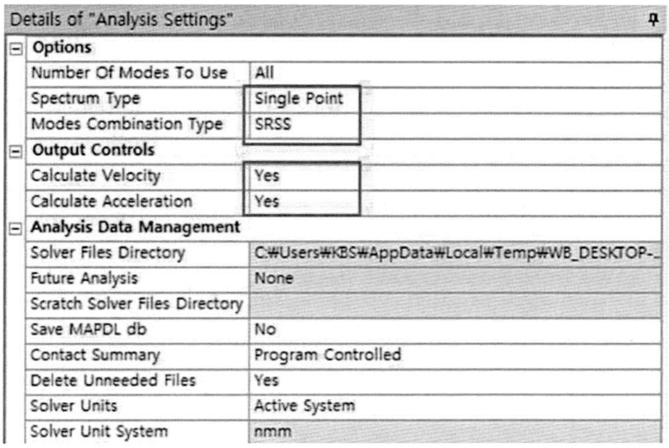

(4) Response Spectrum을 설정하고 데이터를 입력한다.

① RS Acceleration을 클릭한다.

② Tabular data를 선택하고 엑셀 데이터를 복사하여 Table에 붙여넣기를 한다.

③ 지진의 진행 방향을 설정한다.

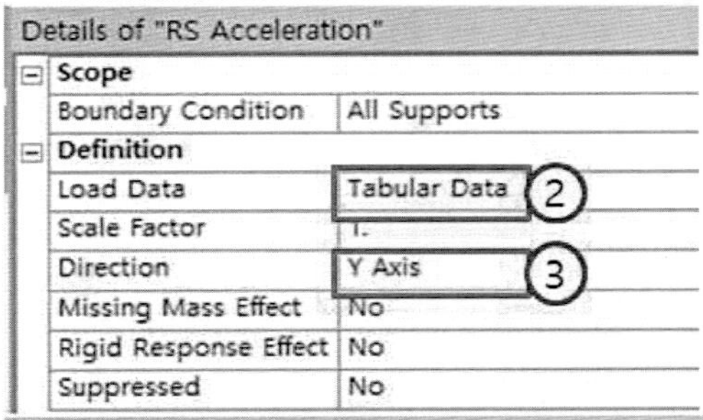

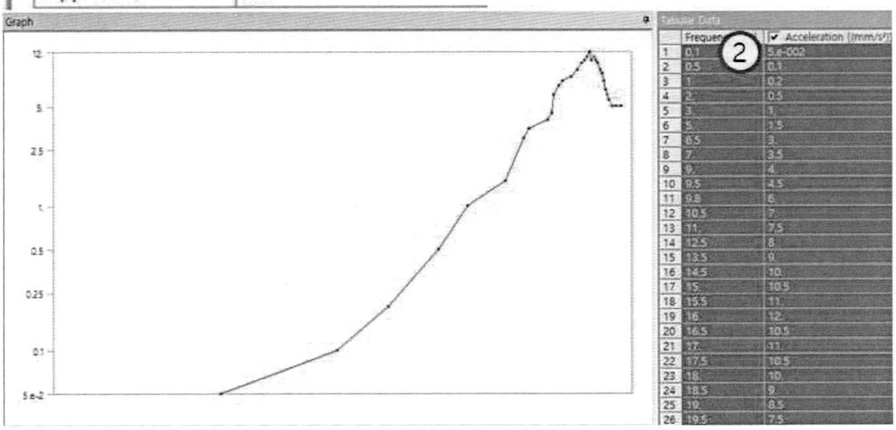

※ 스펙트럼 데이터

Frequency	m/sec^2	Frequency	m/sec^2
0.1	0.05	15	10.5
0.5	0.1	15.5	11
1	0.2	16	12
2	0.5	16.5	10.5
3	1	17	11
5	1.5	17.5	10.5
6.5	3	18	10
7	3.5	18.5	9
9	4	19	8.5
9.5	4.5	19.5	7.5
9.8	6	20	6.5
10.5	7	20.5	6
11	7.5	21	5.5
6.5	8	22	5
13.5	9	23	5
14.5	10	25	5

(5) 해석을 실행한다.

: Tool bar > Solve (또는 Outline > Model > RMB > Solve)

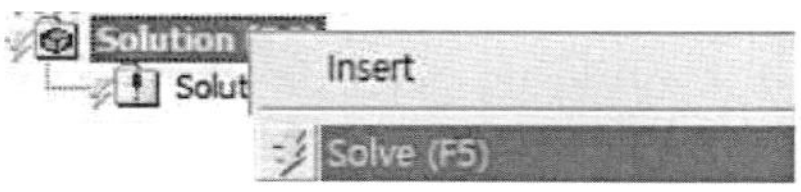

(6) 해석결과를 검토한다.

① Total deformation

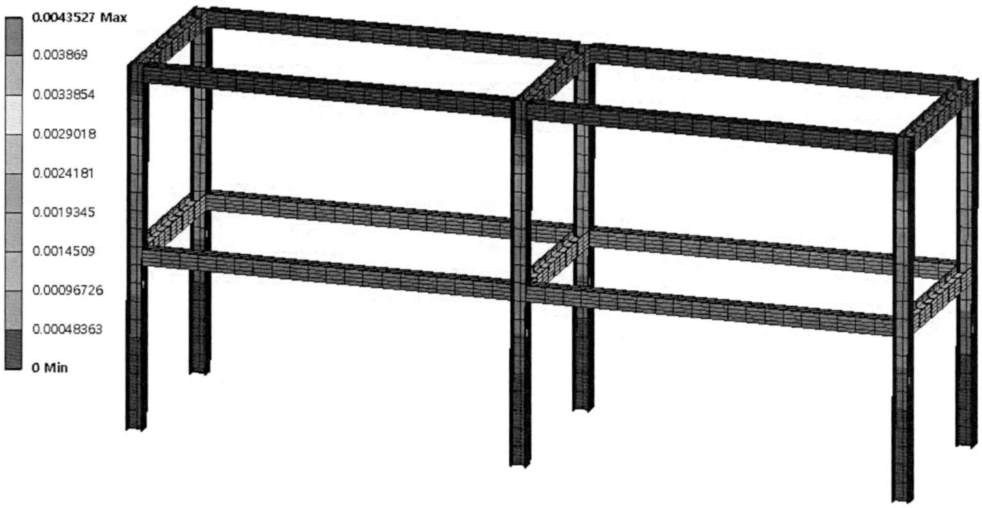

② Equivalent stress

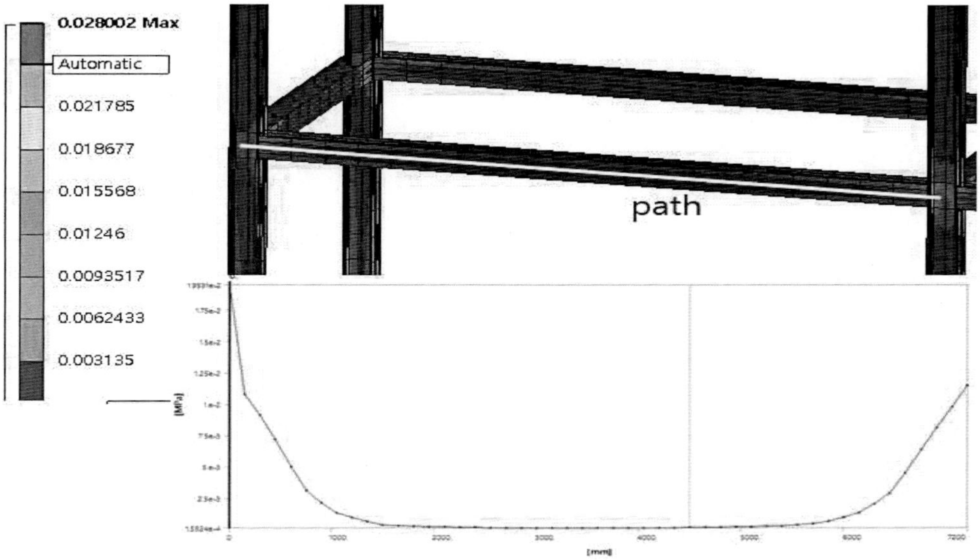

③ Directional acceleration(x축) (단위 m/sec^2)

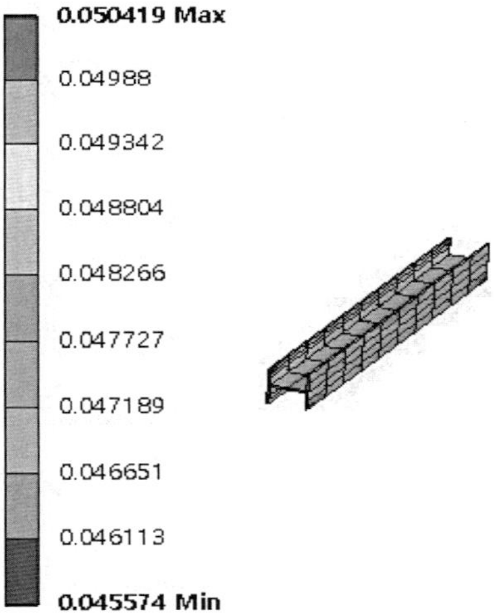

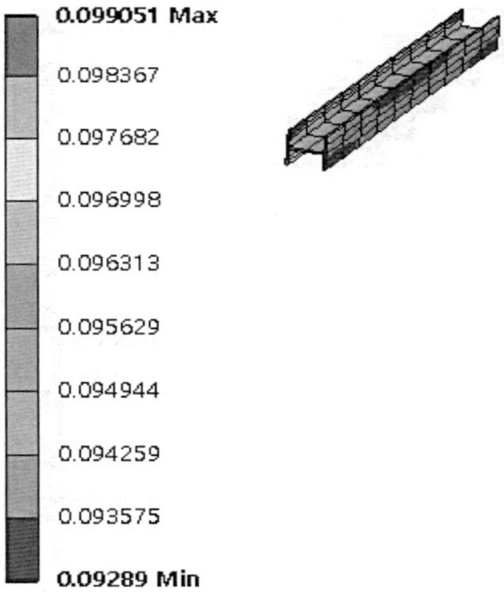

5.2.2 8-story building spectrum analysis

1. 구조해석 정의

다음과 같이 철골구조물에 지진이 작용할 때 구조물의 최대 변위와 각층의 가속도를 구하시오. Multi point response spectrum을 사용한다. a,b 지점에는 acceleration(2) 가 작용한다. 지진하중의 방향은 구조물의 폭이 긴 쪽으로 해석한다.

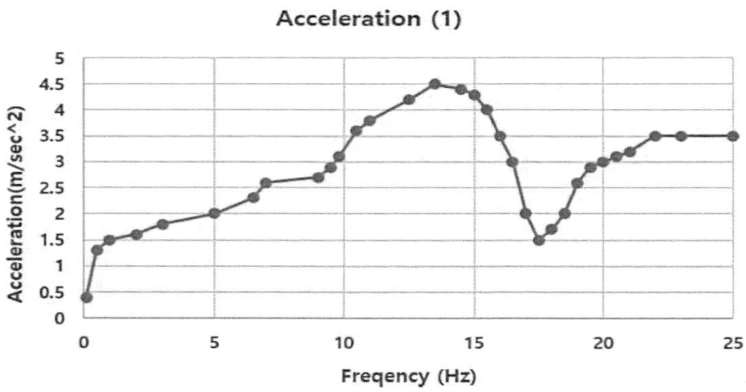

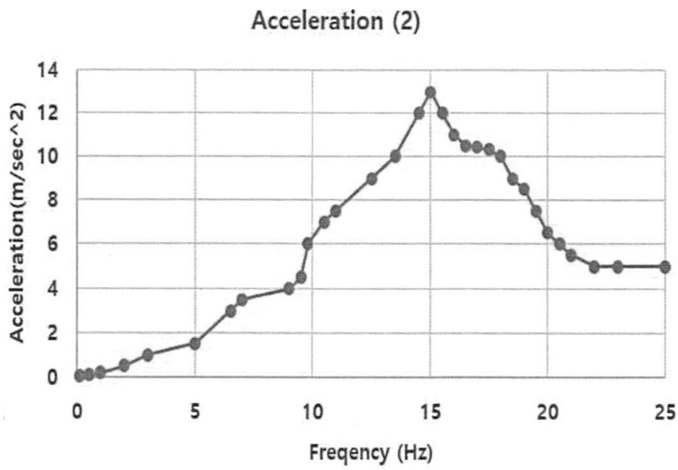

2. 구조해석 목적

- 건축물의 지진 해석하는 방법을 익힌다.
- Response Spectrum을 적용한다.

A. Workbench 해석

(1) Workbench 메뉴에서 Response Spectrum을 Drag 하여 Modal 에 올려놓아 Response Spectrum 을 불러온다.

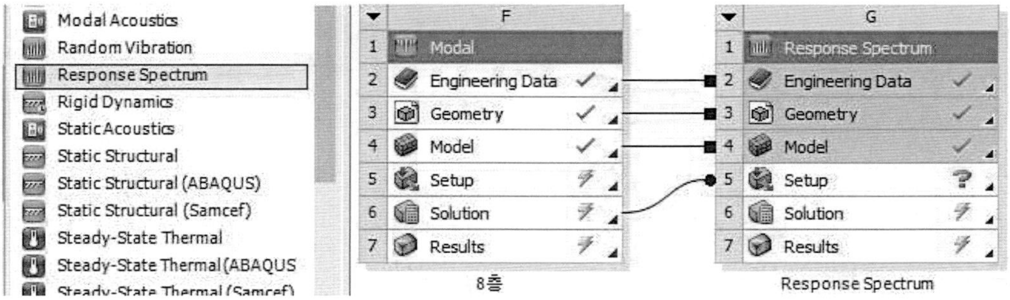

(2) Setup을 클릭하여 Response Spectrum으로 진입한다.

8층 건물에 각 층마다 point mass를 설정한다. 건물 한 개 층의 무게는 41400 kg으로 설정한다.

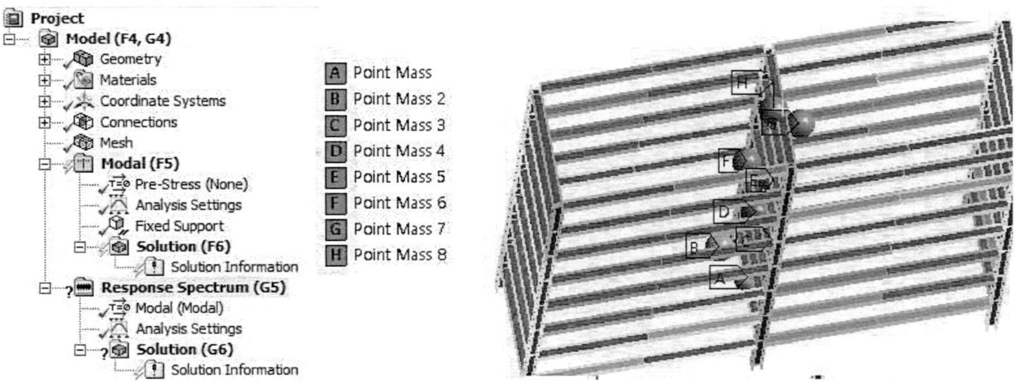

(3) 경계조건 설정

스펙트럼 데이터 입력을 위하여 a, b 지점을 Fixed support 2로 설정하고, 나머지 4개는 Fixed support1 설정한다.

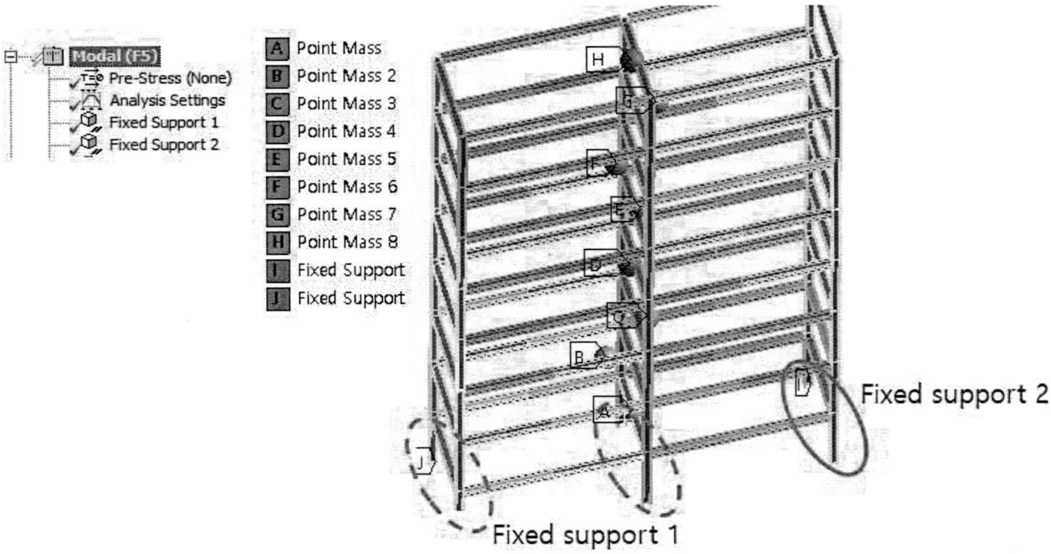

(4) Response Spectrum의 Analysis를 설정한다.

Spectrum Type은 Single Point를 사용하고 Combination Type은 SRSS로 한다. Calculation Velocity와 Calculation을 Yes로 한다.

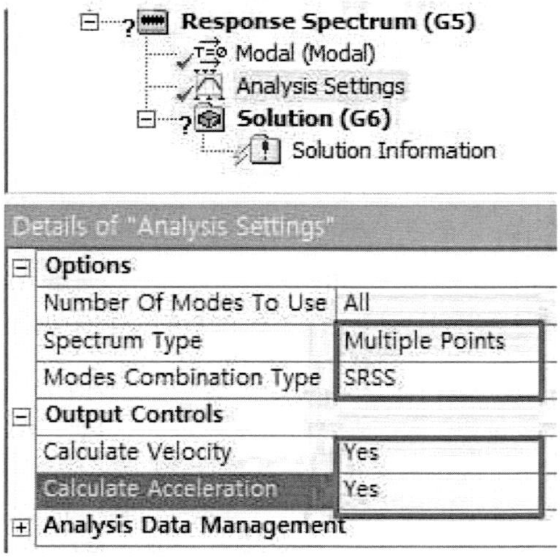

(5) Response Spectrum을 설정하고 데이터를 입력한다.

① RS Acceleration을 클릭하여 RS Acceleration을 생성한다.

② Tabular data를 선택하고 엑셀 데이터(Acceleration1)를 복사하여 Table에 붙여넣기를 한다.

③ 지진의 진행 방향을 설정한다.

※ 스펙트럼 데이터 (Acceleration1)

Frequency	m/sec^2	Frequency	m/sec^2
0.1	0.4	15	4.3
0.5	1.3	15.5	4
1	1.5	16	3.5
2	1.6	16.5	3
3	1.8	17	2
5	2	17.5	1.5
6.5	2.3	18	1.7
7	2.6	18.5	2
9	2.7	19	2.6
9.5	2.9	19.5	2.9
9.8	3.1	20	3
10.5	3.6	20.5	3.1
11	3.8	21	3.2
12.5	4.2	22	3.5
13.5	4.5	23	3.5
14.5	4.4	25	3.5

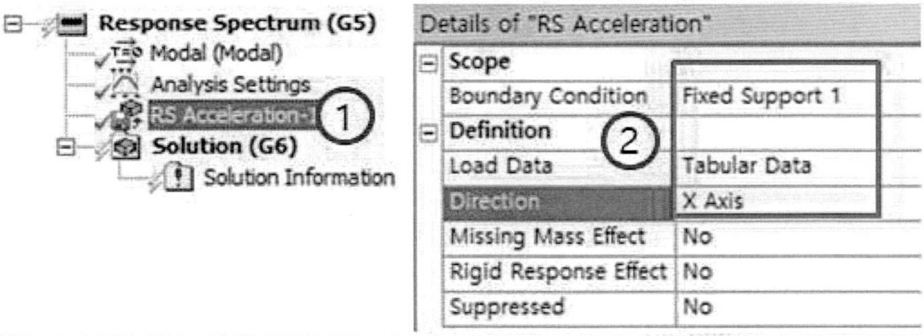

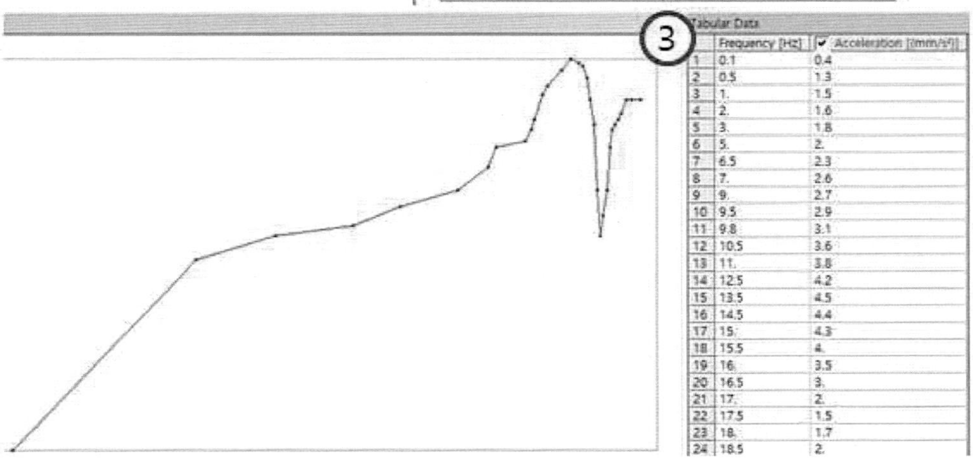

④ RS Acceleration을 클릭하여 RS Acceleration2-을 생성한다.

⑤ 지진하중을 적용할 Fixed support2를 선택하고 지진의 진행 방향을 설정한다.

⑥ Tabular data를 선택하고 엑셀 데이터(Acceleration2)를 복사하여 Table에 붙여넣기를 한다.

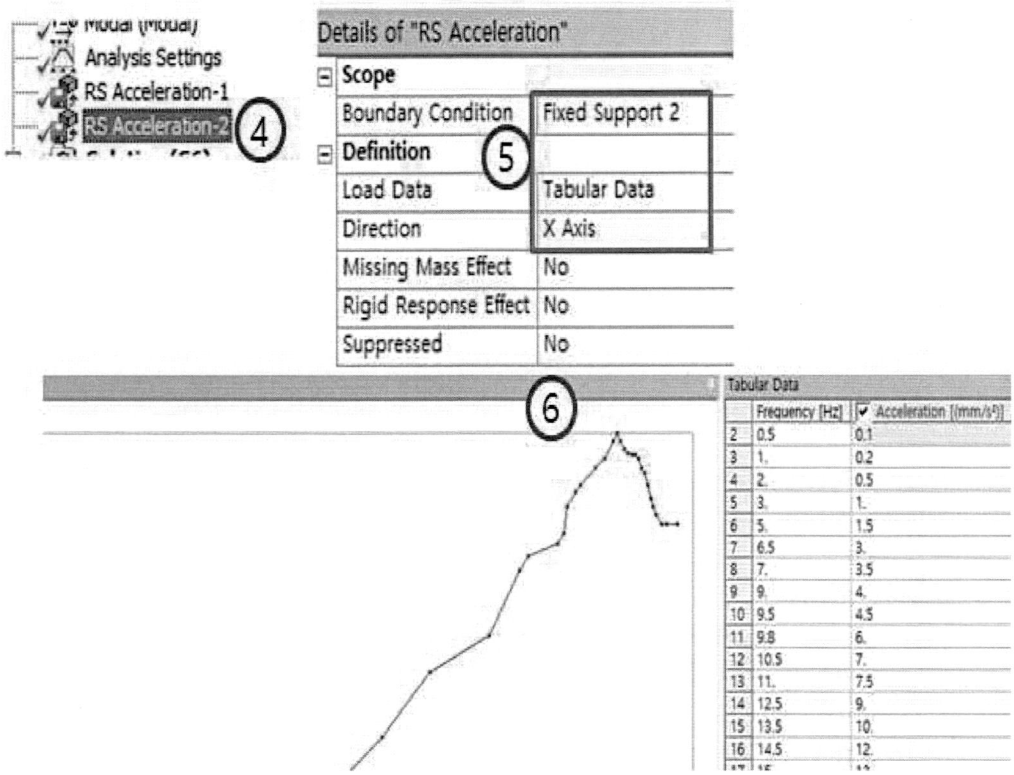

	Frequency [Hz]	Acceleration [(mm/s²)]
2	0.5	0.1
3	1.	0.2
4	2.	0.5
5	3.	1.
6	5.	1.5
7	6.5	3.
8	7.	3.5
9	9.	4.
10	9.5	4.5
11	9.8	6.
12	10.5	7.
13	11.	7.5
14	12.5	9.
15	13.5	10.
16	14.5	12.

※ 스펙트럼 데이터 (Acceleration2)

Frequency	m/sec^2	Frequency	m/sec^2
0.1	0.05	15	13
0.5	0.1	15.5	12
1	0.2	16	11
2	0.5	16.5	10.5
3	1	17	10.4
5	1.5	17.5	10.3
6.5	3	18	10
7	3.5	18.5	9
9	4	19	8.5
9.5	4.5	19.5	7.5
9.8	6	20	6.5
10.5	7	20.5	6
11	7.5	21	5.5
12.5	9	22	5
13.5	10	23	5
14.5	12	25	5

(6) 해석을 실행한다.

: Tool bar > Solve (또는 Outline > Model > RMB > Solve)

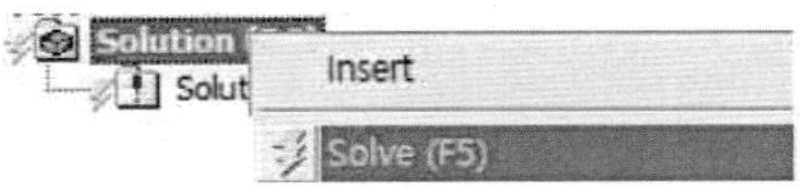

(7) 해석 결과를 검토한다.

① Total deformation

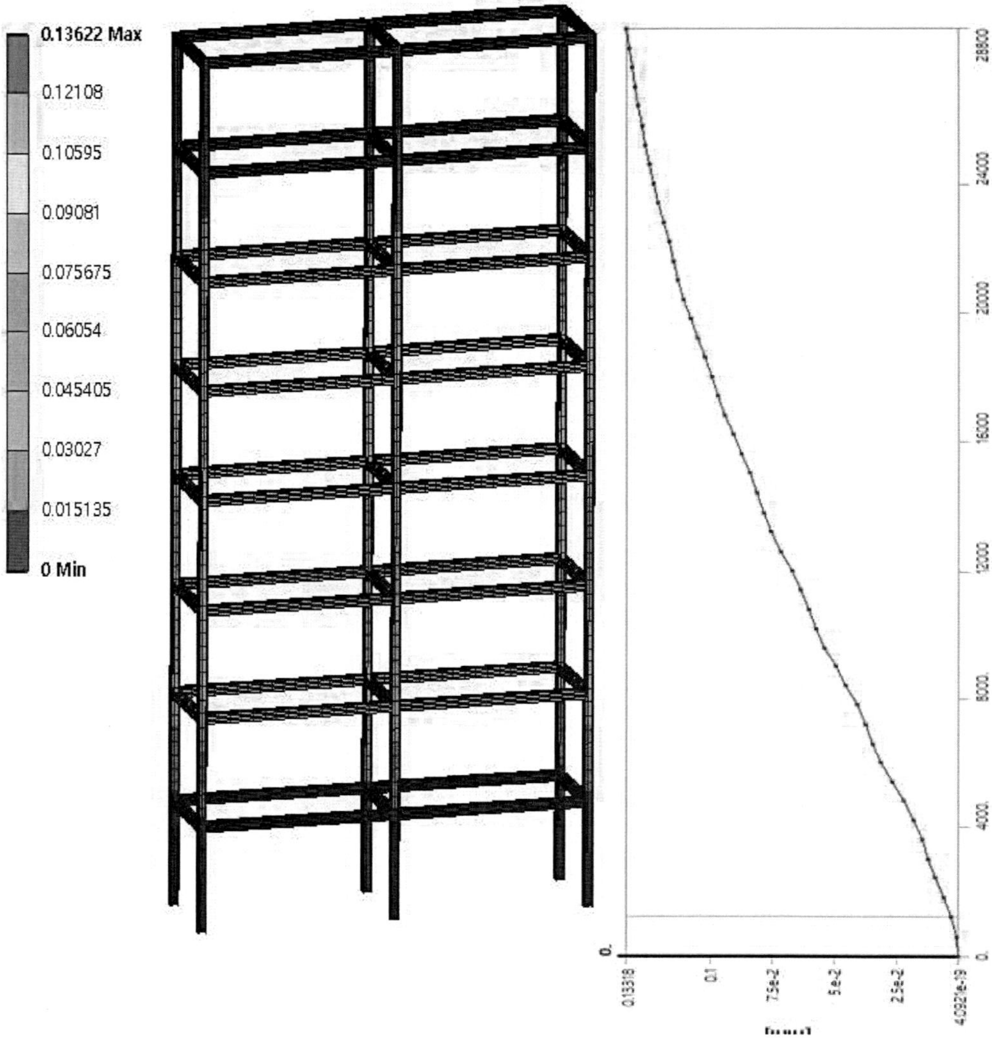

② Equivalent stress

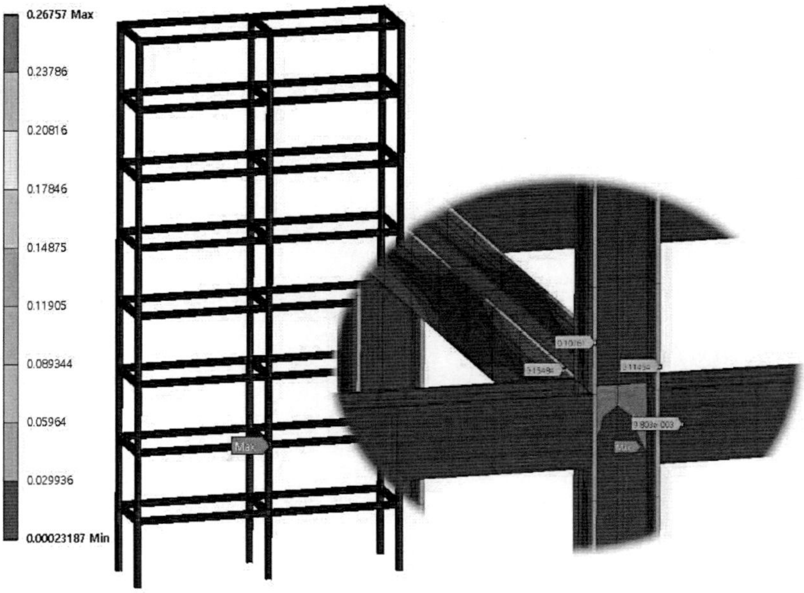

③ Directional acceleration(x축) (단위 m/sec^2)

1.4849 m/sec^2 은 0.15G의 가속도가 최상층에 발생한다.

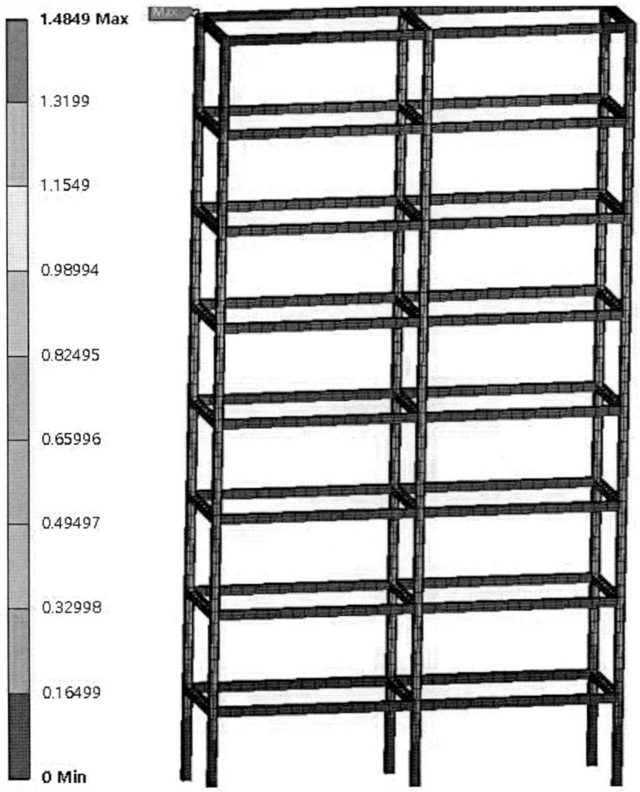